Richard Baer

17个分身

Switching Time

〔美〕理查德·贝尔 著 栖子 译

上海译文出版社

推荐的话

本书从一位心理治疗师的视角描写了一名多重人格患者的诊治过程，文字精练、通俗易懂，情节生动，具有很强的可读性，对于普通读者而言，不失为一本了解人的心理世界的普及读物；对于父母、教育工作者而言，本书不可不读，它会让人们认识到如何真正关爱孩子……

季建林　复旦大学附属中山医院心理医学科主任

心理学对于大多数人来说，是深奥难懂的，而这本心理小说的文字洗练、情节生动、引人入胜。在许多时候，其实我们并不了解自己，长大后的我们常常会伴随着迷茫和无助的情绪，《17 个分身》可以让我们这些有时会在时间里迷失了自己的人们，找到通往内心的道路。

梦晓　上海 SMG 东方广播中心节目监制、主持人，24 小时情绪疏导热线创始人

打开时间之门，走进记忆深处，关注每一次的颤栗，倾听每一种声音，所有的细节被用来完成心灵的拼图。理解真相，治愈创伤，生命将因此重生。

仇剑崟　上海市精神卫生中心临床心理科副主任

这是一本可以各取所需的书：专业人员可以从中进行临床心理治疗案例的学习和反思，普通读者则可以从中了解成长环境和童年事件对个体心灵成长的影响，管窥心理治疗是如何帮助一个精神病人走上康复之路的。

叶斌　华东师范大学心理咨询中心主任、心理学博士

面对是治愈所有心灵创伤的良方。再大的痛苦，即使是像书中来访者所经历的那么深那么多的痛苦，只要敞开心来面对来接纳，心灵就可以成长，人格就会健全。

孙新兰　华东师范大学心理咨询中心高级专家

本书向你展现了一个超乎想象的内心世界，其中就像有一股力量，可以撞击你的内心，甚至会影响你对人对己的态度。

王怀齐　林紫心理机构主任咨询师

献给

里克、弗朗西丝卡与孩子们……

惊心动魄的心灵旅程——《17 个分身》推荐序

多年前出版社约我写了一篇介绍多重人格的文章作为《24 重人格》一书中文版的序言，向普通读者介绍了病理心理学中令人费解的复杂心理现象——一个人可以有多个分身，以期帮助国内读者阅读和理解《24 重人格》一书中人物内心活动变化的描写。

最近，应编辑要求，帮忙审阅一本新书——《17 个分身》(*Switching Time*)，不胜荣幸又深感不安。荣幸之处是能先于普通读者一睹为快，不安之处是如何写就读后感。因为在过去的数年里，国内相关这方面的专业知识介绍和心理咨询师的培训已做了很多工作，国内不乏这方面的专家。我只能尝试以一名普通读者身份谈一些阅后感想，权作抛石引玉之荐。

"人之初，性本善"，但成人之后的社会为什么会衍生出人生百态呢？生物学家可能热衷于个体基因的变异，试图从微观的科学实验中找出答案；社会学家可能会探讨制度、社会经济、文化等环境因素对人的影响(诸如"近朱者赤，近墨者黑")；而心理学家则试图从个体的心理发展、人格成长经历中找出潜在的内在规律，尤其是精神动力学理论更强调童年期的创伤经历对日后成年的影响。本书则是以一名心理治疗师的工作经历，来描写一名历经数十年心理障碍(多重人格)困扰与折磨的患者的血泪人生，以及如何找出导致患者多年精神异常、行为离奇的根源——隐藏在记忆深处的、不堪回首的乱伦与被虐，帮助其逐步面对过去与现在，重新找回自我，更好地生活并且享受人生的幸福。

“Switching Time”，中文直译是转换的时空，即对自己的某些所作所为事后不能回忆与认识，好像有某些时间段记忆的缺失，但的确又是患者所作，并非刻意否认与回避。这种时间、空间的快速转换往往与患者自己未意识到的角色或身份快速转换有关，在精神病理学中称为人格的解离或多重人格。一般来说，这种现象并不多见，就像书本中所介绍的，大多与童年期受到性虐待创伤的体验有关，是儿童青少年应对心理创伤与痛苦的一种不恰当的心理防卫机制使然——通过儿童的自我内心想象，用不同的替身来代替原有的自我去面对和压抑痛苦，如本书中的17个分身或分裂人格。

民间有“三岁看小，七岁看老”的说法，这从一个侧面反映了人们早就认识到童年的成长经历对一个人今后人生具有非常重要的影响，就像书中的主人公卡伦后来所呼吁的：“当孩子们受到伤害——就像过去的我一样——他们再也不会活在真实的世界里。孩子会转向他们所知唯一安全的地方——自己的内心世界。”可见儿童是多么的脆弱与无辜，他们需要保护。虽然对于成年人而言，性是人的本能，是正常的生理需要，但对儿童而言，乱伦以及性侵犯会给他们的心理造成巨大创伤与阴影，会严重影响其人格成长与完善，以及成人后的生活与社会适应。当然，本书也从另一个角度揭示了西方社会所存在的阴暗面，利用宗教仪式与信仰来虐待儿童，满足少部分成人的欲望与兽行。

虽然人类对自然世界已有了很深入的认识和了解，但对人的心理世界的认识与了解仍然相当肤浅，它仍然如浩瀚深邃的天空，对人类而言是无限的、未知的。就如同本书作者贝尔医生所言，他是花了近18年治疗时间，才逐步认识、理解并帮助患者卡伦重新恢复如常人般生活。这期间需要治疗师的耐心、信心与爱心，更需要有对专业的执著与毅力，以及对病人的尊重、宽容、理解与同情。从另一个角度来讲，需要从事心理咨询与治疗的心理学工作者“透过现象看本质”(即透过病人的症状或行为表象来揭开其外衣,并通过长期不懈的努力赢得病人的信任,逐步揭示出病人潜在的内心冲突或记忆深处的心理创伤经历)。也就是说,只有建立起长期相互信任的治疗性关系,病人才会逐步敞开心扉,治疗师才可能更真实地进入到病人内心世界之中,找出解决心理障碍的症结所在。倘若仅寄希望于“急功近利”、“手到擒来”、“立竿见影”式的心理帮助则无疑是徒劳的。

本书从一位心理治疗师的视角描写了一名多重人格障碍患者的诊治过程,文字精练,通俗易懂,情节生动,具有很强的可读性。对于普通读者而言,不失为一本了解人的心理世界的普及读物;对于父母、教育工作者而言,本书不可不读,它会让人们认识到如何真正关爱孩子、保护孩子在成长过程中不受虐待。当然,对于心理学工作者、精神卫生工作者而言,这是一本具有专业色彩,但又深入浅出的必读教材,它会帮助我们认识到心理治疗/心理咨询工作的意义与助人的价值,同时也体会到工作的艰辛与漫长;同时,进一步体会和认识到病人的内心世界是复杂与多变的,更好地反思自己工作中的得失与经验,并努力真正做到帮助有心理创伤与痛苦的人去面对过去、规划未来、重塑人生的快乐与幸福。

最后希望我们所有的大人们学会呵护与关爱,为中国的孩子们提供一个快乐、无忧的童年,因为他们是祖国的未来。

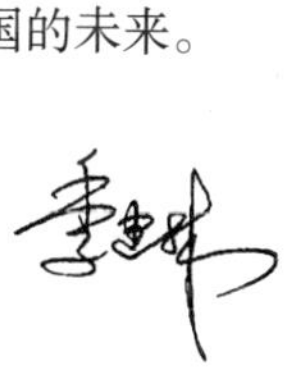

复旦大学上海医学院精神卫生学系 主任
复旦大学附属中山医院心理医学科 主任

目录

序　言 …… 001

第一部　苟且偷生

第 1 章　错误的开始 …… 003
第 2 章　云霄飞车 …… 012
第 3 章　遗失时间 …… 024
第 4 章　选择死亡 …… 029
第 5 章　父亲被捕 …… 042
第 6 章　母亲与父亲 …… 056
第 7 章　坚定承诺 …… 062
第 8 章　童年梦魇 …… 069

第二部　分身

第 9 章　克莱尔的信 …… 091
第 10 章　自我介绍 …… 110
第 11 章　圣诞礼物 …… 128
第 12 章　重启连结 …… 140
第 13 章　家谱 …… 165
第 14 章　说故事时间 …… 181
第 15 章　分身相处 …… 197

第三部　人格融合

第 16 章　霍尔顿的办法 207
第 17 章　融合克莱尔 219
第 18 章　桑迪与迈尔斯 230
第 19 章　安与西德尼 246
第 20 章　西娅与卡伦博 259
第 21 章　卡尔 267
第 22 章　爱丽丝与卡伦 1 277
第 23 章　凯瑟琳 287
第 24 章　朱莉安与卡伦 3 297
第 25 章　卡伦 2 与詹森 309
第 26 章　霍尔顿 337

尾　声 361
卡伦的话 367
作者的话 369

序言

护士一直叫我“卡伦”，所以我想那应该是我的名字吧。我知道我人在医院，但我不知道自己是怎么进来的。肚子上缠着绷带，呼吸时胸口会痛；我躺在床上——感觉自己置身陌生世界中，寂静、恐惧、孤单。我好怕自己疯了。

我被移到另一个房间。我猜我大概刚生完小孩（腹部贴着绷带，还有这一层楼全都是妈妈和新生儿）。护士走进来，掀开绷带瞧瞧；我的腹部有道6英寸长的疤，紧贴耻骨上缘，略带弧度的缝线看起来像一抹狰狞的笑容。

一名男士走进来。瘦高个儿，小平头，身上有啤酒味，脸上挂着傻傻的微笑；他对我说：我们有一个女娃儿了。我也对他微笑。他一定是孩子的父亲，我想，但我压根儿记不起他是谁。

“卡伦，我们有了漂亮的莎拉，”他说，“你想什么时候回家？”

我不知道“家”在哪儿，也不知道家里还有什么人。

“你得先问医生，”我说，虚弱地笑了笑，“她叫莎拉吗？”

“莎拉，那还用说！”他说，“难道你改变主意了？”

“噢，没有啦，莎拉很美，”我说。我好害怕，脑袋糊里糊涂的，但我觉得我应该隐藏我的困惑。我怎么能问他：“你是谁？”他们一定会说我疯了。我希望我没疯。不过我很确定，一旦他们发现我什么都不记得了,一定会把我关起来。

我开始回想生产前的印象——他们推我穿过一条通往电梯的绿色走道。水管贴着天花板。还有悬在我上方、那一张张说个不停、上下颠倒的脸。我记得护士把我绑起来——先是腿,再是手臂。我好像想起来了……我不能动!拜托!不要伤害我!我奋力挣扎想挣脱束缚。我看不见藏在布幔后的医生。他的手悬在我腹部上方,我感觉到他手里的手术刀,接着,腹部感到一阵刺痛。

我两脚乱踢,想尖叫,但声音却出不来;我的口气酸臭,令人作呕,喉咙里则堆满呕吐物。我用力喘气,吸气。医生看见我的脚在动,便朝护士咆哮了几句。有人拿面罩罩住我的脸。然后我消失了。

莎拉出生后的头几天,我得知家里还有个两岁的儿子,詹姆斯,他有一头波浪般的金发和一对我见过最蓝的眸子。我在我妈带来的照片中看见他的模样。我想那人应该是我妈。她谈起生我有多辛苦:“你是第一个。第一胎最难生。我好像痛了一辈子。咱们那时跟现在不一样,哪有这么多了不得的止痛药啊!我还记得你差点把我撕成两半,害我被缝好多针。”其实她几乎不让我有机会说话,我只要听就行了。没多久,这个穿着俗气(身上一堆动物图案)、总是把话题往自己带的女人搞得我越来越不耐烦。她的丈夫、我的父亲——马丁——是个阴沉、令人畏惧的魁梧男人。他短暂现身,问我好不好却无意等我回答,看了几分钟电视节目,然后就走了。

奇怪的是,我既不惊慌、也不意外就接受了有关我和我家人的“新近才了解的现实”。虽然这一切令我十分困惑,但我隐约意识到自己过去也有过相同的处境。假装着,应付着,默默搜集各种我记不起来的信息——这感觉很熟悉,而且不知为何,我知道我最好紧紧闭上嘴巴,什么都别说。

有时候,我会在家人来访时装睡,好偷听他们谈话,偷偷了解我的丈夫、我的兄弟、他们的家人以及我们的朋友。我听见我妈叫我丈夫

"乔希",他则叫她"卡特里娜"。

乔希在搬场公司当工头,负责确认货物装载是否正确,确保准时出车。他偶尔会在午餐时间来看我,但他要工作,又要照顾儿子,抽空探访对他来说有些困难。

我还不能出院。原因是我每次深呼吸,整个右胸便有如刀刺般的疼痛。后来,内科医生说我得了"吸入性肺炎",因为我在剖腹产时把呕吐物吸进肺里了。我得静脉注射抗生素,继续住院三个礼拜。

我发烧的状况时好时坏,却一直没有完全恢复正常。于是他们找来外科医生,把我送进手术房,切除部分右肺,医生说那儿长了一个"脓肿"。我继续在医院待了一段时间,但不清楚住了多久;我想我可能时而昏迷,时而清醒,如此反反复复好一阵子。

回家后,尽管右胸仍持续疼痛,我仍努力去了解自己原本是个什么样的人。亲朋好友来电问候,上门看望刚出世的宝宝;在我有办法从别处得知自己和某人的关系前,我尽可能言不及义,随便聊些什么。我找到许多相册,频频翻阅;这些相册仿佛是某人特地留给我的。我仔细阅读,发现照片底下写着密密麻麻的批注。于是我渐渐成为相片里的那个人了。

我丈夫越来越恶劣。他对我大吼大叫,因为我在医院待了6个礼拜,回到家也不能处理家务。疼痛加上疲倦使我能做的事非常有限,为此他狠狠诅咒我。我不想跟乔希做爱,我根本不认识他,所以只好频频抱怨胸侧疼痛。最惨的是,我儿子(起初他在我眼里根本是个陌生人)知道我不是他妈,于是我花了好几个月才得到他的信任,被他接纳。

但日子总要继续下去。我逐渐习惯做家务,也习惯来自乔希和妈妈的要求、命令,重新融入当志愿者、帮朋友跑腿、照顾小孩的忙碌生活。然而,这样的日子过了3年多,我彻底陷入绝望深渊。肺部手术留下的疤痕搞得我整日难受,我频频就医,医生换过一个又一个,想找出问题所在,但没人知道为什么。除了疼痛,在我内心深处,我知道自己一直活在谎言中。我已习惯我的家人，但我的时间仍出现不连贯的空白，个中原因连我自己也说不清楚。我会忘记自己曾穿衣打扮，或者在床边发现一本书，却不记得自己是否看过。我想我一定是哪里不对劲，而且情况很严重。我怕我会发疯，怕被关起来。我该找谁说？情况已完全失控。最后，我打了医院的紧急热线，对方介绍我找罗莎·冈萨雷斯医生，一名精神科医生。我拨电话到冈萨雷斯医生的办公室，接线员说医生已经有约了；她安排我找另一位医生就诊，冈萨雷斯医生的合伙人——理查德·贝尔医生。

第一部　苟且偷生

第 1 章　错误的开始

1989 年 1 月 11 日，我穿过窄窄的走道，经过另外两位医生的办公室，进入候诊室与卡伦见面。她坐在角落，垂着头，烦躁地把玩皮包背带。29 岁的她看起来比实际年龄更老，体型过胖，圆脸，蓬乱的棕色短发，发梢微卷，褐眼，戴金边眼镜，额头正中央有道半圆形的锯齿状疤痕。她衣着整洁，但黑色棉长裤与棕色上衣似乎暗示她不想引人注目。她没化妆，除了结婚戒指，身上也未佩戴任何珠宝首饰。我走近，她正好抬头，眼神仿佛在说，“**嗨，抱歉，我放弃自己了。**”

“快进来，”我说。她缓慢、过度谦逊、愧疚又无助地走到我面前。她的身体和情绪都很沉重，仿佛上了年纪，僵硬而迟钝。

我是个年轻的精神科医生。在我们这一行，37 岁算年轻了。我身高 6 英尺多一点，原本深棕色的头发夹杂几许灰白；以前有位同性恋病人说，我有张男孩般的漂亮脸蛋。我执业 7 年，部分时间待在芝加哥南边以工人阶级为主的郊区工作。这里的病人多是沮丧或焦虑的家庭主妇，也有不少中年躁狂抑郁症患者和几位受更年期忧郁症之苦的老人家（老年人是这种问题的好发群体），另外还有高功能性精神分裂症患者和一两位修道者。这儿是行医的好地方，有各式各样的精神疾病供我观察（而且几乎每个病人都有基本的医疗保险）。除了郊区，我多半待在芝加哥闹市区的办公室，从事病人的精神分析之类的工作。

冈萨雷斯医生和我轮流使用这间办公室。这是栋30层砖造大楼，位于沿公路的商业区内，附近有汽车特许经销店和快餐厅。办公室设备简单，没什么装潢：一张大橡木桌、两张面向书桌的椅子、一张小墙角桌——桌上摆着一盆中规中矩的人造丝花，是我妻子送的礼物。横跨整片墙的窗户面向第95街，街上的车水马龙一览无遗。墙壁是灰白色的，地毯及家具则是深浅不一的褐色；除了那扇窗，屋里的陈设不易令人分心。

卡伦在面向书桌的椅子上坐下来，叹了口气。

“找我有事吗？”我问道。这是我的标准开场白，因为这句话能让人在不过度防卫的状态下吐露心声；其他诸如**你想怎么办？你怎么了？我了解你很沮丧**等措辞都容易引人不快。

卡伦不自在地动一动，试着找到最舒服的坐姿。椅子对她来说太小了，但她退缩并微微倾向一侧的姿势却令她看起来稍小一些。

“过去3年半以来……我一直觉得……很沮丧，”她说。开口之前，她短促地吸了口气，给人一种犹豫不决的印象。她似乎费了很大劲儿才能开口，感觉很勉强。她没再说话。

“以前也有过这种情形吗？”我问。

她耸耸肩，但摇了摇头。

“除了沮丧，还有什么其他问题？”

再次摇头。

“嗯……我是生了第二胎——我女儿——以后才这样的。剖腹产。”她简单描述住院经过，“但我还是会痛，”卡伦再度叹气，然后振作精神继续说。

“后来医生切开我的背，取出一部分肺。”她划了一道从右胸延伸到脊椎的长弧线。“我病了很久，没办法马上陪宝宝，”卡伦眼眶微湿，“没办法喂母奶。等我好不容易回到家，两岁半的儿子竟然排斥我。”

她说医生开给她抗抑郁药和止痛药，但止痛药反倒让她更沮丧。

长期受疼痛之苦的病人常有情绪沮丧的问题，我想她这辈子大概也无法摆脱这种折磨了。

“现在家里状况怎么样？”我问。她再次耸肩，愧疚又无助。她说话时，似乎必须用力挤出每个字，好像有某种内在力量阻止她把问题告诉我。她说得很慢，等得我差点走神。

“宝宝出生后，我的婚姻彻底完蛋了。我没办法好好跟我先生相处。”卡伦停下来，很丢脸的样子。“生完宝宝，我大概胖了100磅。大家都轻蔑地对待我，我无法拒绝别人。”她停顿了一下，看看我，仿佛在寻求响应；但我了解得不够多，不足以评论，于是只好等她吐露更多。卡伦再次挪动身体，继续说下去。

“我哭个不停，而疼痛也让我没法儿出去工作。我在家常常痛到受不了；但只要一出门，状况就好多了。”她移开视线，然后再转回来看着我。“生病让我觉得很有罪恶感。家人这么帮我，我觉得我亏欠他们。”

“你亏欠他们？”

“因为他们必须帮助我……”她再次扭过头去，逃避我的视线。

她继续说下去。她说她晚上醒来后就无法再入睡，但她已不在乎了；她没有精神，爱掉眼泪，没办法专心，她把药停了，她……

聆听过程中，我看见了一个无法帮助自己的女人。她将自己描述成受害者，几近坚持地扮演这个角色，我感到有些不耐烦。我知道她很沮丧，她的症状也都能用药物协助控制，然而，我觉得她似乎压抑住某些导致她抑郁的人格倾向，使得治疗工作益发困难。

听完她的故事，我开始问一些例行问题，评估其精神状况。她确实呈现相当程度的沮丧与抑郁，但她否认曾经萌生自杀念头。我决定开药治疗她的沮丧症状，暂时不处理人格倾向的部分。我请她下周复诊。她顺从地接过处方笺，离开办公室。看见她离开，我的精神稍微振作了些。

※ ※ ※ ※

直到卡伦复诊我才想起她这个人。她说她感觉好多了,也睡得比较好,但她仍觉得悲伤。

“我吃这个药偶尔会头昏眼花,”她说,扯拉长裤上的线头,“我不知道,我不太确定我想不想继续吃药。”

“我想,吃药能帮助你,”我说,“我建议继续服药。”

“好吧,”她轻声回答。

“这几天觉得怎么样?”

“我还是会痛。从脖子开始,沿着背绕过胸部底下,这里,”她指指自己的胸部。卡伦再次提起上回见面时的怨言:**我无法拒绝别人。我觉得很愧疚,因为我妈在我生病的时候帮我,现在我欠她人情。我尽力让大家满意。生病之后,我的婚姻一直没有起色……**

从她描述的内容来判断,我认为我能提供的帮助非常有限。她不曾暗示自己去做任何努力,去解决问题——她只是一再受苦。我一边听她说,内心再度涌上恼怒的念头。身为心理咨询师,察觉自己对病患的反应并从中学习是相当重要的。在卡伦的生活中,也有其他人感受到相同的恼怒吗?我纳闷。我建议卡伦,如果她想改变自己的人生,她一定办得到,而她也不需要像现在这样感觉如此无助。我用她提过的几个情境,举例给她听,建议她怎么做才能更果断决定,改变长期以来总是唯唯诺诺、自怜自艾的模式。但她提出不少借口,告诉我她为何不能这么做,于是我明白我在对牛弹琴。我开给她双份剂量,嘱她两周后再来复诊。

※ ※ ※ ※

卡伦再次就诊时,双手不停颤抖。她的穿着一如往常;尽管换了衣服，但整洁、单调的印象依旧。她的前额多了几道深纹，直下眉心。她看着我，别扭地变换坐姿，眼神哀伤。

“我……我晚上睡不着，”她先是试探性地轻声说话，旋即展开一连串耳熟能详的冗长抱怨。

“你有过伤害自己的念头吗？”我问道。任何一个如此沮丧、无助的人几乎都有过这种想法。卡伦开始轻声啜泣。

“我想过自杀，”她说，但旋即补上一句，“但我想我应该办不到。”

听她絮絮叨叨诉说压在肩上的、却不曾试图摆脱的重担，我感觉我对她的不满又增多了些。她说话时语气勉强、单调，却不容我打断；我提出建议，她义务性地点点头，却自顾自往下说，完全不把我的话当一回事。我感觉她似乎以被动的方式忽略我的存在，仿佛她已下定决心在自怜的情绪中来回打滚。我在心里尝试将她沮丧的症状和被动、自怜的倾向分开。我想把目标放在治疗沮丧，这应该是短期可完成的目标。我不想涉及人格分析的部分，因为那得花上好长一段时间。我觉得吃药改善了她的症状，但她态度保留。我把她的药量提高至原来的3倍，请她一个月之后再来就诊。

那天，卡伦是我的最后一名病人。我迫不及待想回家。家里有妻子、4岁大的儿子和8个月大的小女娃儿在等着我。听了一整天别人的问题，我知道，家人绝对能重振我的精神。

※ ※ ※ ※

4星期后，我走进候诊室找卡伦，但她不在那里，于是我回到办公室翻阅前几次的病程记录。这是我的习惯。病人复诊前，我都会看看之前的笔记，提醒自己回忆病人的思绪状态与情绪轨迹。他们通常会从上次结束的地方继续往下说；也许陈述的内容并非问题症结所在，但概念大多一脉相承。当然，病人也可能改变话题，不过情绪几乎是连贯的，说不定（老天保佑）还有些进展。

起初，我坐在办公室等待卡伦赴约。我开始思索她迟到的可能原因：难不成是我触及某个敏感话题，或是她不愿表露的人格特质？莫非她害怕亲近我，以致宁可晚来，减少相处时间，好削弱会面治疗的效果？10 分钟后，我再次走出去找她，她还是没来。

时间一分一秒过去，我顿时理解她并非迟到——她根本不打算来了。卡伦一直是个很难帮助的对象，因此我再次翻阅笔记，试图找出她不复诊的任何可能线索。看完她曾告诉我的一切，再回想我对她的印象，我一下子就看穿自己根本不曾了解她，也从未站在她立场上思考。有时，我会迷失在病人的生活细节与自己对他们的感觉之中，以致无法综观全局。现在我看出来了：她服药是为了讨好我，但她并不认为吃药有效。我气她"没有变好"，也气她认为自己一无是处。显然，气恼导致我不曾好好听她说话，也因为如此，她认定我终究还是帮不了她。

想到我犯的错误，我也开始思考"抑郁症患者常令精神科医生焦虑"这个问题。每一位精神科医生恼怒的原因都是焦虑。但焦虑什么呢？焦虑"沮丧会传染"，确实如此。跟沮丧的人相处时，你会觉得自己是某种食物，而他们正一点一滴地吸出你的生命；这种状况同样会令人意志消沉。这正是我和卡伦的问题，也是我难以接纳卡伦的原因。多年来，我治疗过许许多多抑郁症患者，但他们没有一个像卡伦这般深深影响我。

※ ※ ※ ※

约莫一个月后，秘书告诉我她收到卡伦寄来的 3 张支票，一张支付一次治疗费用，但每一张都无法兑现。她联络卡伦，请她付款；拖了好久，她终于付了。如果她想故意惹毛她的精神科医生，她倒是很清楚该怎么做。

又过了3个月。某个风和日丽的五月天,我在下午约诊名单上看见卡伦的名字。她还是老样子。深色宽松长裤,褪色短袖绿上衣;有点颤抖,神情一如往常郁郁寡欢。我问她为何好一阵子没来,她说,支票被退回了,她不敢来找我。她不敢把账单拿给先生的保险业务员,因为她怕他的同事会知道她来看心理医生。

我认为,这番解释只是为了合理化她下意识对我的不确定感——所以她回来给我第二次机会。我希望我能明智地利用这次机会。我向她保证并且告诉她保险公司必须遵守保密规定,因此她丈夫的同事绝对不会知道她来找我。由于她不愿以保险费支付,又担心无法准时付款,因此我建议先从一个月就诊一次开始。她感到宽慰,点头同意了。问题是,我们一个月只谈半小时,我担心自己无法在这么短的时间内找出并治疗困扰她的问题。

※ ※ ※ ※

卡伦于6月19日复诊,我提醒自己必须专注并设法理解她的绝望与无助;无论她有多么拒人于千里之外,我都要好好了解她。我决心做得更好。

"我不知道该怎么办,贝尔医生。我好不安,心情很差,"她噘着嘴,下唇微微颤抖,"我甚至不想活了。"我抛出几个能诱她具体回答的关键性问题。唱了几分钟独角戏之后,她似乎稍微振作了些。

"我跟我丈夫的问题比我告诉你的还多。"

"嗯哼,"我等着。

"他让我好难过。如果不顺着他的意,做他叫我做的事,他会说他讨厌我。"她停下来,等我说点什么,但我只是继续等。

"他会在半夜捶醒我,叫我去买麦当劳……看球赛转播的时候,如果他支持的棒球队输了,他会打我、怪我——而且他是认真的!"她抬头望着我,想知道我是否了解。

“因此你害球队输球?”我说。她点点头。

“这种情况有多久了?”

“我猜大概是从我女儿莎拉出生以后吧。他爱喝啤酒。喝完头几罐,心情还不错,再多喝一点就不说话,然后变得很暴躁。”她猜的?难道她不知道吗?我感到纳闷。

※※※※

就在下一次诊疗前,她打电话来取消约诊。两周后,我收到这封来信:

1989 年 11 月 12 日

亲爱的贝尔医生:

现在是凌晨 1:30,我睡不着。我不知道这样下去我还能撑多久。我真的好想死。我讨厌我自己,讨厌我的人生。我一直哭,停不下来。我只是在等待时机,等着去死。我不知道会是什么时候,用什么方法,但我想应该就快了。我麻木,没有感觉,我想就这么睡下去,永远不再醒来。拜托你趁一切还来得及之前,求求你,帮助我。

你的病人

卡伦·奥弗希尔

又及:你真的在乎我会出事吗?我就不在乎。

读完信,我担心卡伦已濒临自杀边缘。我很在意她目前的危险处境,她似乎更绝望了,而且她从来没有令我如此地相信她是决意赴死的。我立刻打电话给她。

“卡伦?”

“我是。”声音很小,电话上的她听起来很遥远。

“我是贝尔医生。我收到你的信了。”

“哦。”

我们聊了几分钟。言谈之间,我发现卡伦当真有寻死的念头,而方法很可能是吃我开给她的药——服药过量。在那一刻,我明白可行的办法只有一个。

“目前最重要的是确保你的安全,”我坚定地说,“最好的地方就是医院。”我试着说服她住院。让人同意住进精神病院并不容易,有时甚至非常困难。卡伦沉默了片刻。

“如果你觉得这样最好,就这么办吧。”

第2章　云霄飞车

卡伦于11月19日住院,待了一个月。我去看她,她交给我一叠她以前写的记忆中的事。给我这些似乎令她颇为尴尬。当我一开始读它,我立刻被一段残酷、恐惧、充满毁坏终而幸存的人生所吸引。

从笔迹、错字、随意使用标点符号的状况来判断,她写得又快又急,仿佛受到某种压力。

关于我爸

我爸,他恶心,令人讨厌,不成熟,懒惰,散漫,有毒瘾,爱偷东西,喜欢敲诈,没品位,不可靠,性变态。他满脑子都是性。他老是喜欢挑逗我的女性朋友。他曾给我朋友一角钱,要她们10年后打电话给他,学几堂爱情课。我讨厌他。他经常虐待我,无论生理或心理。他让我觉得很不安,觉得自己很丑,没人要,一无是处。他总是叫我娼妓、婊子、淫妇、贱货等等的。他不曾说他爱我,也从不拥抱我,但我也不想让他抱。不管什么事他都爱发牢骚,没有一件事不靠我祖父母帮忙。他还把没钱怪到我头上。这人有病。他没救了。他老对我说"我欠他这条命"。除了自己,他不关心任何人,甚至还把我妈当女佣和性机器对待。直到现在,他还要我妈每天早上帮他穿袜子。

我爸曾叫我们脱掉衣服，躺在床上；把我们的手绑在床头板上，然后用皮带——有金属头那一边——抽我们。我们哭喊得越凶，他抽得越起劲。所以我必须学会控制情绪，不让自己哭出来。我得活下去。然后他会去起居室开投影机，看色情电影。我爸和我妈经常为这些电影吵架。我爸跟我妈说，他要教她正确的做爱方法。他们两个都让我觉得好恶心。我们明明就在隔壁，也听得到，他们怎么就这样讨论起来了？在我 5 岁到 16 岁这几年间，每个礼拜平均被打 3 到 5 次。我总觉得感情受创，希望爸妈死掉。我向天主祈祷，求他帮忙，但啥也没用。我没办法信任别人。我希望我可以死。我想逃走，但我怕万一被他们找到，他们会杀了我。

除了这几页，她还给我另一张纸，但字迹截然不同（相较于前几张的潦草字体，这张是用印刷体写的）。这是写给我的，她问道：

我可以信任他吗？
我该告诉他什么？
他会放弃我吗？
他会背叛我吗？
我有可能好起来吗？
痛苦真的会消失吗？
万一我失控崩溃了怎么办？
他要怎么帮我扛过这一切？
我怕贝尔医生。

※ ※ ※ ※

某个阴沉的傍晚，卡伦还在住院，我在郊区的与人合办的办公室。

结束当天最后一名病人,我没来由地感到一阵惊慌。和过去7年一样,我望向窗外,看着第95街缓缓移动的车流,心想自己再不离开这里,往后20年都将看着同一幅景象。我当下决定将事业重心完全移到芝加哥闹市区。我和城里的心理学家相处起来比较自在,但若以创业的角度来看,从郊区开始似乎是比较实际的做法。城里的精神科医生、心理学家、临床社工多如过江之鲫,尽管我受过良好训练,但缺乏实际经验令我很难受病人青睐。而在郊区(特别是南边这一带)少有训练水准与我相当的精神科医生,因此比较容易有病人上门。还有就是,郊区的病患几乎都有不错的医疗保险,至少比保健组织(HMO)为城里白领阶层规划的好得多了。

既然我感觉自己已准备好进军大城市,于是便拜访几位在城里大学教学医院任教的同行,看看有什么兼职机会。我得到了一个跟住院服务部头头一起工作的机会(我曾在此经历了高级专科住院实习期[①]),希望能借这个职务转介病人到我的私人诊所,好弥补我不在冈萨雷斯那里工作后流失的客源。

我在城里的诊所跟南郊区那边很不一样。绿色天鹅绒长沙发占了一整面墙,沙发一端是我的专属埃姆斯[②]椅(病人在沙发区讨论问题时,他们刚好看不见我),沙发上面挂着四幅鸟与蝴蝶的中国国画。我的埃姆斯椅对面摆着一张白绿花纹折叠椅,折叠椅后方有张安妮女王朝代的桌子,桌旁是矮橱;越过矮橱(高度约莫在病人的头顶上方),正好可以看见我的杰斐逊电子钟,这座钟的时针分针看起来仿佛飘浮在空中。我的精神分析师也有一座,我去过的精神分析师办公室大多都有这么一座钟。我不知道这个小传统从何而来,但我觉得我有义务遵守。地上的东方地毯也呼应房里的色调。有着刻花玻璃门的书柜占去

① 美国实习医生一般住院实习期满后的高级实习期。——译者

② 一种模制的胶合板或塑料椅子,系美国人查尔斯·埃姆斯设计。——译者

沙发旁的那堵墙，而对面那片墙（紧邻我的椅子）则嵌了一扇可从40楼凭栏俯瞰湖滨公园的大型落地窗。

几位从南郊区转来的病人认为这里的环境令他们有压迫感，但我却觉得舒服自在。若无意外，卡伦应该会同意随我转到这处新地点。

※ ※ ※ ※

时间是1989年圣诞节后，卡伦和我认识已将近一年了。她说，自从我们开始讨论她的过去，有些记忆频频跳出来，令她颇为困扰。

“有一次，”她略带歉意说，“我爸对我发脾气，然后拿肉叉扔向我——结果插进我的大腿。我竟站在那儿，眼睁睁看肉叉刺中我的腿。后来的事我不记得了，我甚至不记得叉子是怎么拔出来的。”

“嗯哼。”我等她说下去。

“我从小就一直有自杀的念头，”她继续说，“但我从没试过，只是一直在计划这件事。”

“你曾经用自杀以外的方式伤害过自己吗？单纯只是想伤害自己？”卡伦扭过头，红晕瞬间爬上脖子。她沉默不语。哦，我刺探过头了。我不该用这个问题打断她原本想说的话。我改变话题，尝试弥补。“现在的药有用吗？”我问。她耸耸肩，但她的眼神告诉我，“没用。”

我换另一种抗忧郁症的药给她，然后讨论用药的目的。我提议，等我度假回来后，改成每周见面一次，这样也许能给她更多帮助。她微笑，告诉我她会把账单交给先生的保险业务员，好支付额外的疗程费用。离开时，她在门口停下来，转身对我说：“我不确定这件事重不重要。不过，结婚当天，我在祭坛前昏倒了3次。”

※ ※ ※ ※

时值1990年1月。圣诞假期后,我首次与卡伦见面。这是我们合作的第二年,我发现我很担心她;度假时尤其如此。

“这几个礼拜我过得很糟,”卡伦说。她环顾这间新办公室,然后像个奋战十回合、精疲力竭的职业拳击手,颓然跌坐在椅子上。

“说给我听。”

“我觉得我快撑不下去了,”她说,哭丧着一张脸。“我什么事都做不成。我一直想着自我了断。”她的表情似乎还想多说什么,但她只是缩得更远,向后躲进椅子里。

“你想过自己可能会用什么方法自我了断吗?”现在,我和卡伦的例行治疗程序已不是问她“是否”想自杀,而是评估她有多接近自杀边缘。

“我家里有药——大概足够达到我的目的——但我并不觉得我想吃,”她说。若病人吃你开的药吃到过量,对医生来说可真是格外讽刺,感觉就像是你拿子弹纵容她开枪的。这是针对性很强的一种背叛。病人背叛医生。因此,我对卡伦的反应是开另一种全新的抗抑郁药(百忧解)给她,同时再给她一些提升睡眠质量的药物。假使她过量服用百忧解,这种药也不致害她丧命。

“为了自杀,你还做过什么其他准备吗?”我问。

“嗯。我远远避开我的家人,反正他们不再真正需要我了。”她蜷进椅子里。

“我该怎么让你安安全全活着?”我问。

“我不想回医院,”她迅速说道,然后看着我,把下巴一沉。

我非常担心她可能计划自杀,但也不想逼她回医院。说真的,除了暂时保障她的安全,我不相信短期的住院治疗能对她起多大帮助,即使出院，大概也还是维持原样吧。也许情况还没糟到这一步，但我想我有办法维护她出院后的安全。

“今天是星期三，”我说，“我们星期五再碰面，还有，你得把原来的抗抑郁药扔掉。假如你的感觉还是很糟，觉得你可能做出伤害自己的事，请你马上打电话给我。”我直视她双眼，搜寻背后隐藏的情绪。“你同意吗？”

“好。”她静静地说，扭过头去。

“你保证？”我刺激她。

她再次望着我，然后低头看看自己的手。“我保证。”

每天晚上，我通常都在意识到当天有两三名病人的状况与卡伦相当的状态下回到家。对精神科医生而言，处理有自杀倾向的病人——判断谁该住院，谁能以电话访问配合频繁约诊进行控制——是最困难的工作。每一位精神科医生都遇到过病人自杀身亡的情况，这种事并非百分之百可预防的。我曾有三名病人自杀，每一次都令我沮丧到几乎一蹶不振。在我内心深处，我期望能用我的能力让每个人永远平安，但现实偶尔会插手搅局，导致我在超出我能控制的状况下失去某些病人。

我没有合伙人，因此除非度假（但我一定会找同行代班），否则我一向是每周 7 天，每天 24 小时随时待命，响应病人需求。一旦电话铃或呼叫器响起，我总会不自觉地担心是不是谁出了什么事。假如病人只是打来联络事情或寻求支持，我会很开心，至少他们还活着。1990 年最初几个月，我经常接到卡伦的求救电话（有时一星期两到三次），都是寻求帮助，不让自己做出傻事。我担心她随时会自杀。

※ ※ ※ ※

1990 年 2 月，卡伦告诉我额头那道疤是怎么来的。19 个月大时，她接受前额的动脉瘤或血管瘤(一种良性瘤,构造多为纠结的血管)切除手术。她说,这道疤使她在小朋友之间变得很醒目,其他人常因此取笑她,喊她科学怪人。她父亲无力处理她的健康问题,又怪她花了这么大笔医药费;他曾对她大吼:**要不是你和你的医院账单,我们哪会落到这步田地!** 我想,她是他失败破产的最佳代罪羔羊。

卡伦住院进行手术期间,她父亲从院里偷了些绷带出来(后来他用这些绷带将她绑在家里的床上)。如果她哭,他会把她绑起来,揍她,**让她有哭的理由!** 卡伦说她偶尔会完全不说话,意即她拒绝说话。10岁时,她差点让大家以为她聋了。为此她又住院好几个礼拜;后来她说,她只是"不听"了。

在成长过程中,她天天希望父母亲赶快死掉。但她说她爸也希望她死掉。有一回,她感染了肺炎,病得很重,但她父亲拒绝带她就医,所以最后是她母亲和她叔叔带她去的。她说,到医院时她已没了呼吸;假如再拖久一点,她早就死了。

卡伦透露得越多,她所承受的痛苦也就越令我难以置信——但我确实怀疑她说话的真实性。除了肉体上的痛苦,残酷的精神虐待也令我极为震惊。我很难得知这些儿时记忆究竟有多准确,但她确实以极具说服力、清晰又痛苦的真实情感唤起这些记忆。她说,这样的疗程令她精疲力竭。

※ ※ ※ ※

在往后的几次治疗中,我感觉自己仿佛坐了趟云霄飞车。卡伦抛出一大堆令我头昏眼花的生理症状和恐怖回忆,但她却不像过去那么沮丧,甚至稍微开朗了些。

"有一次——那时我还是个小女孩——我帮我的洋娃娃做衣服,"她不带特殊情绪地描述,"我问我爸可不可以拿他的一条红色旧领带,帮娃娃做裙子。他说好，但我得先用正确的方式打领带。打在我自己身上。等我打好，转身面向他，他立刻抓住领带把我拎起来，害我差点窒息。他一直大笑，说我不该相信任何人。”卡伦平铺直叙地诉说这段故事，但却愁眉苦脸的，仿佛这些回忆是极大的负担，压得她喘不过气。最后她补上一句，“不知怎么着，我跟每个男人的关系最后几乎都以受伤收场。”

这回我心中一震。治疗师必须不时倾听，从病人与自己的关系去揣想病人的弦外之音。尽管乍看之下似乎较以医生为中心，不过在医患关系中，病人所说的每一句话都有其潜在意义——此乃铁一般的真理。最近，卡伦透露少部分不堪回首的过去，这是她在精神治疗中首次出现实质进步。然而，她刚才说了**她跟每个男人的关系**，似乎也在暗示我也会像她生命中的其他男人一样，虐待她，伤害她。一方面，她认为我能让她敞开心胸，吐露受虐的往事；但另一方面，她却深信我会像其他男人一样，重重甩她一巴掌，背叛她。

这是治疗工作的转折点。从现在开始，我们要么继续往更深处挖掘，要么就会谈崩。我即将首次有机会切入正题，对卡伦说几句重话，让她明白她对人的不信任感有多深；即使面对像我这样可能值得信赖的人，她也很难跨越这道障碍。

虽然我常跟卡伦说话，但大多是为了探究、支持或诱导她说话，没有一句足以单刀直入、一针见血。因为我学会了如何当个更好的倾听者，才能走到今天这一步。卡伦最需要的就是听众。

“卡伦，我一直在想你说的话。我觉得你在害怕，害怕你一旦跟我越来越接近，我就会像你认识的所有男人那样伤害你。你想要更亲近，但你害怕亲近。”卡伦看着我，缓缓点头；她眼眶红了，脸庞发热。她听见我说的话了，但她需要时间消化思考，相信我也许跟别人不一样。假如我说中她的心事，她会比较有安全感，觉得被理解，进而朝下一个阶段迈进。当天稍晚，她写信给我。

亲爱的贝尔医生：

今天离开你的办公室以后，我不断回想我们的对话。我要你知道，我真的很开心我正在接受治疗。我有好多话想告诉你，需要告诉你，但每次一走进你的办公室，我就开始犹豫，困惑。你一直对我很有耐心，我很高兴，希望你不会觉得我好像在浪费你的时间。如果我能真正打开心扉，把心事统统告诉你，我会发生什么事？我有办法处理吗？万一不行怎么办？我觉得我仿佛坐在一列停不下来的云霄飞车上。但我知道你可以帮助我助我自己一臂之力。

卡伦

她似乎很清楚自己目前的处境。她正坐在云霄飞车上，笔直坠入万丈深渊；虽然我也在同一列车上，但我察觉自己仅能轻轻划过问题表面，无法触及她心中最深的秘密。一想到这儿，我就觉得心里很担忧。她这个星期心情好，下星期又跌落谷底；她想好好处理自己的问题，但云霄飞车一会儿急升，一会儿俯冲，我们俩有能力应付吗？

在心理治疗过程中，治疗师必须付出非常多的时间，其目的只是为了等待，目睹真相自动呈现。在卡伦的云霄飞车上，我感觉自己被蒙住双眼，看不见前方的景象。我发现，如果你放手让病人主导，他们对自己的故事都有一套无意识但精准的叙述方式，一次揭开一层纱。实习期间，我得到最棒的忠告是：治疗师的职责只是尽可能倾听、了解病人，如此而已。不是告诉他们该怎么做，不是逼他们改变，更非与他们分享自己。了解病人才是我的工作。一旦我对病人有了相当程度的了解，就能与病人分享他们的心得。这种洞察力可以让治疗师保持耐心，免除不少麻烦。

我想多了解卡伦潜意识的感受，以及她目前还没有勇气吐露的秘密。因此我告诉她，把梦境记录下来或许能有帮助。经过谨慎解析，梦境多半能精确指出病人目前存于潜意识的矛盾，与现阶段某些症状的源头。卡伦照我的指示做了。于是下一次见面时，她带着一张写得密密麻麻的笔记走进我的办公室。

> 我从一栋高楼疾速坠落。停不下来，无法控制。我越来越接近地面。我看见底下的车子和人群，我不想以这种方式死去。是谁把我推出窗外？还是我自己跳下来的？我似乎想不起来自己是怎么掉下来的。我想我应该在闹市区，从某办公大楼掉下来。我试图控制自己，但我做不到。就在我即将撞上地面的那一刻，我吓醒了。我的心跳得飞快，汗流浃背。我很慌乱。我得抓着床稳住自己，因为我还在坠落。

在治疗过程中所做的“梦”，一般认为由过去的片段、现在的片段（日有所思，夜有所梦）和医疗片段（医患关系）这三个元素组成。医患关系是其中最重要的一环，这让治疗师有机会植入改变的契机；而过去与现在的片段则与医疗片段相互辉映。对于卡伦，目前我打算把重心放在这个部分。

“我想，这个梦反映了你对疗程频率增加以及跟我越来越熟识的恐慌与焦虑，”我说，“你从办公大楼掉下来，感觉像我这栋楼，这是因为你对我越来越敞开心胸，觉得自己渐渐失控了。”这是云霄飞车的另一种象征。下一则梦境显示她的恐惧又加深了。

> 我在手术室，即将接受手术。好几个医生联手把我绑在手术台上，我不知道他们要做什么。每个医生都戴着面具，我看不见他们的脸。他们在笑。医生先在我的肚子上划下一刀，痛得像在受烙刑。他们还在笑，笑里带着羞辱。然后医生看看我的脚，说：“她用不着这东西。”然后就把脚剁了，往肩头后一扔。接着他剜下我

的心脏,“你没有心,没有感觉。”他继续大笑。我快死了,每个人都想拿走一部分的我。我试着逃跑,但我无法挣脱束缚。没有人帮我。我吓醒,余悸犹存。

每次听到病人的梦里出现“医生”,我总会不自觉地竖耳倾听。就某种程度而言,病人梦里的医生通常代表我。这也是一种了解病人对我的真正感受的方法。

“我想,这次的梦透露更多你对我的惧怕,”我说,“你担心万一接受治疗,让我‘划开’你的心房,你只会更受伤,更无助。”卡伦剖腹产的手术过程与这则梦境相似,随之而来的只有痛苦和沮丧。

等我再见到卡伦,她又交给我一些琐碎的记忆片段。她说,她不明白自己为何到现在还记得这些。开始治疗前,我先读了几页。

我躺在黑暗的房间里。躺在台子上。我怕黑。有好多手在摸我,全身上下到处乱摸。我在哭。求求你不要碰我!那些手还是继续摸。我听见笑声,男人的笑声。求你放过我!

我爸逼我坐下来,跟他一起看色情片。他要我学会取悦男人的正确方法。他说他在教我。

我在祖父家的前廊上。我玩芭比娃娃。我8岁,或者再小一点。祖父叫我进房间去。他摸我。我没有反应。他威胁我,要扔掉我的芭比娃娃。我听不见他说话。我不在那里。我什么都感觉不到。他抚弄我,然后开始________。

我注意到最后一则末端的空白。我不知道空白代表什么意义,但我决定让她暂时留白。我想到的第一个问题是:这些全是真的吗?我很谨慎,不曾要求卡伦告诉我这些事,或者暗示她是否有过此类遭遇;然而,这段回忆竟以如此写实且事无巨细的方式呈现出来,反倒令我信服。我认为其可信度极高。

然而,就治疗的实际层面来看,真正发生过什么事——这些记忆究竟有几分真实?——其实并不重要。这些都是存在于卡伦内心的影像。对卡伦来说,这些影像,还有影像带来的感受都是真的。儿时记忆常以各种不同的方式扭曲、重组、替代和修改。尽管我没有理由怀疑卡伦,也知道儿童性侵害案件时有耳闻,但是跟一个曾经历这种磨难的人面对面坐在一起,仍令我难以置信。我不需要断定究竟发生过什么事,我只需要了解卡伦的想法和感受就行了。至少就目前而言,这样就够了。

第 3 章　遗失时间

1990 年 7 月,卡伦首次深入描述自己“遗失时间”的经验。她说,上次过年时去了一趟拉斯维加斯,她发现自己出现在赌场内好几个不同的地方,却不知道自己是怎么到那儿去的。有时手上的钱变多,有时变少;最后她丈夫和朋友终于找到她,而她的皮包里竟然有 2 500 美金——刚开始她身上只有 25 美金!所以她必须找借口解释她去了哪里,还有她为什么没躺在床上——因为稍早她曾表示自己头痛,想在房间里休息。

卡伦曾告诉我她很健忘,或者她常想不起来发生过的事;以前她也曾提到自己会无法交代某段时间的记忆,我注意到了,但当时我认为她还没准备好面对这个问题。那天她首次提到她有“遗失时间”的毛病:仿佛她“不在现场”,时间断断续续的。

接下来几个星期,卡伦告诉我越来越多这些片段的细节:

“有一天,我出门去杂货店买东西,后来却在购物中心‘醒来’。”她对自己的疯狂行径既困惑又愧疚,“我完全不记得自己什么时候决定不去杂货店,跑去卡森城购物中心帮我儿子买帽子。我不太记得买东西的经过,也不知道我是怎么到那儿去的。这种事以前也发生过好几次。”她稍作停顿。“又有一天,医院的抑郁症患者互助会结束之后,我去吃晚餐,但我完全不记得晚餐的任何细节,只记得回过神已是隔天早上。我在自己床上醒来，头痛得要命。”

显然，卡伦有分离症——意即她的意识在某段时间是分离的。部分的她处于现实，部分的她脱离现实。其实我已怀疑好一阵子了，但我还不知道她究竟属于哪一种分离症。她曾告诉我，她害怕专注、局限于单一问题，因此我决定让她主导，由她决定何时告诉我这些片段。我不想操之过急，唯恐自己无法分辨她是否只是为了讨好我而捏造她的故事。

再次见面时，她说她和丈夫起了争执。她把女儿留在外婆家过夜，但她丈夫为此大发雷霆。她一拳挥向丈夫的脸，但她却没有动手的感觉。他回敬她好几拳，导致她最后被送进医院；但她也不记得进医院的事。她丈夫全身都是淤青。她说她遗失时间的症状越来越严重了。

有一天，她接到陌生男人打来的电话，对方表示他俩是上周五晚上认识的，但她不记得见过此人。她去看电影，却记不起部分情节。她说，其实她也不太记得6岁到10岁之间的事。天主教学校的修女曾说她中邪了，还在她头上洒圣水。

卡伦描述的分离状态似乎跟着她大半辈子了，状况时好时坏。她问我她何以遗失时间，我说这可能是她应付痛苦的一种方式。当然，我有我自己的怀疑，但现在我真的无法给她更好的答案。

1990年8月，卡伦开始经常性地遗失时间，或者现在她比较愿意告诉我了。星期四晚上，她在枕头底下发现一把小刀。她不知道这玩意儿是怎么跑到那里去的。周五晚上，她大约遗失4到5个小时的时间。以下是她写给我的字条：

> 现在是凌晨2点，我不知道这里是什么地方，也不知道自己是如何到这儿来的。我不知道我在哪一座城市。这里没有房子，看起来很荒凉；我不知道该怎么办。我该找人帮忙？还是继续往前开，直到看见熟悉的景物？我不能打电话给我先生。他不会明白

的。我独自一个人，我好怕。现在我在加油站，那里有位小姐。待会儿我去问她。

那位小姐很帮忙。她告诉我这里是蒂莱公园，现在我知道我人在哪儿了。我们会平安到家的。

她用“我们”，这个词颇值得玩味。她明明独自一人，却说“我们会平安到家”。她说她突然“醒来”，才意识到自己迷路了。她是在食品店采购时发作的。她在晚上8点半离家，清晨2点“醒来”；车上没有买来的东西，皮包却少了15美金。当她发现自己其实离家不远，她觉得欣慰又庆幸。

现在，卡伦告诉我的事例已足供我判断，她罹患“分离性身份识别障碍”(DID)。我想知道她是否真的是多重人格障碍患者(MPD)，个人认为“多重人格”比较能贴切描述这种状况。大部分的精神科医生一辈子没见过一个多重人格障碍患者。尽管有不少“一头热”的治疗师暗示某些人可能有多重人格问题(那是因为他们意图表示自己曾治疗过这类病例)，但我想真正的多重人格障碍患者应该极为罕见。知道卡伦罹患分离性身份识别障碍倒还简单，难的是我该如何告诉她？我的脑袋一片混乱。我还没准备好面对她，告诉她真相，她的反应让我害怕。她已经快撑不下去了。我不想给她另一个寻死的理由，逼她走上绝路。我想等她更进入治疗状况，再告诉她这种可能性。此时此刻，我要把重心放在加强彼此信任关系和处理她的经常性危机这两件事情上。

※ ※ ※ ※

卡伦常告诉我，她会因为自己很“坏”而迫切想惩罚自己。她表示，她最近一次伤害自己约莫是在3个月前。她无法忍受亲生父亲曾经侵犯她、伤害她的事实。她甚至认为这辈子再也不想被男人碰了。她说，她曾经想切掉自己的阴部。我观察她叙述时的神情，我认为她太冷静了。一个人认真时多半会异常的冷静，因此，切掉部分身体的这个念头着实令我害怕。我必须弱化她自残的念头。

我说："最近你开始告诉我过去曾遭受的虐待，所以熟悉的痛苦渐渐离你而去，这导致你迫切地想找东西代替它。"我试着告诉她，她之所以自残说不定真有道理可寻。两天后，1990年10月30日，我收到这封信：

亲爱的贝尔医生：

我必须让你知道，上次我说伤害自己的事，我说谎了。我告诉你事情发生在3个月以前，其实根本不到一个礼拜。我很抱歉。我只是突然被卸除心理的防备，很害怕你会怎么想我、看我。我不是故意要说谎的。当时我没办法一次把全部的真相都告诉你。我真的很害怕自己有什么很恐怖的毛病。我需要你帮忙。我不知道自己为何想伤害自己。高中时，我曾像这样伤害自己；但19岁之后就没再这么做了。去年10月，我又开始故态复萌；在讨论我被性侵害的那段治疗期间，我自虐的状况更加严重。我不知道怎么停止这一切。

※ ※ ※ ※

她告诉我，大约一年前，这种迫切惩罚自我的念头再度找上她。她说她会把铁衣架戳进自己的身体，借此伤害自己。她认为，如果她把自己伤得够重，往后就不必再忍受性行为了。为此，伤口必须维持在"新伤"的状态。她甚至把部分细节写给我看。

约定的诊疗时间到了，卡伦一如往常准时出现；打开门，我发现她比平常站得更远。她眉头深锁，鱼尾纹也跑出来了；进了办公室坐下来，她也不太看我。

“我看了你的信，”我说。她脸上的痛苦又加深了些。

“你还想看见我吗？”她问，“或者我是不是太恶心，恶心到你根本不想跟我说话？”她无法直视我。

“我很高兴你终于愿意把秘密告诉我了，我也非常想帮助你了解你为什么会有这些感觉。”

“其实我并不想告诉你，我跟你距离太近了；可是我已经说了这么多，现在我反倒怕你会生气，怕我会失去你。”她能以正面态度看待我们的关系，让我很高兴。

“这么说来，你好像有点受不了我，又不能没有我啊。”我支持她对这层关系的看法。她同意我的说法，但也认为这渐渐是个问题；尤其是从她自残的念头越来越强烈之后，她开始害怕吐露她的遭遇。

有时候，我无法以言语安慰她赤裸裸的伤痛。我试着说些什么，试着表示我了解她的感受——甚至我偶尔也能感受到她的部分感受。我不能说我能体会，因为我根本无法想象她曾经历的一切。然而，因为卡伦，我正开始学习当个更好的倾听者。

※ ※ ※ ※

1990年圣诞节过后不久，我去度假，但实在很难不带着罪恶感出门；不仅对卡伦感到抱歉，还有其他处于不同危急或需要程度的病人。我不在的时候，他们可能受苦，甚至又回到治疗前的状态；但卡伦似乎会是最惨的一个。我想跟她多聊聊遗失时间，但每当我们快要聊到那一点的时候，又冒出新的问题或自杀危机，硬生生扯开这个话题。

我建议卡伦，在我度假这段时间，她可以把自己的想法和梦境记下来，等我回来以后就能一起检视她写的东西，帮助她跨越障碍。但我怀疑我真的有办法了解她。

第4章 选择死亡

1990年12月29日

今天我努力说服自己恨你、讨厌你。我好伤心。我觉得你遗弃我了。其实我知道你去度假,但我的感觉还是很糟。我想,我真正恨的人——那个需要你的人——是我自己。我决定不吃药了。我不需要它。我什么都不需要。

1991年1月4日

恐怖的事发生了。我大概有两个钟头的时间不见了。在这段时间内,我攻击我丈夫。他说我狠狠地踹他,揍他,抓他。我看见他身上有伤,但我不记得我曾伤害他。另外,我又割伤自己了。我不明白我为什么要这么做。

1991年1月10日

我想起越来越多过去的事了,觉得很恶心。我写不出来。我甚至不知道我有没有办法说出来。我想忘掉它们,但我忘不掉。我没办法封锁那些言语口角,没办法锁住痛苦。

度假归来,一封信躺在信箱里等着我。卡伦的笔迹。见面之前,我读了好几篇她的手稿。她垂头丧气慢慢走进来，状况似乎不太好。

“我丈夫好像很喜欢折磨我，”卡伦终于开口，“但我不觉得我有能力离开他。”

“我明白。但有什么是你现在比较可能做到的？有什么办法能让你保护自己不受他欺负？”我问。

卡伦耸耸肩，摇了摇头。“我被他逼得无处可逃，”语气充满无奈，她说，“我幻想杀了他，就像我曾幻想杀了我爸一样。”我观察她，看她是否流露任何可能付诸行动的蛛丝马迹；但她眼神绝望，肢体动作也感觉不到这方面的意图。

“你怎么处理这些幻想？”我问。

“越想越难受的时候，我就伤害自己。”

“为什么伤害自己能帮助你？”

“因为这样可以让我不再幻想。”

“你之所以伤害自己，有没有可能是为了保护他们——避免在盛怒之下伤害丈夫和父亲——所以改变对象，转而发泄在自己身上？”

卡伦望着我，没搭腔；但我看得出来，这番话令她迷惑不解。

“另外，这是否也足以解释，在我度假期间，你为何更急切地想伤害自己？”我再补上这一句。卡伦不明就里地望着我。我一下子跳过好几个步骤，期望卡伦能发现“我外出度假，遗弃她——她很气我”与“她增加自残频率”之间的连结。她必须明白：虽然她没说出口，但我知道她有多气我抛下她出门度假，但她的愤怒却不会摧毁我们之间的关系。

当晚，卡伦做了一段预知梦。

> 我梦见我去找你，你在厨房，拿着大锅子使劲搅拌。锅子是白色的。我坐在凳子上，突然有好几个人从我身体里跑出来——有些是成年人，有些是小孩，他们好像全都很想见你。这些人是透明的。有个孩子往锅里看，有个躲在我背后；有个大人看起来粗鲁无

礼，另一个却一副害怕模样。你看不见他们，但我却能感觉到他们围绕在我身边。等我们开始谈话，这些人便一个一个消失了。然后画面突然快转起来，但我们俩仍说个不停，仿佛一下子就过了好几年；只不过，你仍在搅拌东西，手里还是那个大白锅。但其他人全都不见了。

有时，病人在治疗初期会做一种类似“摘要”的梦，他们以几近预知的方式，将自己往后的治疗轨迹完整压缩，封存于梦境中。我想，卡伦做的正是这种梦。我在梦中的角色仍维持不变。我是厨师，但我只做一件事：持续搅拌锅中物。她的梦中经历令我感到不可思议：这些影子般的人物——大人和小孩——从她体内冒出来；然而当我们继续说话，我持续搅拌锅子，这些人又陆续消失了。这个梦不只证明卡伦确实有多重人格（有大人，有小孩，各自独立的不同人格），同时也暗示我和她共同努力的方向：让这些独立人格消失。

不可否认，要卡伦和我维持长期信任关系确实有些困难。换言之，“厨房”的热度令她惊慌，使她经常动不动就想逃离。任何人一旦如卡伦这般受尽虐待，往后最困难的便是信任他人不会再以同样的方式折磨自己。卡伦在日记里写了封信给我：

我知道我在烦什么，只是不知道该怎么处理这个问题。我觉得好像是我让自己陷入这一团混乱，所以必须把自己给弄出去才行。你去度假时，我突然了解到：我和你正在建立一种对我来说非常危险的关系。我知道最后我一定会受伤。我不能让这种事发生。我已经变得太依赖你。你不在，我根本不知道该怎么办，感觉自己变得支离破碎。我不记得以前曾经有过这种感觉。你已经成为我生命中最重要的人，我吓坏了。

后来有一天，卡伦走进我的办公室——没跟我打招呼——直直走向她的椅子坐下。这很不寻常。她走得很慢，但若有所思；坐定之后，她神色一凛。

“我觉得我只能选择自杀，”她不带一丝感情说道，“我一直在等待适当时机，现在时候到了。”然后，她直视我的双眼。“做出这个决定，我觉得很自在。”

“为什么是现在？”我问。我知道，每次她觉得跟我拉近距离，自杀的念头就会更强烈。幸好时间还早，我们可以在下一位病人到访之前好好处理这个问题。

“我妈计划去匈牙利旅行。那儿是她的故乡。”卡伦已向我描述过，她这辈子如何受她母亲批评和羞辱。

“所以你觉得现在时机正好？”我问。

“不是，我根本不在意时机这档事。”哦，既然如此，你刚才为何那样回答我的问题？母亲出门应该不至于引发她如此反应。她会这么做肯定另有隐情。

“你让我对自杀感到内疚，”她垂下视线。沉默好一会儿之后，她继续说道，“你是唯一试图帮助我的人。”

“你有没有想过，我对你选择自杀可能会有什么感觉？”我问。

她猛然抬头，“嗯，想过，我曾写信跟你提过这件事。但我没把信寄出去。”她手在皮包里摸索，然后倾身向前，眼望他处，把信递给我。我接过信，放在一旁，继续专心与她对话。

“我一直都知道自己终究会走上自杀一途……现在时机正好。”她失神了好一会儿。“我只是不想活了。”

我没搭腔。心想，她究竟给自己挖了多深的坑呀！

“治疗期间，你会和我一起经历一段过渡期，”我终于开口。“多年来，你一直试着不去理解自己究竟遭受何种程度的虐待，但现在你慢慢看见了，在这里，和我一起，这让你不知所措。”我试图引导她朝“为何是现在?”思索,搜寻她会意的神情;她似乎稍微理解,但未明显表露情绪转移的征兆。我没抓住机会,还得再试一次。

“我曾担心会发生这种事,”我继续说,“对任何一个像你这样、曾受过严重伤害的人来说,这段时间肯定很难熬。而且你们可能也很难信任别人,相信别人会帮助自己。”她哭了起来。好现象。

“你母亲要出远门,你觉得很孤单,而且只剩下我能帮助你。你纳闷:你能相信我吗?”卡伦埋首于掌心,嘤嘤啜泣。哭泣有净化的作用。“我对你越来越重要,你对我的感觉也越来越强烈,却也更危险。你该让自己信任我,还是选择死亡?”卡伦崩溃了。她呜咽出声,胸口剧烈起伏。我没再说话,给她时间平复情绪。

“我不要你自杀,”我说,倾身靠向她。“我们该怎么预防?”我看看她,等她回答。我需要她的合作。她勉强耸了耸肩。

“至少我们能做一件事:让你住院,”我说,“保障你的安全。”我知道这是专业上的必须建议,但也是个很差劲的选项。前次住进精神病房已用光她的保险给付,一旦挂急诊,她肯定依法院发出的把病人关进精神病院的制度被转诊到州立精神病院。若她谎称自己没有自杀意愿,州立医院会很快放人,她不但不会好起来,我也可能找不到她。我跟这些机构打过交道,很清楚他们的规矩。我必须另外想办法。

“我不想去医院,”卡伦态度坚决,“住院只会让事情变得更糟。”

“没有什么比失去你更糟糕,”我直截了当地说,试图说服她。现在她开始专心听我说话了。刚才那番声明使她平静下来,我们静静坐着。

“如果能再多了解你为何有这么强烈的寻死念头,”我说,“也许我们就有办法帮助你了。”这会儿我该闭嘴了。当你抛给病人一个重要问题,不管他们接着说了什么,那就是答案。对我而言,最困难也最重要的就是比她更能忍受提问后随之而来的静默,耐心等待答案。

我看着卡伦思索,暗忖她可能往哪方面想;但她的脸庞仅仅流露哀伤。大约一分半钟之后,她在椅子上动了动,说,“我一直都知道妈不爱我,但我从来不曾真正领悟这个事实,”她稍稍停顿,“我以为,假如我能给她足够的爱,也许她就会爱我了,但我就是办不到。”我认为她话里还有别的意思:她害怕我会跟她母亲一样。既然我也不爱她,干吗老黏着她,一直说要帮助她?如果连自己的母亲都不爱她,她又怎能期盼我会关心她?

“为什么是现在?”我问。

“只是觉得现在好像是时候了,”她说,旋即绝望地叹息。

“我觉得,你只是害怕自己太靠近我,想找理由逃避。”我瞅着她。我的话是挑战,极具吸引力的挑战。她转移视线。眼前又是我该闭嘴的时刻。加入或退出,她得做决定。卡伦犹豫了一会儿,不自在地扭动。

“我不知道……我不敢抱希望。”卡伦面色困惑依旧,但她比刚才坐直了些。也许她会选择加入。

“我有个计划,”我说。我必须让她更接近我,强化她的希望。“现在我终于了解,你母亲无法爱你的事实一直让你很难受,所以你绝望地以为我可能比你母亲更值得信赖、更能支持你,陪你熬过治疗。然而,因为你父亲曾经虐待你,所以你担心万一跟我太亲近,我也会对你做同样的事。”我等待卡伦吸收这一超大剂量的真心话。

“但重要的是:你不会有事的,”我继续说,“今天是星期三。晚上我打电话给你,明天晚上也一样,然后星期五下午1点我们碰面。你可以保证,从现在直到晚上我打电话给你之前,你会让自己平平安安的吗?”我看着她,四目相对,等待她的保证。

“好,”她说。

“那么,你会让自己好好的,直到我明天晚上打给你吗?”我再次等待。

“我试试看,”她说,语气不太确定。我紧盯着她,片刻后,她点头了。

“目前就先这么办吧，”我说，“如果我找不到你，或者星期五你没出现的话，我会报警叫他们找你。”我要她知道我是认真的，我把她的人身安全视为我的职责。

“好。”卡伦挤出感谢的微笑。她离开办公室时，我暗自松了口气。信任对卡伦而言着实不易。我们的治疗已持续两年半，但她直到刚才才开始认真解决问题。希望她最难熬的一段已经过去了。至少，她离开时比进来时看起来有精神多了。

以下是这次诊疗刚开始时，卡伦给我的那封信：

1991 年 6 月 13 日

亲爱的贝尔医生：

非常感谢你这么帮我。有你做我的医生，我十分感激。如果没有你，我想我不会活到现在。我只想要你知道，无论我发生什么事，都是我的错。我实在撑不下去了，所以我计划逃离这一切。这么做与抑郁无关，我只是不想活了，因此唯一的逃脱办法就是结束。我会尽我所能、用我知道最好的方式解释我的想法。

我选择死。死总比活着好。我将永远摆脱一直困扰我的梦魇，再也不必面对我父亲和我祖父，不需要应付我母亲。我会很开心，很平静。选择离开，我丝毫不觉得内疚。我再也不会觉得自己肮脏不洁，也不会再伤害自己了。我不再需要处理我对你的感觉，内心深处的空虚也将不再是负担。我觉得现在是时候了。

我都安排好了。我在我家附近的汽车旅馆订好房间。我决定用我手边的药试试看，如果行不通，我还有枪。我真的觉得好孤单。我真的很想把这些都告诉你，但我知道你一定会试着要我说出来，而我绝不能让这种事发生。请你谅解，我是真的撑不下去了。我好难过。我很高兴能遇见你,希望你不会因为这件事而恨我。

祝福你的未来一切顺利。你是非常棒的医生,值得拥有最好的人生。好好照顾自己和家人,保重。

敬爱你的卡伦·奥弗希尔

那天傍晚5点20分,我打电话给她,但无人接听。我知道她很绝望,但我希望我们的约定能让她决定不终结自己的生命。这是精神科医生面临的诸多艰难时刻之一。面对像卡伦这样深受创伤的病人,你唯一能做的只有等待,看他们决定要不要继续活下去。如果她选择活着,就表示我是她选择活下去的部分理由;如果她选择死,意即就算有我在,她仍执意赴死。

我再拨一次,她接了。那晚我和她聊了好一会儿。隔天晚上也一样。两天后,她来复诊。尽管征兆并不明显——脚步也许轻盈了些,动作快了些,心情似乎好点儿了,眼神接触的次数也变多了——她看起来确实好多了。尽管穿着和往常差不多,至少也稍微打扮了一下。她说她每天都觉得比昨天好一点。虽然卡伦曾经以为,就算自己消失了,应该也没什么大不了;但现在,她对自杀有些犹豫,举棋不定。部分的她开始改变心态,想好好活下去。昨晚,她首次被自己想自杀的念头吓一跳。不知怎么着,以前的她竟不曾理解:万一她自杀,就真的什么都没了——孩子没了,丈夫没了,就连我也不在了。

"我在想,我想死的部分原因是不是我不想再跟我先生有亲密关系?"她问自己,"好笑的是,我甚至不记得跟他发生过关系。"我疑惑地望着她。"我知道我们做过,"她继续说,"我一定是完全封锁了这部分的记忆。"

完全封锁?

她不发一语,静静坐着,仿佛迷失在自己的思绪中。"在我内心深处，”她说，“我知道自己不想活下去。我甚至连子弹都买好了，”她承认。

我对“完全封锁”这事儿极有兴趣，但我得先带她回到先前的话题，强化她抗拒用枪与死亡的念头。

“你认为你能和我维持真正互信的关系吗？”我问道，“你真的能信任我，让我聆听并理解你想说的每一句话？”起初她困惑不解，后来似乎有点烦恼。她不回答，但我希望我已再次强化她维持这层关系的可能性了。

走出大门时，她回头对我说，“以前，我曾希望你会放弃我。”门缓缓合上，我看着她宽而消沉的背影消失在门后。

我想起她的自杀计划。我知道她随时都可能再次萌生自杀念头，因此我们得毕其功于一役，让她彻底打消这个念头。下次见面时，我问起子弹的事。她承认拥有子弹让她觉得很自在——有了子弹，她随时都能了结自己的性命。

“你为什么觉得这样想很自在？”我问。她好一阵子没说话，对我的提问感到惊讶；因为她从没仔细想过，有人会觉得这个念头很奇怪。

“我这一生，大多时候都有自杀的计划，”她说，“9 岁或 10 岁时，我曾计划躺在铁轨上，等火车开过来。”她冷静地陈述往事，麻木的眼神令我背脊发凉。“仿佛自杀是我人生的唯一解药。”

※ ※ ※ ※

昨天，卡伦的姑姑打电话给她。祖父生病了，人在医院，她要卡伦去探病，但卡伦害怕看见他。这次通话勾起了卡伦对她八九岁时全家去海边玩的一段回忆。

卡伦坐在祖父的别克汽车后座，夹在两个弟弟之间。男孩们越过卡伦,彼此打闹。他们一个6岁,一个8岁,卡伦9岁。男孩越玩越疯,开始推挤卡伦。

“不要推我!”她抱怨。

“卡伦!坐好!”母亲转过头来呵叱。她左边是正在开车的祖父,右边是父亲。“如果你们再给我惹麻烦,就通通待在车里不准下来。”祖父把车停在北街海滩,后座3个小孩安安静静的。

卡伦跟着母亲下车,来到沙滩上。日正当中,天气酷热难耐,沙滩上已是一片人山人海。母亲摊开席子,祖父摆上躺椅,打开啤酒。她父亲跟着两个弟弟去玩水;小男生跑在前头,父亲则流连于一个个正在晒日光浴的胴体之间,紧盯着一群年轻女人。卡伦慢慢晃进水里,海水逐渐漫上膝盖;水很冷,她掉头折返。途中,她一时兴起,扑通坐在沙滩上开始盖城堡。为了让沙粒保持湿润,黏得更紧,她以手掬水,来来回回跑了好几趟。

差不多该回家了。祖父走过来,伸手抓住卡伦。她哀伤地离开自己一手建造的小城市,跟着祖父回去找母亲。来到车上,卡伦爬进后座,两个弟弟也争先恐后挤上来。到了家门口,卡伦滑下后座,但她的两条腿和泳衣上全是沙子。祖父看见卡伦身上和后座的沙,脸倏地变红。

“卡伦!你在搞什么!车里全是沙子!”卡伦一愣。她看看母亲,后者转过身、带着弟弟们进屋去。卡伦举步跟着弟弟走。“站住!”祖父吼道,“不要把沙子带进屋子里!”他抓住她的手,拖向后院。半拖半走之间,卡伦试着站稳脚步;但他频频诅咒,用力扯她手臂,带她穿过后院,来到车库。他们管这儿叫“啤酒窖”。他拉开门,将卡伦推进黑暗中。

“待在这儿。”她站在车库里,困惑地望着门外。祖父走向后廊,拾起水管,打开水龙头,踱步走向卡伦,嘴里吐出一连串不雅词句。他把水管递给卡伦,向后退一步。

"拿去,把自己冲干净!"卡伦颤抖地握住水管,迅速淋向双腿和脚踝。"不是这样!"他抢过水管,大拇指按在出水口,水柱变得强劲四射。"转过去!"他冲她的背和腿,看着她因冷水而僵硬发抖。"躺下来,我要把全部的沙子都冲干净。"

卡伦躺在车库灰色的水泥地上,吓得发抖;祖父握着水管一来一回,频频往她身上浇水。他拿水冲她大腿,肚子也溅到了。水冷得令她尖叫,但祖父瞪她的眼神足以令她呆住,立刻安静下来。他将水管放在地上,双手分开她的腿。他把水管头放在她胯间,正准水柱。

"不要动,"祖父咆哮。他用手指拉开她的泳衣。"我要把沙子全部冲干净,"他又说了一遍。卡伦紧紧闭上眼睛。他把水管头对准了她的下身,卡伦感觉到痛,体内有一股冷热交错的压力。她想尖叫,但她叫不出声。祖父移开水管头,将泳衣移回原处,然后站起身。"好了,"他说,"都清干净了。咱们去吃点冰淇淋吧。"

卡伦摇摇晃晃爬起来,走向汽车。祖父抓住她的手,走在她旁边。他们去了第51街和戴蒙街交叉处的"冰口味"冰淇淋店。回家路上,她坐在前座,一小口一小口舔着她的香草甜筒。

等红灯时,祖父低头看着她。"不准滴下来。"他边说边戳她肋骨。卡伦紧紧抓着甜筒,但祖父又戳她,这次左右开弓。"不准滴下来。"卡伦扭个不停,七手八脚护着她的甜筒,但冰淇淋整个掉在她的大腿上。

"看你干的好事!"卡伦感觉冷冷的冰淇淋逐渐在她腿上融化。她看着他,等他打她。他用右手将冰淇淋抹在卡伦腿上、肚子上、大腿之间。卡伦松了口气又觉得恶心。回到家,祖父牵起她的手,领她往后院走去。

"咱们又得再清一次了。"他捡起水管说。

故事结束，卡伦垂下头哭了起来。我等待她平复情绪。

“怎么啦?”我问。

“你一定觉得我很恶心，”她说。

“为何这么说?”

“我觉得好脏，”她说。

“我能了解这件事给你的感觉，”我说。卡伦仍在哭。但我并非真的了解，我怎么可能了解？通常，当你不知道该说什么，最好的响应是尽可能体会、理解当事者的心情。

“我看我们的时间也差不多了。下次就从今天结束的地方开始吧。”

※ ※ ※ ※

卡伦湿淋淋地走进我的办公室。她把皮包夹在腋下，像名美式足球中卫。时间是1991年6月底，从面向公园的窗户望出去，外头正下着滂沱大雨。她朝我迅速点点头，快步移向座位。

“过去两个礼拜，我随身携带那些子弹，”她边说边抓起腿上的皮包。“我每次都想把子弹交给你，却没有一次做到。我不确定我今天会不会这样做。”

“在我听来，好像部分的你是真的想把子弹给我，否则你不会把它们带来，还特地告诉我，”我说。我得很小心地问，不能太直接，我必须让她觉得，把子弹给我完全是她的主意。

卡伦的态度犹豫不决，眼神不时向两旁游移，而我只能等待。最后她垂下视线，手伸进皮包摸出一只塑料盒，里头大约有200枚0.22口径手枪的子弹。她看着弹盒好一阵子，然后把它交给我。我接过弹盒，放在旁边的桌上。

“你还有别的东西要给我吗?”我问。她猛然抬头，两眼大睁，接着又低头沉思好一会儿。她再度将手伸进皮包，迟疑了几秒，然后掏出一把有刮胡刀片的折叠小刀。她把刀握在手里，仿佛在回忆什么；几分钟后，她伸出手，将小刀递给我，仿佛她刚把自己的生命交到我手中。

“还有吗?”我问。她没抬头看我，迅速摇了两次头。“我必须确定你手上没有能伤害你的东西，这很重要，”我说。

“可是，没有东西伤不了我，”她回答。

“你的意思是?”现在大吃一惊的换成我了。

“没有东西伤不了我，”她又说了一遍，好像我第一次没听清楚似的。

“我不明白，”我说——她心里显然有事。卡伦低下头，轻声说道，“我父亲曾用各种东西伤害我，”她说。“他喜欢拿东西塞进我身体里，什么都有。”

“我懂了。”卡伦没再多说，我也不想逼她说出更多细节。她才刚开始告诉我她曾经历过的恐怖事情，所以我必须做她的最佳听众，不打断她说话，让她畅所欲言。我必须让她感觉到我对她的接纳，无论她说什么都不会破坏我们的关系。

第5章　父亲被捕

卡伦自觉跟我越来越亲近，但她也因此吓坏了。她越是信任我，长久以来深锁内心的秘密就泄露得越多，有时速度快得超出我们俩的控制。从她在每次就诊之间写给我的字条看来，这些被唤醒的记忆似乎越来越令她困扰。

1991年7月24日

我很伤心。我想起我的朋友珍妮，还有新朋友塔米。我很嫉妒她们。原因并非她们与医生的关系良好，而是她们的医生会拥抱她们。我不明白自己为什么要为这件事生气，我以为自己再也不想被别人碰了。我经常幻想你会拥抱我。

1991年8月1日

昨晚，我梦见我在游泳池里溺水了。一只男人的手从水面下托住我的头。他用左手，手指戴着金戒指。这个梦我已做过好多次，但我头一次记得自己看见戒指。

1991年8月3日

昨天晚上，我不断想起一些童年的生活片段。我想起祖父侵犯我之后,我把染血的内裤藏在某个地方,结果被祖母发现了。那时我大概8岁。我把内裤藏在碎布盒里,祖母问我为何把裤子放进去。她以为我对自己初经来潮感到难为情。只不过事发3年后,我才真的初经来潮。祖母把内裤扔了,往后再也没有人提起这件事。

8月5日,卡伦到诊所来,我们讨论她从7月24日到8月3日间写的短信。她在信里描述太多往事,千头万绪,害我一时不知从哪儿开始。话说回来,既然卡伦的治疗计划是靠我俩的互信关系建立起来的,我想就从这一点开始吧。

"我没拥抱你……会让你觉得我不关心你吗?"她点头。她确实如此认为。我说我能理解她何以如此感受,还说,若处于她的状况,多数人都会有相同的感受。这么说或许稍有降贵纡尊之嫌,但借由这番说辞,我试图让她了解:虽然我已察觉她以为我不愿意拥抱她,但事实也许是我想拥抱她,但基于某些原因,目前我还没办法做到。我找不到合理解释"不拥抱不代表关系不好","拥抱不具治疗意义","拥抱可能破坏别人和我之间的界限"的方法,我怕她会以为我只是找借口不拥抱她。

有时我问我自己,卡伦遭遇如此严重的人伦悲剧,给她一个拥抱,一点点最基本的人道关怀又何妨?但不幸的是,尽管卡伦表明她渴望得到孩童式的拥抱,我却无法确定我的认知是否与她的感受相符?某部分的她很可能将其判定为恶意接触,所以我决定不冒这个险。

"我很好奇你祖母发现内裤上有血的反应,"我继续逼她,"我很惊讶你祖母竟然没继续追问下去。这部分她也有错,而且是很明显、很离谱的错误。"我之所以这么说,理由是我想让她分辨我和那些共同掩盖她受虐事实的人并不一样。

我们也谈到男人从水面下托住她的梦。尽管我怀疑那只戴着结婚戒指的手是我的,但我仍很好奇她怎么看这则梦。

"你觉得,水里那只托住你头的手是谁的?"我问。她看看我的左手,身子不自在地扭动。

"我不知道,"她说,扭过头去。

"在水里是什么感觉?"

"窒息。绝望。"

※ ※ ※ ※

每一位精神科医生都需要具备受虐狂和自大狂这两种性情。他们一方面必须被动承受,持续保持无私、充满同情心的态度,另一方面又得引导病人进入治疗程序,坚持成为病人的情绪中心。在我的职业生涯中,我能将受虐狂扮演得有声有色,却羞于充当自大狂。我可以陪病人坐上一整天,天天如此,设法理解并掌握他们最细微的情绪波动。好啦,也许没这么了不起,但我确实相当着迷于去了解人类心理层次是如何运作的,也很努力钻研。

时间是 1991 年,我执业将近 10 年了。我发现我的专业能力越来越退步,几乎整天坐在办公室就诊。尽管每个病人的故事都是独一无二的,但故事发生的过程几乎全部一模一样,并非每个人都像卡伦这般特别。正如那天我望着川流不息的第 95 街时的感触:我害怕被困在办公椅上、无止境地聆听病人陈述,直到自己虚弱得再也无法站起来。

※ ※ ※ ※

1991 年 11 月 4 日,卡伦告诉我她祖父过世了。她去守灵,却什么也不记得;她大约遗失了 6 个小时的时间。她说她对祖父的感觉很混乱,因为他偶尔也对她很好。守灵后,她自残的念头增强了,她用某种恐怖的方式伤害自己，极度自我厌恶。

听完她自残的具体说明后，我问她，“你认为这些都是祖父过世带来的感觉吗？”

“我不确定，”她说，“说不定是这样。”卡伦意兴阑珊，对我的意见似乎没什么反应。

“你能想到其他可能原因吗？”卡伦望向窗外，我不确定她是否听见我的问题。

“贝尔医生，对于我曾要求你拥抱我那件事……我想向你道歉。”她并未看着我，反倒像在自言自语。“我无权要求你这么做。我觉得我需要被拥抱，但我也想过你为什么不愿意拥抱我。好像我心里只在意这件事。渴望碰触令我感觉自己有问题，但我觉得我像孩子一样需要拥抱——安慰而非伤害的接触，只是无关性别的抚慰性的碰触。你是唯一让我有安全感的人。这是我此生头一次打从心底想与人碰触，却没有可能会受伤的念头。也许，我只是需要确认你会一直在这里。”

她的自白令我大吃一惊，原因并非她想要拥抱，想从我这儿得到拥抱而向我致歉，而是这番话的含义不仅感人，也十分辛酸。此外，她道歉的**时机**也令我意外。一般而言，联想是由问题引发的；从她描述如何自虐，再到她为了想被拥抱而向我道歉，其间必定有某种情绪上的连结。难道她自残的念头非因祖父过世而起，乃是源自我不愿拥抱她？两者之间有关连吗？相互关系为何？卡伦似乎相当痛苦且不自在，也许我根本还没完全领会她的困境。她想要我碰触她，却恨自己渴望碰触。如果她的自残起因于想要与我接触，那么，万一我真的拥抱她，她会对自己做出什么举动？

※ ※ ※ ※

1992 年 1 月底，某个接近傍晚的午后，大雪覆盖整座公园，街灯照得积雪闪闪发亮。我在等卡伦。这几个礼拜我出门度假，好一阵子没见到她。我有些担心，不晓得她今天会给我带来什么难题。

“我弟妹向警方报案，指控我父亲猥亵我的侄女妮娜，还有我女儿莎拉。”卡伦匆匆进门，连外套都扬了起来。她看起来颇为焦虑，完全不在乎我的想法——因为我也许会很高兴：她父亲终于必须为自己的兽行受到惩罚了。

“你在担心什么？”我问。

“他很快就要出庭受审，然后我妈一直打电话来。她一直问我，我爸以前有没有猥亵我。”卡伦似乎非常害怕。“万一我把真相说出来，我觉得有人一定会割断我的喉咙。”

“割断你的喉咙？”

“我爸总是这样跟我说。他说，假如我敢告诉别人，他就要割断我的喉咙。他会拿刀贴在我的脖子上，表示他会这样对付我。”她瞪大双眼。

“你认为他真的会这么做？”

“那当然。”

※ ※ ※ ※

2 月底，卡伦表示警方预定在隔天逮捕她父亲。

“我丈夫说，万一莎拉真的出了事，全部都是我的错，”卡伦说，“我从来不让她跟我父亲单独相处，因为我知道他可能会干出什么勾当。”卡伦痛苦又绝望。“可是，可能有一两次吧，我把莎拉交给我爸妈照顾。说不定是那时候发生的。”卡伦深陷在自己的思绪中。

我静静坐着，等她继续说下去。多年来我常纳闷，她为何不逃离她的父母，躲得越远越好？她不曾回答这个问题——她只是耸耸肩。卡伦的情绪开始崩溃，眼角泛起泪光。

“我丈夫是对的,”她哭着说,“都是我的错。我不该把她留在那里的,我怎么可以!”卡伦深陷绝望深渊,我不知道我有没有办法抓住她,把她拉出来。

“但你确实注意到不能让她单独跟你父亲在一起呀,”我说,试着鼓励她,“你相信只要有你母亲在场,你父亲不会伤害莎拉的。”

“嗯,”卡伦仍无法释怀。

“莎拉怎么说?”我问。卡伦稍稍坐直了些。

“她说他什么都没做。”

“你相信她吗?”我问。

“我在她这么大的时候一定也会这样说,”卡伦虚弱地微笑。

“可是,你曾有过的遭遇并未在莎拉身上重演呀,不是吗?”

“嗯,”她回答。

“你觉得莎拉会跟你说实话吗?”

卡伦略显迟疑,我认为她开始爬出那个情绪深渊。“我不知道,”她说,身子不安地移动。

“我问她,他有没有威胁她,她说没有。她看起来并不害怕。”

“她似乎并未感受到你当时被威胁‘说出去就要割断喉咙’的那种恐惧?”我说。

“没有。她没有。”

“所以,莎拉很可能不像你或妮娜一样,被你父亲伤害。”卡伦点头。她心情仍然很差,至少比刚才好多了。她仍相当沮丧,但已不再渴望寻死。目前我能做的也只有这些,诊疗时间已经到了。

※ ※ ※ ※

1992 年 3 月初,卡伦的父亲被逮捕入狱之后,她的母亲及姑姑开始向她施压,要她作证她父亲不曾猥亵莎拉。由于卡伦没有证据证明她父亲是否清白，所以她不愿意出庭作证。卡伦事无巨细地向我描述她和卡特里娜——她母亲——最近的一段对话。

> "你爸绝不可能做出这种事！"卡特里娜尖叫。"他才不会伤害小女孩！"
>
> "噢，会的，他会，"卡伦答得冷静。
>
> "你在鬼扯什么？"卡特里娜大喊，指控意味远大于惊讶。"我猜你以为他曾经侵犯你，跟你发生性关系！"卡伦低下头，没有回话。"那都是你想象出来的！"卡特里娜习惯强迫别人接受她的意见，致使她越来越口不择言。"说不定根本就是你自己想虐待自己！一定是你自找的！反正全是你想象出来的！"卡特里娜越来越偏执，不留情，卡伦好想吐。每次碰上这种时刻，卡伦总要怀疑记忆是否出了问题；但她旋即想起父亲拿电线缚住她的手脚，将她绑在他床上，过去的一切再度变得真实。

警方要求为莎拉进行检查，确定是否遭到性侵犯，卡伦同意了。莎拉的检查一无所获，但妮娜却有遭受性侵犯的创伤。卡特里娜和卡伦的姑姑皆表示她们不相信卡伦的父亲会对任何人做这种事，她们要求卡伦去把父亲保出来。卡特里娜尤其心急，因为只要她丈夫在牢里多待一天，家里就少一天收入。卡特里娜不断恳求、威胁、羞辱卡伦，企图逼她交出1 000美金的保释金。

卡伦的父亲也每晚从牢里打电话给她（费用当然是她出），每晚不止一次；但卡伦拒绝付费接听。由于父亲天天打电话骚扰她，烦得她头痛欲裂严重到呕吐的地步。负责此案的弗莱厄蒂警官告诉卡伦，假如她父亲再继续打电话骚扰，请她随时通知他。卡伦拒绝了，因为她害怕父亲挟怨报复，也不想再承受母亲更强烈的愤怒。

1992年4月初，卡伦的姑姑将她父亲保释出狱。他在牢里蹲了6

个礼拜。出狱后他立刻打电话给卡伦，电话整晚响个不停，试图逼她出庭作证。最后她终于联络弗莱厄蒂警官，警官警告他不得再骚扰卡伦，否则准备回去吃牢饭。

※ ※ ※ ※

“我妈希望我出庭为我爸作证，”卡伦的声音越来越小，“而我丈夫一直怪我。”她重重叹了口气，跌坐在椅子上。她看着我，眼里满是绝望，“活着好累，我再也不想应付这些了。”

母亲，父亲，丈夫，自杀。快，我得赶快决定先对付哪一个。

“你母亲要你作证？”我问。

“对。她要我说我父亲不曾侵犯我。”

“你想怎么做？”我问。

“我想死！我梦到好大的手掐住我的脖子，我不能呼吸……我吓醒，大口喘气，可是当我再度入睡，同样的梦境却一再出现。”卡伦用手捂住喉咙，奋力吸气，仿佛她尚未脱离梦境。

“‘大手’听来像是小孩印象中的大人的手，”我说。

“我告诉过你，我爸以前常说，如果我敢把事情说出去，他会伤害我，杀了我！他是认真的！有一次他还示范给我看：他掐住我，让我没办法呼吸，一直到我快昏过去了才松手。可是他说，要是他高兴，他也可以继续掐住我不放。”

“双方律师曾要求你出庭作证吗？”我问，她摇头。“既然如此，那就先别担心作证的事。我们暂且假定你不需要作证吧，除非法庭传唤，否则我认为你应该不会出庭。如果你母亲继续吵你，你就告诉她，一旦上了证人席，你绝对不会说谎，之后就让她自己体会你的意思。好吗？”卡伦点点头，专注地望着我。这么做算不上治疗，但卡伦需要指点。我利用停顿转换气氛。

“以前我们聊过你想离开丈夫,因为他对待你的态度很不好……现在呢?现在你有什么想法?”我试着从与寻死无关的话题着手。假如我能提供她些许依靠,协助她思考现实问题,或许她就不会太过绝望了。我需要多加探索、了解她在家里的情况。

“我还没准备好处理我的婚姻,”卡伦再度叹气。看着她动也不动,垂头丧气坐在那儿,我努力抵抗,不让她的沮丧影响我。我想帮助她向前走,但要推动一个如此沮丧的人实在好困难。“儿子也看不起我,”她继续说,“跟他爸一个样儿。我不敢打他。因为我怕我会像我爸一样,一出手就停不下来。我丈夫处处破坏我立下的规矩。假如儿子被我关禁闭,他还是让他出门,这样他就可以扮好人。”卡伦沉默下来,好一会儿没说话。然后她突然开口,“我宁愿死也不要被离婚折腾,或是一个人过日子。”

这下可好,我想,问题棘手了。我怀疑我们根本不可能有机会摆脱寻死的话题,更别说什么“进步”了。连婴儿学步那样小小的一步也希望渺茫。

“如果你可以选择,”我说,“你希望改变哪一件事,让自己好过一点?”好吧,这么问也许很蠢,但我总得找个切入点,让她开始想想如何改变自己,而不是责怪自己,成天沮丧无望。

“我希望乔希不要再喝酒,”她说,“他到家没多久就开始喝。不喝到不省人事绝不停下来。”

“再告诉我一遍,他喝酒之后会怎么样?”

“几罐啤酒下肚之后,他会变安静,再多喝几罐就变得很凶很暴力。”她眼看别处。“然后他就开始打我。发完疯,他倒头就睡。”太难了。我们对乔希的酗酒问题根本束手无策。他的行为只有他自己能负责。但话说回来,或许我们能想办法保护她不受他的暴力威胁。

“当他开始喝酒,变得安静不说话,你都怎么做?”我问。

“我会叫孩子们不要吵,离他远一点,”她说,“然后等待。”

“就像你跟父亲相处时一样，”我说。她看着我，我看见这句话似乎在她心中激起涟漪，她开始比较父亲和丈夫的虐待行为，发现其中的相似性。

“你还小的时候，”我说，“就算被虐待，除了委曲求全、想办法在家里待下去，你也没有别的选择。现在你是大人了，尽管受虐的状况与童年类似，但你的选择却比以前更多。假如你觉得没办法离婚，那么你或许可以在最危急的时候暂时离开。只要你先生开始喝酒，你和孩子就准备好随时出门；一旦他开始不说话，立刻带孩子出门，在外头待一两个小时再回来。你们可以去吃冰淇淋，或者看电影。等他睡了再回家，尽可能避开他发怒施暴的时间。”卡伦认真地猛点头。

“可以的话，你还想改变跟先生相处的哪些部分？”我问。

“他常为了我来找你而跟我吵架，”她说。我点点头，鼓励她继续往下说。“上礼拜六，我们又为此吵了一架，结果他打我，揍我，这里，”她指指自己的左下腹，“很痛。这边一直很痛，痛到现在。”

“看医生了吗？”我问。我看着她，试着推想哪些脏器受伤可能导致持续性的疼痛。

“没有，”卡伦回答，声音很小。

“怎么不去看？”我问，有点抓狂。

泪水缓缓流下来，卡伦似乎有难言之隐。“我好希望自己死掉，”她说，羞愧地扭过头。我再次耐心等她开口。

“我不知道该怎么办，”她说，“他一直对我大吼大叫。他说，我总有一天会像我爸那样猥亵我的孩子。他一而再、再而三地叫我去死。他说我不该再来找你，他说这根本是浪费时间，浪费钱。他把我原本要付给你的支票兑现，把钱拿去买酒和买香烟。”

“有些机构能协助受虐妇女，帮助她们……”卡伦举起手，不让我说下去。

“我知道，”她说，“我已经拿到这方面的信息了。”

“那你为何不采取行动？”

卡伦又露出羞愧的表情。“不值得这样做。我觉得我应该不会活这么久。部分的我以为，我根本就是懦弱、没勇气才会苟活到现在。要是我够坚强，我早就行动了。”

“待会儿你要做的第一件事，就是去医院验伤。”我直截了当，让她知道这是明确的指示，“离开这里之后，你直接去挂急诊。虽然有可能只是淤伤，但你丈夫揍你的手劲也可能导致内出血。”

“可是我怎么知道不是自己弄的？”她问。我的表情有些疑惑，她看见了。“有时候我也会弄伤自己。”这实在太难处理，太难引导了。

“不管原因是什么，”我的语气微微带着恼怒，“你要去看医生，确定你没有内伤。”卡伦耸耸肩，哀伤地转身离去。“还有，明天打电话给我，”我对着她的背影喊道。门在她身后缓缓合上。她没作任何表示。

※ ※ ※ ※

1992 年 10 月，某天晚上 10:30，我接到卡伦的电话。她把声音压得很低，而且越来越小。

“我想伤害自己。”

“怎么了？”

“我先生揍了我一顿，”她在电话里哭了起来。我等她继续说下去。“用球棒……我不想活了。”

“你哪里受伤？”

“我的腿，还有背，我不知道……”

我们讨论她可以采取哪些行动：报警，找妇女庇护所帮忙，带孩子去朋友家住，等等。但她什么都不想做。她说，她丈夫已经醉倒了，今晚应该不会再醒来。我要她吃一两粒我开的镇静剂，多少睡一下，然后我说我要打电话给弗莱厄蒂警官。她勉强同意，给我他的电话号码。

我打电话过去，他不在，接电话的是一位詹姆森警官；我说卡伦遭她丈夫殴打，她立刻了解事情的严重性，表示会留言给弗莱厄蒂，请他明天早上跟我联络。我打电话给卡伦，把我跟警局的对话告诉她。我的行动似乎让她松了口气，而她也答应我不会伤害自己。我们约好下次诊疗时间，然后我再打给詹姆森警官，把我刚才跟卡伦的谈话重点——包括她答应不伤害自己（我部分是为了自保）——转述给她听，确认弗莱厄蒂明天早上会打电话给我；或者，万一他今天晚上要找我，请打电话到我家。我挂上电话——不过才 11 点，但我觉得仿佛已经讲了好几个钟头的电话。我觉得压力好大。不过，说来奇怪，我从没想过要摆脱卡伦，这感觉就像看到一个孩子掉进河里，但她不会游泳，你怎么可能不跳下去救她？现在我已跳下水，奋力泅水想接近她，但她却一再脱离我的掌握，令我觉得自己也即将溺水。然而，我似乎总是能及时浮上水面，尽可能向她伸出我的手。不知我俩是否有上岸的一天。

※ ※ ※ ※

1992 年 11 月底，卡伦告诉我她父亲不死心地一直打电话给她。再过一个礼拜就要开庭了，他希望她能帮他。她挂他电话，但他还是不断打来，令她频频有自杀的念头。

她说，以前她会把刮胡刀片紧紧握在手里（上次她已经交给我了），好歹比较舒坦；但现在她觉得这样不够，她希望能从我这里得到更多——原来她也在湍急的河水中寻找我。我告诉她，下次见面时我会准备东西给她。她开心地走了——我不曾见她如此快乐，穿过门口时，她甚至回头对我微笑。我得想想能给她什么。

下次见面时，她脚步轻快，带着一只鞋盒走进来，有些难为情地对我微笑。她坐下来，把鞋盒放在腿上，然后看看我，仿佛在征求同意；我点头，用眼神探询那只盒子的意义。她从盒里拿出一条祖母的手帕、一枚高中死党的胸针、一束她弟弟的头发、她先生某套西装的布料样本，还有婚前几个约会对象送她的小东西。

这些东西跟孩子舍不得放开心爱的毯子或小玩意儿，有着相同的意义：他们能从中得到慰藉。一般认为，无论是毯子或洋娃娃，这些物品在小孩子眼中都是母亲的象征；孩子们从象征母亲的毯子得到有形慰藉，使他们能承受与母亲分离的痛苦。在这层关系中，毯子被称为“过渡性客体”，也就是能帮助孩子从依赖母亲过渡到脱离母亲的物品。尽管并非每个孩子都有这个阶段，但它确实属于孩童正常发展的一部分。

长期以来，当某些人从卡伦生命中消失，她便以这种方式维系与他们的连结。既然卡伦熟悉且信赖这种方式，我会试着以此加强我跟她之间的关系，同时弱化她与痛苦、受虐阴影的连结。

“我说过，我会给你一样能让你想到我的东西，”我伸手探至椅脚边，不让她看见。“这样东西也许有用。”我拿出一只约5英寸高的陶制小熊。那是我在楼下礼品店找到的。这只小熊圆滚滚的，坐姿，脸上挂着微笑，身穿休闲衫配蝶形领结，看起来非常开心又满足。我把小熊递给卡伦，她瞪大双眼，小心揣在怀里，仿佛它是个无价之宝。也许对她而言确实如此。她感激且羞怯地望着我，好像在说：她知道这样很孩子气，但她很感激我了解这件事的必要性。

卡伦仍拒绝父亲的请求。卡伦的母亲代替她父亲向她求情，请她在法庭上帮她父亲说话，卡伦也同样拒绝了。1993年1月，卡伦的父亲出庭受审，最后因对卡伦的侄女妮娜性侵犯被判猥亵儿童等十九条罪行。卡伦从头到尾皆未出席审判。

在接下来几次治疗中，卡伦叙述父亲受审的后续发展。判决后，她父亲“心脏病发作”——这是她母亲的说法，其实只是严重焦虑，但也因此住院好几天。

“你爸住院都是你的错！”她母亲对卡伦说，“如果你帮你爸作证，他就不会生病了！”卡伦怀疑，她母亲将她扯进父亲审判的动机并不单纯;除了帮助丈夫,她应该还有别的企图。卡伦的父亲定罪后,她认为母亲急于撇清跟丈夫的关系,她要卡伦作伪证表示自己不曾遭受虐待,即使有,她母亲也完全不知情。

卡伦的父亲入院接受心脏检查,但医生还发现了其他问题。卡伦说,医生发现他罹患大肠癌,且已转移至肝脏,这让大家都吓了一跳。她说,刚开始她父母拒绝接受诊断结果的严重性,但随着病情逐渐恶化,她母亲开始找卡伦帮忙照顾父亲。过去卡伦一直不愿与他有所牵连,她不出席审判,也不探监;但她母亲吃了秤砣铁了心,硬要卡伦重回父亲的控制之下,与他们恢复来往。

某个星期天早上,卡伦的母亲打电话叫卡伦载她去医院取她父亲的车(法院准许她父亲完成癌症治疗后再入狱服刑)。起初卡伦没答应,说她不想再见到父亲,但她母亲非常坚持,宣称她们只是去取车而已。来到医院,她父亲已拎着行李箱,坐在长凳上等她们了。瞥见他,卡伦顿时涌上一股恶心、憎恶的感觉,但她还是自动把车靠过去接他。她母亲装作一副没事的模样,下车帮她父亲提行李,上了车,她母亲便提到她不久后的匈牙利之行。

"我不在的时候,你每天都要来看看你爸,"她嘱咐卡伦。卡伦没搭腔。"听到了没有?"她母亲提高音量。

"我没办法,"卡伦轻声说。

"你真不知好歹!"在后座的父亲开口。

"他以前为你做过多少事? 你欠他你知不知道?"她母亲说,"你生病的时候——就是你脸上长瘤的时候,我们带你跑过多少次医院? 我们大可放着你不管,但是我们照顾你呀! 要不是你那一大笔医药费……还有你上天主教学校的学费,我们原本可以有房子,有新车,结果你竟然这样报答我们? 你欠我们,我们为你做了这么多,你得报答我们……"

卡伦说她不记得之后是怎么回到家的。由于我的支持,卡伦自始至终未曾接手照顾父亲的工作。

第6章　母亲与父亲

卡特里娜——卡伦的母亲——生于匈牙利，有8个兄弟姊妹，家里非常贫穷，在第二次世界大战期间，她家附近曾是美军驻扎地。美国军人经常拿食物和巧克力给卡特里娜和姊妹们，她渴望有朝一日能去美国，并且总说她将来要嫁给美国军人。

身为糕点师傅的女儿，卡特里娜在很年轻时就成为手艺精湛的厨师。她定期上天主教堂，在遇见卡伦的父亲之前不曾与男人约会。当她见到马丁，她认为拥有清澈蓝眸与残酷唇形的他宛如"猫王"埃尔维斯·普雷斯利的翻版。在成长过程中，她对男人一无所知，最后这也导致她成为自己天真性格的囚犯。

卡伦8岁那年，卡特里娜为了躲避丈夫的拳头，在当地工厂找了一份晚班工作。她把热晚餐、教两个弟弟写作业、照顾他们上床睡觉的琐事全扔给卡伦。两兄弟睡着，她的妈妈又还没下班回家，这时马丁的魔爪便伸向卡伦。身为母亲，卡特里娜理应注意到卡伦的异常情况，但她完全忽略这些征兆。卡伦觉得她母亲为了自保而牺牲她，使她父亲转而将兽欲发泄在她身上。卡伦说，她母亲幻想所有的孩子都不会遭到虐待，生活幸福又美满。她母亲拒绝承认他们的遭遇。

马丁——卡伦的父亲——生于1933年。他是长子，有一个小他2岁的妹妹德博拉。马丁小时候常被父亲（老马丁）奚落。在父亲眼中，马丁永远不够好，但他妹妹则完全相反——德博拉永远不会犯错，永远都有收不完的礼物，受到无止境的关爱。虽然马丁的母亲朱迪思总是尽可能在他父亲看不到的时候发挥母爱，但朱迪思是个软弱、教育程度不高的女人，对丈夫言听计从，所以她很难成功安抚马丁的感受。

马丁小时候顽皮又固执，喜欢吵闹，隔三差五就得下最后通牒才管得住他。进了高中，这些特质使他变成撒谎不眨眼（也没有罪恶感），油腔滑调，胡说八道的人。他曾试图诱哄不少女孩跟他约会。然而，若他要求上床却被对方拒绝，他会暴怒相向、虐待对方，然后甩掉她。卡伦的姑姑告诉她，若马丁的约会对象想分手，他会用力抓扯对方的手臂直到淤青，但事后又是道歉又是保证（当然是信口开河），恳求她再给他一次机会，试图和好。他会设法装出很在乎、很伤心的模样，直到下一次沮丧来临，如此周而复始、恶性循环。

朝鲜战争期间，马丁受召入伍，被派往匈牙利。有一天，他在街上看见卡特里娜和她的姊妹。当时她 16 岁。虽然她不会说英语，而他也不会说匈牙利话，他仍找机会约她，希望得到她家人的认同。他请求卡特里娜的父亲把她嫁给他，一等他退伍便立刻接她到美国。卡特里娜初抵芝加哥时是个未经人事的 17 岁少女，不懂英语。直到她能嫁给马丁之前，她一直与老马丁、朱迪思同住。老马丁意欲染指卡特里娜，多次强迫她屈从。马丁父子经常为此爆发严重争吵。老马丁扬言，要是他们不如他的意，他就要把两人赶到街上去。卡伦不知她祖父最后是否成功得手。

卡伦的母亲告诉她，有天晚上，家人差她上楼叫马丁吃饭。马丁把她摔在床上，强暴她。她哭着说想回匈牙利，但马丁不让她走。他哀求她原谅，送她礼物，如此循环往复。卡伦说，她祖父曾教父亲如何指使、控制妻子，而马丁照单全收，言听计从——强暴、殴打，样样都来。

卡特里娜和马丁结婚后，马丁持续强占她的身体，因此卡特里娜没多久就怀了卡伦。祖母曾告诉卡伦,马丁在卡特里娜怀孕期间仍继续强暴她,甚至她才刚生下孩子,从医院返家,马丁也不放过她。因此10个月之后,卡伦的弟弟(跟着父亲叫马丁)也出世了。

童年期间,卡伦和两个弟弟不时听见父亲凌辱母亲。马丁总是不顾自己的身份,跟各式各样的女人打情骂俏,搞了一堆婚外情。他曾因性骚扰遭公司开除。在他眼里,女人全是发泄性欲的对象。

※ ※ ※ ※

卡伦拿了一盒录有她父母对话的录音带给我。这是她母亲在等候审判期间偷偷录的,我很好奇他们到底说了些什么。卡特里娜在可听见两人对话的地方架好录音设备,录下这盒带子。我和卡伦推测,她这么做是为了证明自己与丈夫猥亵孙女无关——甚至想把卡伦受虐的事也推得一干二净。卡伦听过一部分,但已令她恶心想吐。她说,她一辈子都在听这种话。她再也不想听见半个字了。

当天晚上,我结束工作,准备回家前,我放了录音带来听。录音一开始即是进行中的对话:

父:过来躺着。

母:不要。我不要躺下来。

父:就躺几分钟嘛,好不好?我又没叫你干我,而且干我也没错啊。但我也没叫你干我啊。

母:闭嘴!不要跟我讲这么下流的话。我一辈子都在听你说下流话。

父:你也许是累了,可是你有哪次不依?怎么这会儿叫你这样突然变成了天大的罪恶……

母:噢!闭嘴啦!

父：你还亲它咧。

母：没有！我哪有每次都做！你这下流胚……

父：这么做又没有错！

母：问题在你说话的方式！太粗俗了！

父：可是，你他妈的老公我——快、死、了，而且我要去坐牢了！

母：如果你要死，也该是时候了！我刚好可以找回我自己！

父：你应该说，“我老公要死了，所以我绝不能丢下他的那个不管。”而且你该好好疼它，因为我就快死了。你难道不能多关心我一点吗？

母：不能！因为我要走了！

父：好吧，可是你又不是现在马上要走。你可以躺在我旁边，陪我说话呀。我不想对着你的背说话。不要这么冷嘛！而且，假如我叫你干我，舔我亲我那个，哟，这也没什么不对啊。好嘛，来亲亲它嘛，几分钟就好……难道你连几秒都不愿意？为什么？它长得又不丑。

母：你想说的就是这些？

父：哎，不是啦，可是小娜……

母：怎么会有人受得了！

父：（语气温柔）你说话好过分哦。

母：（大吼）你才过分！

父：小娜，嘘，你可以好好跟我说吗？

母：好好说话？你还虐待我呀！

父：哪有！不不不，老天，你胡说八道！你他妈的胡说八道！

母：我他妈的胡说八道？

父：你不要脸，他妈的胡说八道。你讲话很不客气，你不尊重我，就因为我没钱，因为我是穷光蛋！

母：（大吼）因为我再也受不了你了！你满嘴……

父：才不是，不是这样。

母：满脑子……

父：小娜……

母：……就只有性！

父：你他妈的搞你自己吧！你去啊，继续当个蠢婊子啊！不过小娜，你会很痛苦。伤害我，你也不会好过，因为我们是彼此的一部分。你尽管去啊，好好玩啊，反正你连碰都不碰我，我甚至不期待你还会干我什么的。

母：噢，你这条下三烂的狗！

父：我到底哪里肮脏、哪里有问题了！我在跟我太太说话！我又不是跟陌生人说话！快过来，过来陪我。

听马丁如何诱哄卡特里娜尽"他认为理所当然的"妻子义务，若她拒绝就骂她蠢婊子，我感觉既恶心却又强烈地被他们的对话吸引。马丁威胁利诱，卡特里娜脾气暴躁；她越是抗拒，他纠缠得越紧。

父：（再次轻声细语）想做爱并不肮脏嘛，没关系啦。做一下又没关系。让我碰碰你的腿中间……你没反应，小娜，你怎么都没反应啊。别这样嘛！当个好老婆，让我碰碰你、亲亲你的身体嘛……你为什么要把事情搞得这么丑陋、这么肮脏、这么下流……来嘛！把衣服脱掉，舒服一点。穿这么多衣服哪会舒服呀……不要因为我要你碰我就觉得自己很贱。不要因为我要你跟我做爱就觉得自己很廉价。不要这样想。你要打从心里为自己做。

母：我根本不想跟你做！从头到尾都是你自己一厢情愿！

这两个人的对话令我惊骇莫名地僵坐在椅子上——如此锲而不

舍专注于性需求的父亲和假装愤怒的(我认为她是装的)母亲。她知道正在录音,丈夫被判刑后,她亡羊补牢地想证明丈夫的性沉迷,以及自己是受害者。这些不堪入耳的对话,卡伦不仅听了一辈子,她同时也是受这些言语骚扰的对象。

第7章　坚定承诺

2月底见面时，卡伦的态度比往常更勉强，更被动。我等她开口，但她局促不安地在椅子上扭动，最后好不容易才说，“我有几个问题……有几件事……想问你。”

“什么事？”我问。卡伦把手伸进皮包，拿出一张纸。

“我把它写下来了，”她边说边把纸条递给我。我看着它，大声念出来：

1. 你的生日是几月几号？
2. 你的父母亲是什么样子？
3. 你有兄弟姊妹吗？
4. 你是哪里人？
5. 你被虐待过吗？
6. 你有心理治疗的经验吗？
7. 你有过自杀的念头吗？
8. 你有疾病方面的问题吗？
9. 你为何选择当精神科医生？
10. 学校教你们不能跟病人有感情牵扯，是真的吗？
11. 被爱是什么感觉？

12. 你能接受安乐死吗?

这些问题很有趣。我能了解卡伦为何想知道这些:每一位病人都会对医生的私生活感到好奇。我的双亲跟卡伦的父母差不多岁数,他们于40年代晚期结婚,1950年生下我姊姊,我在1952年报到,我弟弟则生于1957年。我父亲的屋顶工程公司破产后,他在橱柜公司担任推销员,经常出差。由于他在家的时间越来越少,身边也不乏女伴,因此我父母在我8岁那年离婚了。接下来3年,我母亲非常辛苦,抚养3个小孩的压力远超过她的能力范围(我父亲每周需支付50美金的赡养费,但支票总是很晚才寄到,并且经常是空头支票,总被拒付退回)。我15岁(念6年级)时,我母亲白天在一家小型工厂当秘书,晚上在大型百货公司的外套部门工作。在我家,断电是家常便饭,我还记得自己常翻遍她的皮包和大衣口袋找零钱,看看能不能凑到足够的数儿买面包,做三明治带去上学。离婚后的3年间,我母亲渐渐有高血压、胃溃疡、甲状腺功能异常等问题,全都是压力造成的。

我小时候很活泼,精力旺盛,参加考试进了专收有天资的儿童的课后辅导班;班上有12个像我一样的孩子,来自同学区但不同学校。对比于白天冗长乏味的课程,下午的课后辅导有如快乐的缓刑时光。辅导班的特殊课程多是独立作业,我们各自寻找有兴趣的题目,然后在上课时提出报告。我的表现令母亲十分骄傲——除了我以外,她的人生几乎毫无成就可言;也因为如此,我全心全意忠于我的母亲。

升上7年级的夏天,母亲再婚。尽管我们3个小孩与继父的关系并不亲密,但我们搬家,生活逐渐步上轨道,家里的经济危机也解除了。三四年之后,母亲的第二次婚姻开始出问题,但我的课业表现依旧十分亮眼,也一直让母亲感到骄傲。自中学、高中、大学甚至医学院期间,我在没有父亲陪伴的情况下想象出了我心目中的男人形象,也成为自己日后仿效的对象。

我离家上大学时，我的弟弟正在高中学习的压力下挣扎。他对我父亲几乎一无所知。虽然我们每年会去宾夕法尼亚州探望父亲一两次，但他渴望更稳固的父子关系——我也曾尝试着付出，但父亲终究是无可替代的。升大二那年，他搬去与父亲同住，适应得很好，也很快乐。但某天晚上，考上驾照才6个月的他开车撞上电线杆，当场死亡。我母亲不曾从这场悲剧中恢复过来，因为她一开始就反对我弟弟搬去跟父亲住。之后几年，我甜美、可爱却脆弱的母亲逐渐沉迷于杯中物，一整队的看护也救不了她。

当然，我什么都没告诉卡伦。若病人在治疗过程中提出这些疑问，我多半会技巧性地转移话题。重要的是，这些问题显示卡伦已将注意力转向我，并且非常投入治疗，但也象征她试图主导我们的关系，将其转变为能让她直接获得满足、类似友谊的关系。然而，直接满足病人需要基本上都会破坏治疗效果。诚如真实的人际相处，若你满足她，她会停止沟通与探索，转而将注意力放在获得满足上。精神科医生处理这种状况的技巧是：满足病人"问"的动机，同时避免泄露过多个人信息。

"卡伦，我很高兴你问我这些问题，"我开口，"不过，在回答之前，我想先稍微聊聊你提问的理由。这些问题你已思考了好一阵子吗？"

"嗯，有一段时间了，"卡伦说。看得出来，她对自己莽撞提问的举动有些不好意思。她看看我，但我回望她，静静等待。

"我一直在想这些事，"她继续说，"我想知道你离开办公室之后的生活。我想知道你家的状况，你为什么当医生……"她的声音越来越小。

"假如这些问题已经在你心里思考好一阵子了，你为什么觉得'现在'问很重要？"守株待兔的时候到了：无论卡伦回答什么——即使看似不相关——都是我要的答案。此刻我最重要的任务是闭嘴。若病人沉默不语，医生最糟糕的反应就是提供选项或换问题，协助病人脱困。至于刚刚那个问题何以如此重要？理由是我认为卡伦心里真正的答案应该是：因为我开始非常认真想投入治疗，我必须确定你是最适合陪伴我经历这场恐怖之旅的人选。我相当好奇卡伦会如何发掘自己的答案。

“我刚好想到，”她试探性地问，“万一这要花很多时间呢？”她望着我，寻求保证。

“你是指，我会不会一直陪着你？”我问。

“对，你会……即使……”她的声音越来越小。

“即使……？”

“唔，我不知道，即使……”她很挣扎，但我不能介入，拉她一把。“即使你不喜欢我说的话，”她终于说出来了。

“你怕你说的话可能会伤害我，导致我抛下你不管？”

“对，”她轻轻地说。这声“对”显示她可能想告诉我某个可怕的秘密。有了这句坦白，我觉得我应该可以帮她一点忙。

“你在这儿想说什么就说什么，我们的工作就是谈话。在这里，我们不做事，只说话。我们讨论。讨论很安全，所以不管你说什么都不会伤到我；但行动就可能造成伤害。你可以跟我聊‘想死’的念头，没关系。但是万一你做任何跟‘想死’有关的事，那就不好了。”卡伦听进我的话，缓缓点头。

“你的问题很有趣，”我说，仔细浏览一遍。“有些问题很普通，像是生日、兄弟姊妹一类的，但这个——‘我被虐待过吗？’我猜，你可能好奇我是否有过类似经验，所以我才能倾听、了解你告诉我的发生在你身上的遭遇。”我想，这些提问可能跟卡伦的恐惧有关。她担心她说的话会逼走我。

“无论你渴望告诉我什么，告诉我你曾经如何受到伤害，”我继续说，“我都有兴趣，也愿意听你说。”卡伦看着我，再次缓缓点头。我继续下一个问题，“‘我有心理治疗的经验吗？’有。我曾连续9年接受精神分析治疗。我的医生是个很棒的人，教我许多东西，他在我受训的精神分析研究所担任教授。”卡伦双眼大睁。我之所以告诉她这项信息，原因有二：第一，让她了解“接受治疗”也是我受训的项目之一；第二，让她明白我很习惯长期、密集的治疗——她或许凭直觉知道自己有此需要。

“咱们再往下看吧，”我说，“‘我有疾病方面的问题吗？’没有，就我所知没有。”这是另一个和“我是否会抛下她不管”有关的问题，她的意思其实是“我会活得够久吗？”我再度低头研究那张纸条。

“‘为何选择当精神科医生？’因为精神病学是我在成为医生的过程中觉得最有趣的一门科目。能够了解另一个人的情绪，进而帮助他，没有任何事比这个更令我感兴趣了。”这是真的，是我的肺腑之言。但我这么说也是在暗示卡伦，让她知道我何以如此专注治疗她的心理问题。

“‘学校教我们不能跟病人有感情牵扯，是真的吗？’”我看看卡伦，我知道这个问题对她非常重要。对她而言，知道我是否有兴趣了解她还不够，她想知道我能不能关心她。我该怎么回答？

“不是，‘不能跟病人有感情牵扯’并不是真的，”我说，“不产生感情是不可能的。”卡伦稍微放松了些。“但我所受的训练教导我必须尝试了解这些感情，避免它们过度妨碍、干扰我为病人所做的最好的选择。”

我看看剩下的问题，“其他这几个问题也很重要，但我想我们必须了解一件最重要的事：这些问题象征你已经越来越投入我们一起进行的工作，关系也越来越深。你投注的精力、感情越多，你越需要知道我会一直陪着你，想要帮助你。”

卡伦眼看别处，咬住下唇。“我还有一个问题，”她说。

“嗯？”

她戏剧性地停顿几秒。“我到底有什么问题？”她注视我好一会儿，然后靠回椅背。她被观察够了，我想，现在她要好整以暇等待我的响应。

我考虑了一秒钟，衡量该如何回答她。我不想吓着她。

“在我看来，你显然深受沮丧困扰，”我开始铺陈，“导火线应该是你生莎拉时的疼痛，但主因还是从过去到现在、一直在伤害你、让你感到痛苦的亲属关系。”这部分还算容易，毕竟我们几乎天天公开讨论、诊断抑郁症。

“另外，你也受‘人格障碍’所苦，”我继续解释，“也就是说，你的整体人格结构受到损害——比方说，承受压力时就会遗失时间。这可能肇因于早期和父母的痛苦关系，若再向前延伸，或许也和你祖父有关。”

这样解释很模糊，我自己也知道，但我决定用“这就是我目前所知”的口吻告诉她。究竟受到哪种伤害，我略去不谈，因为我并不全然清楚她到底受到何种伤害，至少我不能完全确定。不过，她似乎接受了我的说法。

为何我不直截了当告诉卡伦她罹患分离性身份识别障碍呢？因为我是胆小鬼。我不知道她会有什么反应，但我害怕她的反应会很糟：也许这是压垮骆驼的最后一根稻草，逼她走上绝路。我很确信，等她自己准备好，她会敏感地察觉到事实真相。

下次会面时，最值得注意的是卡伦特地把头发扎起来了——3 年多来，这还是我头一次见她如此打扮；这也许是件小事，意义却很重大。她变活泼了，还说她在她家附近的药店担任夜间收银员。她希望多少争取一点经济上的独立，不要太依赖丈夫。另外，她还告诉我前晚做的一场梦。

“我梦到我在医院，”她说，“陷入昏迷。我的双腿刚被截肢，就快死了。我全身上下插满维持我的生命的设备，医生说我大概撑不过去，活不了多久了。这时你来看我。你请大家离开病房，然后开始跟我说话，告诉我活下去的理由。我听见你的声音，但我无法开口，无法移动。我知道我并非真的昏迷，我只是把开关关掉，不想活了。你拉起我的手,告诉我如果听见你就紧握你的手。我照做了。”

“你握了我的手吗?”我问。

“嗯,我握了,”她回答。

卡伦倒向椅背,沉浸在自己的思绪里。

“这个梦让你想起什么?”我问。

“11岁的时候,”她开始描述,“我得了肺炎,医生说我大概没希望了,但我一直觉得我会撑过去。我大概昏迷了两三个礼拜。”她越说越小声。我无法确定卡伦11岁时是否真的昏迷两三个星期,也许只是一段人格分离期;但此时此刻,真假并不重要,重要的是这是她记得的版本。

“还有呢?”我问。

卡伦想了几秒,继续说下去,“最近我常常觉得腿很痛,刚好是我梦到被截肢的地方。我不知道为什么会痛,但我觉得我的脚应该没问题。”

“你昏迷了,但你却感觉到病房里还有别人?”我问。

“对,”她说,“虽然我没有意识,但我可以听见声音。”

“在我听来,你的昏迷有点像遗失时间的症状,”我提出我的看法。

“是啊,”她说,“我听得见,但我好像不在那里。”

“所以,我把目睹你绝望、濒死的人们请出去之后,叫你要活下去;尽管你还在‘昏迷’中,你却能听见我的声音,紧握我的手?”

“嗯。”

我想用“她紧握我的手”这个意念为本次治疗划下句点,因为这是最能强烈象征她和我的连结,象征我要她活下去的景象。在这个节骨眼上,治疗卡伦的工作犹如走钢索般危险而脆弱,我想尽我所能,将我们之间的所有正面情绪一点一滴集合起来,织成更坚固的保护网,以免轻易遭人撕裂——这张网不仅要抵抗那些破坏她人生的人,还得对抗隐藏在卡伦自己体内的残暴力量。

第8章　童年梦魇

“我想我大概做不到，贝尔医生，”卡伦边说边陷入座椅，动也不动，感觉相当泄气。

“说说看嘛，”我说。卡伦总是对自己没信心。于是她挣扎，我等待。这是我的标准反应。

“……我不是好人，”她终于吐出几个字。

我没接腔，看她是否会继续说下去。“为什么这样说？”最后我还是问了。从开始到现在，我持续在每次治疗时尽可能搜寻任何可能导致她说出“我想死”这句话的想法、信念或记忆，好让我们跨过这道障碍，展开另一阶段的工作。卡伦摇头，倒是开了口。

“不好的事太多了，”她停下来，“我觉得好丢脸。”

“什么事让你丢脸？”我催促她。

“我应该受到处罚。”

“为什么？”我再次催促。

卡伦看起来更痛苦了。“因为我偷窃，”她说。我很意外。因为卡伦非常害怕得不到认同，她不曾有过不诚实的举动。

“偷窃？”我问。卡伦点头。点头还不足以回答我的问题，于是我不说话，选择等待。

“我爸逼我们偷窃。”我微微点头，暗示我已经准备好听她说——

说她必须告诉我而我却不太想主动分享的故事。舞台是她的，一切由她决定。

“我爸常常顺手牵羊。他偷的都是些小东西，皮夹大小的，”她顿了顿，“他总说这是‘顺手牵羊’。”她再度停下来。看得出来，一股恶心感涌上卡伦的喉头，她用力吞回去。“有时他偷糖果、口香糖或食物什么的，”她继续说，“他说，假如我们只偷 10 元以下的东西，就算被抓到，警察也不会逮捕我们。”她眉头深锁，“他也偷女用内裤和胸罩。”她看看我，但我不响应，让她与自我挣扎。她又继续说，“我记得好几年前，我和家人一起出门吃比萨饼。那时我儿子差不多 10 个月大，我爸说要帮我抱小孩，于是把孩子接过去，将他原本提在手上的尿布袋交给我。要回车上的时候，我说要把袋子里的东西拿一点出来，减轻重量，爸开始大笑。我爸把偷来的东西都放在尿布袋里了：一瓶酒、两个酒杯、四套银制餐具。他说他留小费的时候顺便付钱了。我爸总是利用出外用餐时偷东西，盐罐、胡椒罐、玻璃杯、餐具——我们家有一抽屉这些玩意儿——好像他只要进餐厅就无法空着手出来似的。他常常利用我们——我和我弟弟，不是把偷来的东西放进我们的口袋，就是指使我们去偷东西。我不想偷，可是万一我不偷，我怕他会打我，所以我只好照办。”卡伦没再说话。“偷窃在她家是家常便饭”令她极度羞愧。

“你觉得自己像父亲一样，是个罪犯？”我措辞强烈，因为这似乎是卡伦真正的感觉。她点头，嘟起嘴唇，泪水缓缓从眼角流下。

“你被强迫参与父亲的偷窃行为，让你觉得自己也是个小偷？”卡伦再次点头。

“可是，假如你不照做，他就会打你？”我故意这样问。卡伦又点头，动作大了些，泪水汩汩奔流在脸颊上。“你该怎么办？”卡伦必须学习从成人的角度来处理这种状况。她耸耸肩，越哭越凶；我让她继续哭个几分钟，但我可以看见她努力想卸下这段沉重的记忆。

“你的问题在于你很难跟父亲站在相同的角度看事情。这也是你想死的原因之一。”卡伦并未点头,但她哭得更伤心了。

※ ※ ※ ※

1993年3月,卡伦告诉我,她妈妈这阵子经常打电话来向她要钱。上礼拜她给了她一点,希望她就此罢手,但她妈妈看准了卡伦个性懦弱,反倒变本加厉起来。卡伦拨进她的语音信箱,然后把手机递给我听。每一则留言都比前一则更尖锐、更急切。

> 卡伦,回电话给你妈。我有话要跟你说。
>
> 打电话给我!我要跟你要东西!我为你做了那么多,这是你欠我的!快打给我!他妈的别这么没礼貌!你这婊子!
>
> 我是你妈!快回我电话!搞什么鬼啊!你至少该回我个电话吧!这辈子我在你身上花了多少钱啊!打电话给我!否则我当你是死了!
>
> 你这一无是处的死胖子!别再奢望从我这里拿到一分钱!如果你帮不了我,干脆去吃屎吧!
>
> 我要打电话给你心爱的贝尔医生,告诉他你是个一无是处的烂污货。我真希望你生下来就死了!见鬼去吧!

我看看卡伦,她回望我,脸上挂着我现已十分熟悉的羞辱。**见鬼去吧!**——我的天啊!

“以前我都会给她钱,希望她会喜欢我,”卡伦说,“可是,她反倒开口向我要更多。她每次都说会还我,可是从来没还过。每个人——我的家人、我的朋友——都伸手向我要钱。我没钱给他们,可是又没办法拒绝。”

“你拒绝过你母亲吗?”我问。

“有,所以她才会生气。”

“你给她钱,”我继续问,“她就不再向你要了吗?”接受现实的时间到了。

“才怪,”卡伦马上回答,“顶多停个几天而已。”

“给她钱,”我继续逼她,“她就会喜欢你吗?”这次卡伦想了一下。

“或许吧……”她说,但她明白这不是真的。承认现实很痛苦。“不会,”她说。我等了一下才开口。

“如果你给她钱,但她却没有多喜欢你一点,你心里有什么感觉?”我问。

“我会伤害自己,”她轻轻地说。

“所以你该怎么做?”她望着我,没什么把握。

“我无能为力。”

“这就是你一直以来的想法,”我说,“你可以说‘不’呀。”

“她不会放弃的,”卡伦认命地说。

“她必须放弃。”

“她不会的。”

“现在你是成年人了,”我说。我无法说服卡伦,因为这种情况已持续太久、太久了。现在我必须放手。你可以让病人面对现实,但你无法逼他们相信。卡伦必须自己想通这一点。

※ ※ ※ ※

卡伦开始拖欠治疗费。如果我提起这件事,我知道对她造成何种影响:她母亲和我都向她要钱。这是我的困境。假如我一开始即经常提醒她按时缴钱,我在她眼里可能跟她母亲一样,不断向她讨钱。假如我不说,欠款越积越多,累积到一定程度时就非提不可了。可是到那个时候,我要求的金额一定大于她能负担的数目,这一点也跟她母亲一样。当然,这种状况不是没有其他比较好的、更有技巧性的“心理分析式”的解决办法,但这偏偏不是我的强项。因此,在当个啰唆鬼与放任使其失控之间的某一天,在卡伦抱怨她母亲常常向她要钱之后又过了好几次治疗,我终于提起这件事。

“你的费用好像有几次没缴……”我把这 3 个月的账单交给她,顺便提起。卡伦脸色一阵苍白,顿时哭了起来。

“我把钱给我妈了。我一直都在帮朋友付钱,”她说,“我妈老是说我欠她,现在我也开始欠你了……”

“我比较感兴趣的是拖欠造成的结果,”我试着保持语气平稳,尽可能不泄露我的不满——她怎么可以把该付我的钱拿给别人?“这可能会让你觉得我跟你母亲没什么两样。”卡伦想了一会儿,我继续说道,“但这也会让我觉得——因为你母亲拿了你的钱,等于你母亲拿了我的钱。我们都不喜欢这种状况,但我们俩都无能为力。”卡伦看着我,几乎露出微笑;与其让她以为“我比她母亲好不到哪儿去”,倒不如让她感觉“我们俩在同一艘船上”。但她再次陷入哀伤。

“对你来说,这只是工作,”她说,“如此而已。”当然,她的意思是我根本不关心她,我只要钱。

“这不只是工作,”我说,“而是非常特别的工作。”我不知道她是否愿意相信我。她思索了几分钟,仍不怎么买账。于是我们只好继续与金钱周旋搏斗。

※ ※ ※ ※

有件事很重要:卡伦开始懂得保护自己。即使她并未彻底远离对方,她已知道要避开虐待她的人。有时她觉得自己像个处于挨打状态的拳击手,场上也没有裁判,无法阻止比赛,但她仍寻找任何能保护自己的微不足道的小方法。为了应付她母亲,卡伦开始过滤电话;若她母亲的留言颇为恶毒，她会在听完前直接删除。她开始学会找借口：比方说，若母亲要求她开车送她去某个地方，她会说她得去孩子的学校一趟。至于她丈夫，她会在丈夫下班回家开始喝酒直至醉倒这段时间，安排带孩子们外出活动。

卡伦在这方面仍是新手，因此她的计划并非每次都成功。面对施暴者时，她经常无法跳脱“屈服或死亡”的孩子心态。假如施暴者的虐待越来越难以忍受，但她又无法继续屈从，她会渴望结束自己的生命。卡伦几乎不知道该怎么用成年人的方式——例如坚持立场、划定界线或置之不理——应付向她施暴的父母或丈夫；对卡伦而言，这些选项并非真实存在，她认为这些成年人的处理方式已完全超出她的能力范围。然而，尽管卡伦承受如此残忍的暴力，她仍逐渐坚强。等她越来越信任我，必定也会对我吐露更多心事。

※ ※ ※ ※

1993 年 9 月，卡伦走进我的办公室——全身都在发抖。入秋的第一道寒流笼罩在她身上。

“我不知道我昨天晚上究竟发生什么事了，”卡伦说。看得出来，她不太愿意聊这件事。

“你可以再多解释一下吗？”我问。

“昨晚我进了诊所，至少我认为我去过。我不记得做了哪些检查，但我找到一些药——阴道栓剂之类的。我试着按包装上的说明操作，双手却开始颤抖；我觉得惊恐又恶心。我把一枚栓剂放进身体里，然后又立刻扔掉它。我不知道我为何有这种举动。”

“这让你想起什么了吗？”我问。

“它让我觉得我被父母亲伤害了……我想告诉你，但我说不出口。”她陷入沉默，躲进了自己的内心深处。

“你认为你能对着录音机说，把它录下来吗？”我想找个方法，让卡伦把必须告诉我的话说出来。我们实在没多少时间在办公室空等了。

“我想应该可以。”

※ ※ ※ ※

隔周，卡伦带了一盒微型卡式录音带给我。我带回家，在晚餐后拿上楼听。录音带中，叙述得支离破碎，所述内容如下：

卡伦的父亲马丁——某机械加工车间的工头——走到哈里工作的压模机旁，“他妈的谁叫你弄这个？”马丁大吼，声音压过机器噪音，“这玩意儿他妈的下礼拜才要用！妈的，哈里，你搞得让我很后悔雇用你！”

“对不起，马丁，模是斯坦开的，他叫我接手往下做，”哈里说。其实马丁早已知情，因为他们早上开会讨论过了。

“他妈的，你应该先问清楚啊！好吧，反正你已经开始了，就继续完成吧。”

“我很抱歉，马丁。拜托，我需要这份工作。我不会再犯了。”

“喂，哈里，你知道没有人会雇用像你这种被军队踢出来的酒鬼吧？要不是我，你早就去当乞丐了。现在你有份好工作，你可是欠我人情啊！一份很大的人情。”

哈里垂下头，“对不起，马丁，请你不要生气。”

“噢，干吗这样子，你也没这么差啦。晚上要不要来我家？我们有聚会，每次都玩得很开心。”

“噢……好啊，老天，谢了马丁。你真的不生气了？”

“没的事。晚上记得过来。顺便带点啤酒。”

哈里大约在晚上8:30抵达。走进屋里时，他听见笑声和女人的尖叫声。客厅没开灯,投影机呼呼转动,影像闪烁不定。屏幕上,有个女人被男人从后面压着。哈里看到马丁坐在那盯着屏幕看。客厅里还有另外两对男女。其中一个女的裸着胸。

“哈里！快进来,过来坐。”马丁一手拿啤酒,空着的另一只手拍拍他身旁的空位。哈里看着正前方的屏幕,眼睛睁得老大。他在马丁身边坐下,视线仍骨碌碌绕着房间打转,最后停留在那个裸胸女人身上。

“要不要来一点?”马丁问道。哈里看着马丁,神情诧异而犹豫。“我弄了特别的东西要给你,哈里,不过你得付钱才行。”今天是礼拜五,马丁知道哈里下班一定会领到薪水支票。

哈里打开啤酒,盯着屏幕,但他的视线仍不时溜向房间对面,偷瞄那个被两个男人把玩的女人。另一个女人坐在其中一名男人旁边,一脸乏味,看来正在生闷气。这时,这个男人一手伸向裸胸女人的裤头,一手放在生气女人的腿上。

“不要碰我!”她说。男人继续揉捏她的大腿。女人仍在生气,却任由他摸她。她拿起啤酒喝了一口。哈里饥渴地望着房间另一头的这两对男女,这一切都让马丁看在眼里。

“哈里,给我 50 块钱,我帮你找女人,”马丁凑在哈里的耳边说。

“噢,我不知道……”

“你他妈的同性恋啊? 哈里,你不喜欢女孩儿吗?”

“好啦,马丁。”哈里再次朝那同时被两个男人伺候的女人瞄了一眼,伸手摸皮夹子。他想,跟她玩玩应该也不错。

“跟我来。”马丁带头往走廊走去。哈里跟着他,回头看看那女人——她把手伸进其中一名男人的裤子里。马丁带哈里来到他的卧室。

“在这儿等着,”马丁说。哈里坐在床上,等客厅那女人跟男人们分开。

卡伦跟两个弟弟睡在隔壁小房间的双人床上。她11岁。马丁推开通往儿童房的塑料折叠拉门,推推卡伦的肩膀。卡伦惊醒。

“起来!”马丁猛拉卡伦的手臂,将她拽进他房间。哈里抬头,看见小女孩,他吓了一跳。他看看马丁,从后者的表情看来,他才明白自己原来是付钱玩马丁的女儿。

“把衣服脱掉,”马丁命令卡伦。卡伦吓坏了,迅速脱掉睡衣。

“嗯,马丁,我想还是算了……”哈里开口。

“你付了钱,”马丁说,“我可不要同性恋在我手下工作。”

哈里十分惧怕马丁。他看看卡伦。

“摸她啊,她喜欢的,”马丁说。哈里颤抖而迷惑,仍怯生生地探出手,抚摸卡伦的大腿……

我又继续听了2分钟左右,然后关掉录音机,倒在椅子上,我的心脏怦怦跳得飞快,觉得恶心不舒服。这段故事由一些断断续续的影像、想法和记忆中的感受拼凑而成,但很难想象这种故事竟然会在真实生活中上演。卡伦有这种父母、这种榜样,对她会造成何种伤害?她被迫参与父母肮脏卑鄙的生活,这样的她又怎么可能懂得尊重自己?难怪她想死。她能撑过这一切已经不可思议了。

妻子在照顾孩子上床睡觉。我想去帮她,想过我正常的生活,想看见孩子们洗澡玩水尖叫嬉闹的笑脸,想让自己脱离这些恐怖故事。我应该放下录音机,改天再听卡伦剩下的故事,但另一部分的我却强迫自己继续听下去。后者赢了。

卡伦12岁那年的夏天。穿着短裤和T恤的她准备出去玩,从客厅进入厨房。她父母坐在餐桌旁吵架。

“我在这里得不到半点尊重。我得不到妻子对丈夫应有的尊重!”马丁愤怒地瞪着卡特里娜,然后看着走进厨房的卡伦。

卡特里娜仍固执地说,“我只是说,我们应该找间新的公寓——”

“你要去哪里?”马丁对卡伦大吼,突然伸手将她拖向他。卡特里娜扭过头。卡伦因疼痛而扭曲着脸,但她没发出半点声音。

“去哪儿? 你聋啦?”马丁用力掐她。

“去唐娜家,”卡伦说。她父亲放开她。卡伦抬手捂胸,她父亲拍掉她的手。

“看看这对姐妹!”马丁说,视线锁定卡伦的胸部。他的两只大手罩住卡伦小小的胸部。

卡伦慢慢走在她家与隔壁之间的通道上,缓缓搓揉方才被父亲又抓又捏的地方。走过半条街,来到“潘克拉茨父子殡仪馆”后门;她的朋友唐娜住在这里。唐娜9岁,比卡伦小3岁。车库门开着,唐娜在里头玩洋娃娃。车库很大,可以容纳3辆车,但此刻只停了一辆灵车。唐娜坐在通往尸体防腐室的楼梯上,卡伦走进车库,来到唐娜身边。唐娜有两个娃娃,一大一小。

“嗨,”卡伦说,在唐娜身旁坐下。

“嗨,”唐娜说,但注意力仍放在娃娃身上。唐娜调整两个娃娃的位置,让大娃娃撑着小娃娃。“贝蒂很难过,”唐娜说,指着小娃娃。卡伦坐在一旁,看唐娜拿大娃娃的手轻抚小娃娃的头。

“我们假装她们在喝茶吃饼干好了,”卡伦说。

唐娜左右张望,“我好像把茶具放在屋里了。”

这时,一辆大型灰色灵车出现在车库门口、倒车,车身部分进入车库。卡伦和唐娜看着3名男子下了车。唐娜的父亲——潘克拉茨先生,他跟卡伦的父亲是朋友;另外两位是潘克拉茨先生的助手,帮他载运遗体。卡伦听见灵车车门砰地甩上,其中一个男人朝她们走来,两手捧着一只鞋盒。唐娜没抬头看,但卡伦谨慎地望着男人。他走过来、蹲下，把盒里的东西给她们看：一只白鸽蜷曲倒在盒子里，呼吸沉重。男人抓起鸽子，伸手递给唐娜，唐娜接过来，小心抱在怀里。鸽子呼吸逐渐平稳，但无法移动。

“我们在医院的停车场旁边发现这只鸽子，”他说，“它似乎不太想动，可能是受伤了。”他从唐娜手里取回鸽子，向前凑近卡伦，卡伦拍拍它，感觉它柔柔的羽毛和急促微弱的呼吸。

“也许我们可以照顾它，”卡伦说，抬头望着男人的脸。她看见男人脸上夹杂快乐与恶毒的表情。男人站起来，看看唐娜的父亲，另一个男人坐在车头，依旧笑个不停，冷眼旁观他们和鸽子的互动。

“当然，我们当然可以照顾它，”他笑着说，一边走回车库。“看好！说不定它还能飞哩！”男人将白鸽往空中一抛——抛向卡伦。卡伦一个踉跄。

“不要！”卡伦大叫，扑向白鸽，但她来不及接住，它笔直摔落在水泥车道上。

“对不起……对不起……”她哭着说，“对不起……我没能接住你。”

听见这一幕——卡伦以为自己能接住鸽子却没接到，声音中的痛苦令我动容。我也很难相信这些大男人的幼稚与残酷成性，为了折磨小女孩，竟然对鸽子痛下毒手。我不明白这一点何以令我意外。我知道有人喜欢做这种事，但这种令人震惊的幼稚程度与虐待行为仍使我相当诧异。我再次按下播放键。

凌晨1点30分，电话响了。马丁还未就寝，就等这电话打来。他简短应答，表示同意地点点头，然后挂断电话。卡特里娜已经上床睡了。马丁来到卡伦和两个弟弟同住的房间，叫她起床。

“穿鞋,我们要出门,”他低语,帮她套上外套。卡伦并未完全清醒,但她任其摆布,毫不抗拒。以前她也经常像这样被叫醒。卡伦如机器人般行走,穿过厨房,穿鞋,穿睡衣和冬天大外套,走在父亲前方没几步,被他催促着向前走。冷风刺着双颊,她心不在焉走下屋后熟悉的阶梯。两人穿过巷子,走近潘克拉茨殡仪馆敞开的车库大门。卡伦来到屋子门口,听见车库门关上的声音。她不情愿地跨上两级台阶,进入屋内。父亲领她继续往前走,她尽可能不睁开眼睛。转过弯,两人开始下楼;越往下走,福尔马林的味道越浓,交谈声也越来越清晰。几支蜡烛微微照亮这个房间,房里已经有五六个男人了。空啤酒罐散落在不锈钢柜台上,在几个塑料瓶之间散落着刀子和软水管带。房间正中央摆了两张不锈钢工作台,用来清洗遗体、沥干、防腐、上妆。马丁带卡伦走向比较近的那张台子,脱掉她的外套。

“卡伦,裤子脱掉,”他父亲说,“我们会让你很舒服的。”他冷酷而诡异地对她微笑,将她的外套扔向角落。卡伦很快脱下睡裤,踩在裤子上,腰部以下完全赤裸。她站在工作台旁边,几个男人朝她逼近,目不转睛盯着她瞧。她迅速看他们一眼,看不见仁慈怜悯,于是只好茫然直视前方。卡伦已参加过好几次这样的聚会。她的心似乎早已飘走,仿佛她根本不在这里。

“上去,卡伦,”父亲吩咐她。卡伦爬上工作台,坐在中央。他父亲转向她,解开她睡衣上装的纽扣,从肩膀剥下,扔在外套上。他们开始凌辱卡伦。马丁将一根大头针刺入卡伦腹部又立刻抽出;她痛得喊出声,全身绷紧,但马上回到静止状态,试图掩饰害怕与疼痛。马丁继续拿针刺卡伦,第2下,第3下,卡伦尽可能动也不动地坐着,但每一次针扎仍令她痛得瑟瑟发抖。

“想被爱,得先承受痛苦,”马丁说,“你必须感觉疼痛,才能体验爱。不知道痛,你不会知道什么是爱。”卡伦全身肌肉绷紧、尽可能维持不动，眼睛也闭得紧紧的。“也许我们该把两个弟弟也带到这儿来，让你看他们受苦，帮助你了解什么是爱?”卡伦瞪大双眼。她忆起上次弟弟们被父亲痛打的情景。他说两兄弟被揍都是她的错，为了她的罪而受罚。太恐怖了。她告诉自己绝不能再让弟弟因为自己不好而受到伤害。她要让自己变得更好更完美，如此就能保护他们了。她要做弟弟的盾牌，当他们的盔甲。

“你该好好感激我们这么爱护你，”马丁说，再次拿起大头针移向她。

录音带里的卡伦以踌躇、疲惫、勉强的语气描述这些事件。这些往事似乎令她颇为厌恶、反感(她的声音带着不可否认的悲哀与痛苦)，但她还是想办法说出来了。我很惊讶，这种行为竟然会发生在这座城市的西部地区。这些人是谁?卡伦应该不可能像小孩儿做白日梦一样，凭空想象这些画面。他们过于残酷、恶劣，不配当她的父母。

录音带至少还有15分钟。现在，孩子们一定已经睡了，在父母慈爱眼神与温暖被褥的怀抱中做着美梦。我很幸运，我的孩子完全不知道世上有此等痛苦创伤。录音带描述的影像、反应、怀疑、恐惧与慌张不安充斥我的思绪。一想到该如何帮助这个深受伤害的女人，我就觉得烦恼又气馁。我们叫这种虐待为“灵魂谋杀”，形容人们如何用这种方式扼杀另一个人的生存意志。卡伦还有救吗?我再次挂上耳机，按下播放键。

卡伦看着时钟。母亲已出门上班一小时了，父亲再过几分钟就会到家。她巡视客厅和厨房，确定每一件东西都已收好归位。她来到房间作最后一分钟的检查，确保两个弟弟没把房间搞得一团糟(她半小时前才整理好的)。两个弟弟坐在地板上，把玩他们的绿色塑料小兵；卡伦收拾几件他们拿出来又不玩的玩具，然后回到厨房继续写作业。她才落座即听见前门打开的声音,接着是她父亲沉重的脚步声,缓缓跨进走廊。

“你在啊!”卡伦坐在餐桌边,桌上摆着课本。父亲严厉地瞪着她。“屋里他妈的乱七八糟!你有哪件事做得好?真不知道我们养你干吗,你只会花我们的钱。”卡伦紧靠在餐桌旁,尽可能缩成小小一团。马丁转向冰箱,打开冰箱门,拿出一盒牛奶。

“牛奶过期了!”他说,把牛奶扔进水槽,再回冰箱拿出一罐啤酒和一片吃剩的比萨饼。他走向餐具柜,找盘子放比萨饼;先拿了一只盘子,又拿了第二只。

“盘子怎么这么脏!”他咆哮着转向卡伦,“给我过来!把盘子洗干净!不准让我看到盘子上有任何一点脏污!”卡伦快步走到水槽边,马丁打开热水水龙头。她动手洗第一只盘子。她父亲站在旁边看她洗,水开始冒热气。他抓住她的手腕。“用热水才洗得干净!”他硬将她的双手按进沸水底下,“继续呀!快洗!”卡伦条件反射地缩回手,赶紧冲洗餐盘;水越来越烫,她拼了命尽可能小心洗,不敢摔破盘子。“什么都要我教!真是的!”卡伦试着控制眼泪、振作精神。她深知自己若胆敢抱怨,下场铁定更糟糕。洗完第二只盘子后,马丁关上水龙头。卡伦的手背红得发亮。马丁低头看看卡伦,卡伦把手藏在背后。

“你为什么绑咖啡色腰带?我不是告诉过你,咖啡色是黑鬼的颜色?你是黑鬼的婊子吗?你想被黑鬼强暴吗?”马丁的脸逼近卡伦。卡伦站在父亲面前,不敢说话,不敢移动。“你很不乖。你得受处罚。现在回房上床去!赶快给我睡觉!”

凌晨2点,卡伦的母亲下班回家。她上床入睡后,她父亲和祖父来到卡伦房间,叫她起床。父亲拿着她的外套。

“走吧,卡伦,我们去吃冰淇淋。”她父亲一边说话,一边将她的手臂塞进外套。卡伦勉强坐起,全身软趴趴的不想醒来,却仍任由他们将外套穿过两只胳膊，盖在睡衣外头。两个男人带着卡伦走下屋后的楼梯，上了祖父的车。

约莫10分钟车程，他们来到祖父白天负责督管的化学工厂。在这种夜半时分，不会有人还留在工厂工作。卡伦一路上几乎都闭着眼睛。这条路线她以前也走过好几次了。他们把车停在后门附近，那儿已停了好几辆车。卡伦的祖父用自己的备用钥匙打开后门。屋里光线昏暗，但足够指引他们通往运货电梯的路。他们踩着老木地板向前走，经过几座大染缸——有的开着，有的盖着——几道恶臭难闻的紫色脏污泼溅在缸壁上。3人来到一座通往电梯的大型金属门前：电梯门是上下开合式的，中央突出一条黑色帆布带，像极了吐出的黑舌头。

卡伦的祖父按下呼叫键，她听见机械移动的声音——电梯缓缓自地下室升起。祖父抓起黑色帆布带，上下拉开电梯门。门咔啦咔啦发出巨响。金属门后是另一扇从下方开启的金属栅门。马丁弯下腰，捡起栅门的帆布带，用力拉起。3人鱼贯走进又大又黑的电梯。马丁握住卡伦的胳膊，她祖父关上内外两道电梯门，一连串砰砰声响彻整座工厂。

电梯缓缓下降。马丁脱掉卡伦的外套，交给他父亲。卡伦被动地站着。他解开卡伦的睡衣上装，从肩上剥下，再扯下她的睡裤，轮流从两只脚底下抽出来。她祖父将外套披回她的肩上，拉拢前襟。3人来到最底层，马丁开门，祖父顺势按下紧急停止键，防止电梯被召回楼上。

两个男人走进宽阔的地下空间，一左一右领着卡伦前进。十几支蜡烛照亮房间，房里有10来个人，其中三四个是女人。两个女人赤身裸体。有人大笑，有人大叫，一名男子捉住一名裸体女人，女人尖叫出声。当卡伦被安置在房间正中央，房里顿时鸦雀无声，每个人都转身面向她。微光中，他们的脸模糊难辨、忽隐忽现，但大多数卡伦都认得。祖父拉开卡伦的外套，扔向一旁，她未着寸缕站在两个男人中间，面对这群部分隐身在烛光中、部分被烛光照亮的人们。

“就是她，邪恶的母狗，”祖父大声喝道，“处罚她，除去她灵魂黑暗面的时候到了！她得好好上一课，她必须受到处罚，就是现在！”祖父胁迫卡伦走向房间正中央，马上向后退开，独留她成为众人注目的焦点。

“我们因神的旨意聚集在这里！”他继续说道，“世界乱了。有人挨饿，有人终日鬼混、行尸走肉，到处充斥瘟疫、性病等等的疾病——全都是像她一样的邪恶孩童造成的！人饥己饥，人溺己溺，为了感受人们所受的苦，你必须受罚。拿刀来！”

人群中，一名男子上前，递上一把削皮刀。“把手伸出来！”祖父命令卡伦。卡伦半开半闭着双眼，伸出一只手。男人把刀放在她掌中，收拢其手指握住小刀，再用自己的大手包覆她的小手。接着，他开始缓缓施力，握紧她的手。卡伦全身一紧、哭了起来；血滴逐渐覆满刀柄，她顿时停止哭泣。“圣母马利亚也曾对耶稣施与今晚的仪式，”卡伦的祖父继续说道，“在智者降临之前——告诉她，他已为她受罚，为你们的罪而死——必须先完成这个仪式。”祖父对男子点头，后者松开对卡伦的钳制，移走她手中的削皮刀。卡伦垂下手，落在身侧，鲜血从指尖缓缓滴下。

祖父继续说，“我们认为你必须受到处罚。只要你还活在世上，你一辈子都必须惩罚自己。这是神的旨意。如果你将神的旨意泄露给外人知道，你必须杀死知情者，然后自杀。你没有选择，否则邪恶会永远跟着你。你必须杀死任何胆敢帮助你的人。如果你背叛我们，无论现世或死后，你将注定堕入地狱，永劫不复。”卡伦的祖父瞧瞧马丁，然后看看靠在墙边的长桌。马丁走向那张长方形的大型折叠桌，将其拖往房间正中央。卡伦被带到桌旁，两个男人架住她的胳膊，提起她，让她坐在长桌上。她浑身赤裸地坐着，两眼紧闭。然而，她仍能感觉到一道亮光，听见家用录像机呼噜噜的转动的声音……

"早，卡伦。"卡伦走进厨房准备上学，母亲向她打招呼。卡伦一边在餐桌旁坐下，一边梳头发。"你就不会说早安吗？"她母亲斥责道。卡伦呆坐，揉揉额头边。"怎么啦？"母亲问她。

"我头痛，"卡伦说，看起来又难过又痛苦。

"怎么又来了？"她母亲问道，"你又做了什么下流梦了吗？你怎么老是梦到邪恶的事？你可千万不能把这些坏念头告诉别人呀！"母亲掉头专心照顾炉子。卡伦静静吃她的早餐玉米片。这时她母亲注意到她手上的割伤。

"你又把自己给怎么啦？"母亲不高兴地问。卡伦缩了一下，赶紧溜下椅子，抓起书本离开。她的手好痛。她的头好痛。

这部分录音让我更深刻了解到，卡伦内心所受的伤害究竟有多深多重。卡伦一段一段、断断续续地描述这些往事，仿佛她正在召唤没有规则的记忆片段，然后用一种就事论事、疲惫的语气描述出来。我想，她在描述事件的当时已将自己的感觉与记忆隔开。然而，她所描述的情境实在极端骇人且充满伤害，我真的不知道该相信什么了。

她所描述的是一小群关系紧密、至少稍有组织的成人，其中还有数名女性。他们定期聚会，以精神、肉体双重虐待孩童为乐，行径极其残忍、变态。还有，那些类似宗教语言的话语究竟代表什么意义？我也想知道。

每次听卡伦描述她的恐怖往事，"究竟有几分真实？"的问题总不免浮上心头。但卡伦每一次都以极具说服力的方式娓娓道来——言谈间充满痛苦、沮丧与深深的悲哀。她一点都不想把故事说出来，但她仍冒险说给我听——她认为我可能无法承受她的过去,并且可能因为这些事件而放弃治疗她。我知道孩童受虐事件层出不穷,但他们总是与我的个人经验无关,意即,我不曾见过或认识任何经历如此童年并侥幸存活下来的人。难道她想欺骗我,试图操纵我,好从我这里得到她想要的?凭着过去四年的相处经验,这个说法不甚合理。至少,我无法想象世上有何种意图值得一个人以如此方式欺骗别人。我猜这也许是试探,好让她了解我的意志是否够坚强,是否能与她并肩熬过不堪、充满伤害、她自认过于病态而无法治疗的过去。然而,若真是如此,她又为何在持续治疗四年后才以如此突兀、震撼的欺骗手段表达她对我的信任?特别是"欺骗"不仅完全不符合她的个性,还可能威胁甚至摧毁我们好不容易建立的信任关系。

这一回,时间是 1993 年 11 月,卡伦给我看一幅漫画;画中的精神科医生拉下操纵杆,病人立即滑下治疗躺椅,掉进底下的陷阱门。漫画标题写着:**下一位请进!你也玩完啦!**

"这是什么意思?"我拿着漫画问她。卡伦不安地扭动,脸上闪过一丝懊悔。她实在够莽撞,竟敢拿这种漫画给我看;但她也早该想到,这次我一定会跟她好好讨论这件事。

"我害怕你有一天会觉得受够了,然后对我说'算了,放弃吧',"卡伦说,"部分的我认为你不会这样做,但另一部分的我却怕得要命。这些记忆吓死我了,说出来也让我很害怕。家人告诉我,即使是最亲密的朋友听过以后也会背叛我、羞辱我……"卡伦频频抽咽,努力调整情绪,"你是我这辈子唯一信任的人。我心里很乱,我不知道该怎么办。万一真的发生什么事、使得你……让你不能再治疗我,这点我能明白。真的。可是,如果没有你,我也不知道自己会做出什么事来……我只是好害怕失去你。"好一场考验!我想,卡伦首次有机会感受到何谓"信任"。难怪她吓坏了。

在此同时,我和卡伦的治疗关系可能因某些改变而产生变化:我应征了三所教学医院精神科主任的职位,有的在城里,有的在郊区。我不管接下哪份工作都能继续卡伦的治疗,但我不知道自己最终会在哪一区落脚,我担心如此变动会扰乱她的情绪。我不知道我的面试结果将对卡伦造成何种影响,但除非我有了周密的计划,否则我不会泄露半点口风。

根据她的遗失时间的病史与童年受虐经历,我汇总得到一个假设:卡伦患有多重人格障碍(但究竟是哪个人格来见我,目前我并不清楚)。治疗期间,卡伦偶尔会提到其他受虐孩童,我怀疑他们可能都是她的分裂人格,各自拥有独立经历,但在卡伦的记忆中,她把他们都当成别人。又或者,这些记忆只是受虐或性受虐儿童衍生的某种想象(极具想象力的幻想),但受虐者本身却认知其为真实事件?尽管我理解这些故事很可能全是她捏造出来的(但我无法理解她如何想出如此性变态的情节?),但她在录音带中极具说服力的陈述方式仍深深影响了我的判断。虽然叙述过程令她极不自在,她还是竭尽所能描述记忆中的一切。

我告诉卡伦,我听了录音带,也了解她受创的严重性。我并未要求她详加描述任一特定事件,因为我不想让她以为我对某一受虐事件特别有兴趣,并借此催促她提供更多细节。在这关键时刻,我最不想做的就是直接告诉她该往哪儿走。我总是希望她能领头带路,自己决定方向。

不幸的是,卡伦给我这盒录音带后就一直想自杀。我们每两天通一次电话,每周见面治疗一次,我们把所有时间都花在评估她有多接近自杀,如何进行危机处理这两件事情上。

有一天,我心里突然闪过一个念头:假如录音带上说的全是真的,那么也许她不止计划自杀,也打算杀我灭口——她曾受过警告:不得泄密。

“你有想过必须连我也一起杀掉吗?”某次治疗时,我问卡伦。她似乎吓了一大跳，好像做坏事被逮到了。

“有人警告过我，如果我把秘密告诉别人，就得把那人给杀了。我还记得他们曾经教我怎么做，”卡伦浑身发抖，极度恐惧，“这让我害怕对别人提起这件事，想都不敢想。”她停下来，然后又继续，“我从来没有真的……我是说，我从来没有杀过人。我常常想，万一真的发生这种事——我真的说出来了——那么我会自杀。反正我原本就该死。”

“你现在是成年人了，”我提醒她，“尽管这些感觉仍然鲜明，像刚发生过一样，但它们都是好久好久以前的事了。他们叫你必须杀掉我，杀死你自己，是因为他们不想让别人发现他们的秘密，好让这些恐怖的秘密活动可以持续进行下去。但是，你把秘密告诉我，让我们一起承担你的秘密，并不会让你遭遇危险。”卡伦弯下身子，低头掩面哭泣，长久以来无法说出口的重担，此刻终于卸下来了。

第二部　分身

第 9 章　克莱尔的信

时间是 1993 年 10 月初，厚厚的云雾覆盖整座城市，遮蔽了视线，于是湖滨大道的车流与几艘停在门罗港上下飘动的船只全都看不见了。卡伦意兴阑珊地出现，直接走向椅子，看也不看我一眼。我察觉有事不对劲，但她等了好几分钟才开口说话。有些时候，我必须等很久才能盼到一句话。若在这时出手帮她，反倒可能害她偏离原本令她挣扎的主题。看神情，卡伦似乎有话想告诉我；她开口，又突然陷入沉默，望向窗外。最后，她终于说话了：

"我一直在……发作……我都说这是'转换'。"她沉浸在自己的思绪里，两眼仍盯着窗外。过了好一阵子，她才继续往下说。"我常想不起来某些时段发生过什么事……时间从几分钟到几个月都有，长短不一，"她再次停顿，"比方说……我不记得我曾经跟我丈夫有过性关系。"卡伦羞红了脸，但表情困惑，"我知道一定有。孩子都生两个了。可是我完全不知道是怎么发生的。"卡伦终于转头看我，"我几乎没有性的感觉。"

"发生'转换'的时候，你有什么感觉？"我很高兴她终于提起这件事了。但我必须让她以自己的步调，用自己的方式慢慢说。

"唔，我的时间不见了。我记得，刚开始那一瞬间，我会觉得很虚弱，接下来就什么都记不得了，待我回过神，我会很累，全身仿佛被抽干一样，等这种感觉过去，我就恢复正常了。大概是这样。”

我想，卡伦经历的正是“分离”或“神游”状态——两者只是名称不同，实际上都是类似进入催眠的恍惚状态，而她也不会记得这段时间发生过的事。问题是，在卡伦毫无记忆的这段时间内，她做了什么？我很惊讶她很少提起这件事，因为这种状况肯定让她苦恼又迷惑。但我认为，她必须信任我到某种程度，才可能把秘密说出来。卡伦自己对“转换”一事似乎也不甚了解，至少不比她告诉我的多多少。然而，她却有办法通过其他特殊方式，告诉我更多她自己并不知道的过去。

到了11月，卡伦开始间接地透露她不为人知的内在生命。她在一封日期为1993年11月7日的信上，记述了一场梦境。

> 我在跟你通电话。我们决定找一天带我妈一起来。走进电梯，我开始听见别人说话的声音。这些人也跟我一起进了你的办公室。你开门让我和我妈进去，但我不懂，你为什么让这群人也进了办公室，却不跟他们说话？然后，你开始跟我妈说话，但我记不得半个字——因为我忙着（简直忙昏头了）注意屋里的其他人。有个男孩站在你旁边，对我妈吐舌头，有个女孩窝在你腿上，渐渐睡着了。两个10来岁的孩子吵着谁要先跟你说话，还有个小宝宝蜷曲在办公桌旁。一个女人骂我妈是婊子，一个女人坐在你的办公桌上，嘲弄我妈说的每一句话，还有一个女人在打扫、整理你的办公室。这次治疗感觉乱哄哄的。但是听他们说话时，我觉得自己早就认识这些人了。你的镇静令我吃惊，你竟然完全不受他们的吵闹干扰。我不记得这个梦最后是怎么结束的，但是，当我从梦里醒来，我觉得好安详，我甚至咯咯笑了起来。

“当你回忆起这个梦，”我问，“你会想到什么？”

卡伦耸耸肩说不知道，但她觉得这些人很好玩，而且感觉一点都不陌生。

“我认为，屋里的人代表不同面的你，还有你对我和你母亲不同的感觉。”我怀疑，当卡伦“遗失时间”或发生“转换”时，她会以另一个人格出现。我不太想告诉卡伦我真正的想法——梦里出现的人代表她的不同人格，以及，我为她下的诊断是“多重人格障碍”；但我认为这一天就快到了，因为卡伦自己在治疗时提起这些影像和她的“伙伴们”。她正推着我们前进。

隔天，我收到一封信。邮戳日期是1993年11月5日——卡伦做梦前两天，而我收到信的日期是11月7日。信封上的寄件地址是卡伦家的地址，信纸是普通三孔活页纸，内容以铅笔写就。

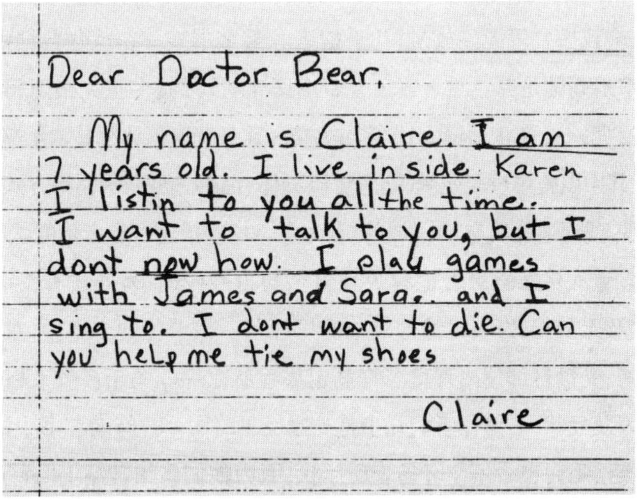
Dear Doctor Bear,

My name is Claire. I am 7 years old. I live inside Karen I listin to you all the time. I want to talk to you, but I dont now how. I play games with James and Sara. and I sing to. I dont want to die. Can you help me tie my shoes

Claire

亲爱的贝尔医生：

我的名字叫克莱尔。我7岁。我住在卡伦里面，可是我一直都在听你说话。我想跟你说话，可是我不知道怎么样才能说。我跟詹姆斯、莎拉一起玩游戏,也会唱歌。我不想死。你可以帮我绑鞋带吗?

克莱尔

我并未立刻打电话给卡伦,同她讨论。我等了好几天,整日苦思该如何向她提起这件事。卡伦有办法一次消化这么多信息吗?毕竟她每天都想自杀,状况已极为严重。我担心这是否已超过卡伦能承受的程度,成为压垮骆驼的最后一根稻草?除了克莱尔,卡伦还有多少不同的人格?我必须把焦点集中在卡伦身上,注意她的反应、她的问题、她的行为举止,还有她的安全。

我搜集多重人格障碍的资料已有好一段时间,论文、专题研究、教科书、会议摘要等无一放过,几乎摆满一整个书架。在这些数据中,引用频率最高的是弗兰克·W·普特南医生所写的《多重人格障碍的诊断与治疗》[①]。书中写道,引发多重人格障碍最普遍的原因是童年遭受性虐待,其中以施虐过程残暴,施虐者以物体、捆绑、烧伤、割伤等方式凌辱受虐者,或逼迫其参与"黑弥撒"[②]者为主。这些描述符合卡伦的状况。

多重人格障碍患者也常表现自杀与自残倾向,另外还有头痛、晕眩,以及无知觉、失去听觉等歇斯底里症状。在卡伦的个案中,双腿曾经受缚、受鞭打部位出现莫名疼痛也属症状之一。关于多重人格障碍的病因及症状,各路作者们几乎是英雄所见略同。普特南在书中记述,多重人格障碍患者不会轻易表现症状,因为他们害怕被贴上"疯子"的标签,但其中一名人格可能挺身而出,借由写信等各种方法与治疗者联系。另外他还提到很重要的一点:若不同人格之间提出要求或疑问,

① 英文书名为:*Diagnosis and Treatment of Multiple Personality Disorder*。纽约吉尔福德出版社 1989 年出版。——译者

② 亦称追思弥撒,安魂弥撒,因举行仪式时神父穿黑衣,故名黑弥撒。——译者

尽可能不要为任何一方保守秘密。克莱尔的信即是所谓的秘密。

卡伦再度踏进诊所时，我已准备好让她看那封信了。我决定在治疗咨询一开始就切入重点，尽可能争取更多时间处理信件的问题。

"我一直在想你之前曾告诉我，你脑袋里会出现不同声音，"我说，"尤其是晚上上床前特别严重。还有上次你提到好几个人跟你一起来我办公室的那个梦。我在想，你身上是否还有其他我们并未意识到的状况？"我尽可能小心翼翼提起这个话题，但卡伦似乎渐渐明白事有蹊跷。她看起来很不自在，忧心忡忡，但我仍硬着头皮说下去。

"我收到一封信，想拿给你看。"卡伦僵住，神情惊恐。"我想我们应该谈一谈，"我小心地把信和信封递给她。卡伦读信，再看看信封上的地址；她的脸越来越苍白，闪过一抹恶心作呕的表情，看起来好像快昏倒了。

"这封信或许是一条线索，让我们了解长久以来困扰你的究竟是什么问题。"我试图让她知道，我是真心想跟她一起面对、处理这个问题。"关于这一点，其实我也思考了好一阵子，我认为你得的是一种叫'多重人格障碍'的问题，"我说。既然我说了，她也别无选择，只得明明白白听我说个清楚。

"根据你遗失时间的经历，还有你压根儿不记得自己曾写过这封信——你的表情告诉了我——我认为这是唯一可能的解释。"好了，现在该我闭上嘴，换卡伦上场了。

卡伦在发抖，她看着大门，似乎随时准备夺门而出。她的脸色苍白，闪过好几种情绪——困惑、恐惧、屈服。慢慢地，她开始放松，原本惊慌、恶心的神情转为悲伤与接受。

"我没料到会是这样，我没有心理准备，"终于，她轻声开口。

"我不太清楚该怎么帮你准备好面对答案，"我说，"但我认为这封信是个明显征兆，显示部分的你想公开这种状况。"

"我了解，"卡伦说。我再次坐好，等待。

“过去我总以为这些声音是我想象中的朋友,”她停下来,然后更轻更柔地说道,“有时候,我觉得我对我自己来说一点也不重要。”

我不太确定她这句话的意思。

“你听过这个病名吗? 你看过《心魔劫》这部电影吗?”

“没看过,但我听过片名。不知道为什么,我一向避开这种类型的电影。”

卡伦一副感觉自己被剖开、暴露在众人前的模样。她扭过头望向窗外,我看不见她的脸;良久之后,她转回来看着我,苦恼且心灰意冷。

“你能帮助我吗?”卡伦终于问道,“还是我已经没救了?”

“我非常想尽一切力量帮你,”我设法清楚、直截了当地表明我的心意。卡伦闭上眼睛,大大吐出一口气。“每个人都有几种不同的性格面向。但是在你身上,这些性格各自独立,分属不同部分的你,而且他们并未完全意识到彼此存在。”卡伦认真思索我的话,然后抬头看我。

“我总觉得纳闷,为什么我常常没有感觉?”

“也许某些事件或线索能解释这种状况。我们可以一起探索这个部分,”我说。我想尽可能常用“我们”、“一起”这些字眼,强化卡伦“她有我这个伙伴”、“我会坚定支持她”的印象。

“我很高兴我们能讨论这件事,”她柔柔地说。咨询时间结束,但我仍担心这次谈话对她造成的冲击。

“你可以自己回家吗?”

“我想应该可以。”

我请她晚上打电话给我。我担心——超过我平常担心她的程度——她会再度伤害自己。她茫然、颤抖地离开。希望一切渐入佳境,我想。

※ ※ ※ ※

自克莱尔的信曝光以来,卡伦似乎更加意识到其他部分的自己,傍晚和夜间尤其明显。卡伦说她偶尔能察觉不同部分的她会用不同方式来扮演她的角色。她能感觉到意念转换的瞬间，现在她甚至偶尔能旁观自己如何行事。她说除了想伤害自己的那个部分之外，这种感觉其实不会太吓人。昨晚，她听见（或感觉到）一个男性的声音，这个声音叫她不要再跟我说话，否则她会受到伤害。当她开始生气——这很少见——她听见同一个声音教她**如何**生气。每到晚上，她会听见许多声音七嘴八舌讨论当天的事件，其中有些她甚至毫无印象；这种讨论似乎是让“大家”同步更新信息的方法。

“这种感觉就像，”她试着解释给我听，“我上床睡觉，换其他人出来活动。甚至连白天的例行家务——像煮晚餐、打扫、开车送小孩上学——感觉也很陌生，因为这些工作都是‘其他部分的我’替我完成的。我知道这些事我已经做过好几千次，但我有种感觉，好像我不曾真正做过这些事情。”

卡伦讲得很快，身体前倾，指手画脚，跟我分享这一切似乎令她颇为宽心。

“你还感觉到什么吗？”

“我可以同时看书、看电视、听音乐——不同的我可以各自专注于他们自己的活动。”她停下来，表情变得有些悲伤。“有时候，我觉得以前告诉你的那些虐待事件其实不曾发生过。我可以把记忆告诉你，但与这些记忆相关的感觉却不属于我，属于其他部分的我。”卡伦望着窗外，沉浸在自己的思绪里。

“最近你觉得怎么样？”

她回过头说，“最近我常常觉得腿很痛，但我认为应该不是真的有问题。”她停下来，头偏向一边，仿佛正在听人说话。“我脑袋里的婴儿哭声消失了。”

“婴儿的声音？你听见几种不同的声音？”

“我想大概有 6 种吧。”

“以前你为什么不告诉我?”我试图掩盖我的恼怒。但失败了。

“我怕你会觉得我疯了,怕你会放弃我。”她抱歉地抬抬肩膀,怯懦地微笑。

6种声音。谁的声音?我纳闷。早在专业训练初期,我曾见过为数不多的几名多重人格障碍患者,卡伦是我自己遇到的第一个。我意识到我有多兴奋(我竟能遇到这种病患),但我必须自我克制,集中精神,继续用正确的态度对待她,否则我很可能搞砸整个治疗过程。因此在这个节骨眼上,我并不打算改变做法。我不会因为她是多重人格障碍患者就偏离标准精神治疗技术。话说回来,这些声音说了些什么?6个!真的只有6个吗?

※ ※ ※ ※

有一天,卡伦问我万一她在咨询时发生遗失时间的事情,让我看见,并且和不同的她说话,届时我会怎么办?卡伦为此踌躇不定。尽管我不确定我会怎么做,但这种可能性却勾起了我的好奇心。坦白说,我也有点害怕,因为我并不真的知道会发生什么事。我读过多重人格障碍的相关资料,也上过催眠课,然而我不曾在这类个案中用过催眠术。卡伦温顺、有礼又勤恳,总是带着歉意,但其他人格是否也如此安静受制,我没半点把握。到目前为止,每次我都遵照一套名为“精神分析式心理治疗”的标准技术为卡伦进行治疗。这套技术将我放在“接受者”的位置——无论卡伦提到什么我都照单全收,不能指引她朝任何特定方向联想。因此她说的每一件事发自内心,我也能借此接近导致她痛苦的潜意识中心。如果让病人随心所欲,爱说什么就说什么,他们常能下意识地描绘出自我治愈的最佳途径。我觉得这是我们之所以能成功走到今天的原因之一。然而,借由催眠方式与卡伦体内的“其他人”对谈,则将我带进一个全新的领域。

下次见面时，卡伦给我几张纸，上头列出目前她有办法分辨的不同自我。她不太确定自己是怎么知道的，但这确实是她写的。卡伦用3张黄色横纹活页纸写下她对这些“他我”的描述，字迹干净整齐，很有条理。

克莱尔(7岁，女孩)

喜欢玩游戏。不会绑鞋带。喜欢巧克力牛奶。需要拥抱。怕黑。霍尔顿偶尔会安慰她。

霍尔顿(34岁，男性)

很懂得保护、安慰别人。帮忙藏匿“坏脾气”。负责决策。身材高壮，有男子气概。左撇子。会开车，偶尔打保龄球。

凯瑟琳(34岁，女性)

个性实际有效率，负责调解纷争。喜欢看书，热爱古典音乐、歌剧。吹竖笛。帮卡伦3安排邀约。

卡伦博(21个月大，女婴)

爱哭。不会说英文，但能说极有限的匈牙利语。非常痛苦，没精打采，悲伤，不能走路。

朱莉(13岁，女孩)

总是这里痛那里痛，尤其是腿。畏惧男人，害怕看见血。有人抽烟便无法呼吸。不能走路。

坏脾气(年纪不详，男性?)

坏脾气讨厌大家。身上总是有割伤、淤伤、刺伤。讨厌窝在女人的身体里。若卡伦3化妆、穿漂亮衣服，坏脾气就会伤害她。经常处罚、欺负别人。若卡伦3说出宗教虐待的事，坏脾气也会处罚她。

西德尼(5岁，男孩)

喜欢找乐子，偷东西，唬人、骗人。爱哭。常害卡伦2和卡伦3被丈夫找麻烦。受过虐待。

桑迪(18岁，女孩)

有暴食症的问题。常吃垃圾食物。视力不好，常盯着窗外，似乎受到很大的惊吓。有自杀倾向。爱花钱却无力偿付。常害卡伦3惹上麻烦。安静、忧伤。

卡伦1(10岁，女孩)

极为敏感，个性害羞。就读圣克里斯托弗天主学校。受虐儿。不想长大。经常剧烈头疼。讨厌父亲和母亲。孤单。害怕噪音。讨厌粗鲁或爱开玩笑的人，讨厌圆点花样，讨厌椰子。总是遮盖自己的胸部。

卡伦2(21岁，女性)

念过大学，兼职当秘书。嫁给乔希，育有两个小孩：詹姆斯和莎拉。没有痛苦，不会头痛。天生快乐，热爱人群。好妻子。

卡伦3(30岁，女性)

接受贝尔医生的心理治疗。沮丧，有自杀倾向。经常头痛。莎拉出生后才觉醒。

所以来找我的是卡伦3！凭着这几张不起眼的小纸条，许多谜题都解开了。现在，我知道卡伦身上至少有11个可彼此区别的独立人格——有些人称其为“分身”。他们有名字，年纪不同，不仅各自拥有独一无二的人格特质，每个分身的个人经历也不一样。此外，由于克莱尔的信，卡伦越来越意识到自己分裂的内在，也越来越熟悉其运作方式，所以现在我可以直接跟她讨论了。过去 4 年来——更确切地说，是卡伦这一辈子——这套内在系统一直在她不知情的状况下持续运作，因此连我也骗过去了。我知道她有“分离”的症状，也知道某些行为表现很可能起因于多重人格障碍，但我们不像现在掌握了一些情况，当时缺乏细节的补充。现在，她终于开始意识到分裂的内在了。我相当感兴趣，又不能表现得太过火——这很重要，否则卡伦会起戒心，或者她会为了取悦我而继续配合演出。我得保持镇定。无论她如何表现，我都要敞开胸怀接纳她。这真是一趟心灵冒险旅程！

1993 年 12 月，卡伦告诉我，她越来越花心思观察其他部分的自我了。她开始转述内在发生的事件给我听。

“你的意思是，你看得见他们？”我问。

“勉勉强强，”卡伦指着眼前的空间，“我看不见他们，但我明白他们在做什么，听得见他们说什么。”

“你观察到什么？”

“嗯，克莱尔已经哭了好几天了，”卡伦说，“一个叫霍尔顿的在照顾她。如果霍尔顿被克莱尔绊住，他就没法儿开车，只好换另一个比较没有能力的控制局面，弄得我们哪儿也去不了。”卡伦想了一会儿，眼睛往左上方看。“礼拜一我们一整天都在转换身份，什么事也做不了。我碰见一位妇人，我不认识她，但她却很自然地跟我说话，显然已经认识我好多年了。我只能假设她应该是我某个分身的朋友。我们来到一家店，西德尼偷了一件圣诞饰品，凯瑟琳帮他付钱。真是累死人了。”我注意到她常用“我们”而非“我”，似乎现在她比较倾向从“集合体”的角度看待自己。“我体内的每一个孩子都渴望爱和关注——渴望有人摸摸他们，不带恶意地拥抱他们。”

最后这一句听来像是对我的请求，要我“触碰她，拥抱她”，但我不能被她牵着鼻子走。

“你可以从莎拉与詹姆斯身上体验这种接触与拥抱吗？”我问。

“我和孩子们拥抱的时候，克莱尔什么也感觉不到，”卡伦说。她不打算轻易放过我，我想。

“你跟你丈夫身体接触时，有什么感觉？”

“我觉得我丈夫娶的是另一个部分的我。我们已经好几年没有肢体上的接触了。”

我认为现在我们得暂时搁下这个话题。但我想鼓励她继续观察其他分身的活动。

“假如你能多了解其他分身的生活，观察他们什么时候出现，我想会有很大的帮助，”我说。

“我还不太了解他们，”她说，“但我感觉其中几个相当熟悉我身上的所有角色。也许你根本不应该找我谈。有时候，我觉得我好像自己生命里的过客。”

尽管卡伦认为她身上有其他更适合跟我对谈的角色，我还是把卡伦 3 视为治疗对象。然而，我也没有任何依据足以判断卡伦 3 是不是最具主导性、最原始的人格，因为我只认识卡伦 3。

※ ※ ※ ※

1993 年最后一次诊疗时（适逢我休假前），卡伦给我一封霍尔顿写的信。这封信字迹圆润工整，但有些颤抖。我想起霍尔顿是左撇子，所以我猜信是卡伦用左手写的。

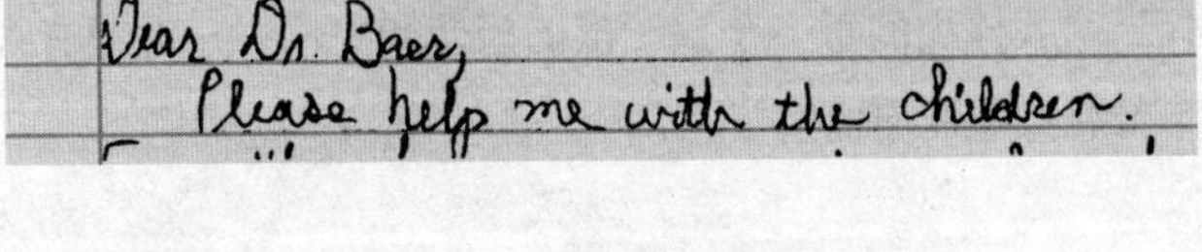
Dear Dr. Baer,
Please help me with the children.

亲爱的贝尔医生：

麻烦你帮我应付这些孩子。虽然你可能不太了解来龙去脉，但这些孩子需要你的程度远大于他们需要我的程度。可能的话，是否能告诉他们你休假时打算做什么？里头真是一团乱。克莱尔哭个不停，西德尼老是偷一些小玩意儿，卡伦2一直在开空头支票，朱莉和卡伦1频频闹自杀，"坏脾气"不断企图说服卡伦3把我们通通给杀了。宝宝在睡觉。凯瑟琳和卡伦2尽可能置身事外、保持镇定。家里的圣诞装饰都是卡伦2弄的，她也把卡伦1和卡伦3买给大家的礼物都包好了。我出来只是为了做决定，开车，试着不让大家惹上麻烦。你能帮我吗？

霍尔顿

我不确定该怎么回复。我该怎么做？该怎么传达我的回答？我能帮上什么忙？

目前我还找不到与卡伦内在人格沟通的直接通道，但照情况看来，我可能必须响应霍尔顿的要求。我把之前搜集有关多重人格障碍的书籍拿出来复习，再度确认我应该直接跟卡伦的分裂人格进行接触，以便处理他们的问题。我不确定该如何着手。我了解理论，但理论不等于实际。

目前已揭露的事实令我有些无力招架。但坚持下去似乎是继续挖掘真相、找到途径与霍尔顿沟通的唯一选择。

※ ※ ※ ※

1994年1月初，卡伦形容枯槁、满脸憔悴地出现了。她冷得发抖，快步走向座椅。她的外套单薄，无法拉拢前襟。我期待地望着她。她知道轮到她上场了。

“我有好一大段时间完全空白，”她说，“我可以跟其中几个分身同时出现，尤其是凯瑟琳、桑迪和霍尔顿。亲戚来我家过圣诞节的时候，我看凯瑟琳忙着张罗、招待客人。到了晚上，我会做梦，梦中尽是发生在白天、我遗失时间时的事情。”

这也许是进展，我想。但我指指她手臂上的伤口。

“我不记得这是怎么来的，”卡伦告诉我，“‘坏脾气’下了最后通牒，叫大家除夕晚上都得死。我想也许跟这件事有关。”

有一天，卡伦拿她父亲的病例报告给我看。我回想起她父亲虽已认罪（猥亵卡伦的侄女），但因生病而得到缓刑。报告记录她父亲治疗肝癌（不是结肠癌）的过程，不太乐观。医生认为癌症将夺走他的性命，而且就快了。卡伦仍希望她父亲能为自己的所作所为表示抱歉。

马丁的健康状况使卡特里娜重新联络往日的亲朋好友，其中有些曾参与虐待卡伦的暴行。卡伦开始接到怪电话。她很害怕这些人会找上她，因为她把秘密告诉我了。

“昨天晚上有人打电话来，问起我娘家的姓，然后大笑挂断电话。这种电话我接过好几个了。他们吓坏我了。有人威胁我，假如我再继续找你谈，他们就要伤害我。我好害怕。我怕他们会对我的孩子下手。”卡伦不自在地移动身体。我怀疑那些曾虐待卡伦的人是否还活着，我猜他们大多都已过世。

“你得去找弗莱厄蒂警官，告诉他有人打电话骚扰你，”我建议道。

“好。”

卡伦离开办公室，我摇摇头。天底下就是有这么巧的事——这将成为另一个让卡伦害怕来找我的理由。

※ ※ ※ ※

1994年4月20日，我正式担任医疗保险计划[1]医疗部副主任。这对我来说意义非凡。多年来，我一直想进入医学行政领域，想成为医院的精神科主任。在我担任伊利诺伊州精神医学会主席期间，我认识了一名大约长我10岁、职场生涯的一半时间都在医疗保险计划医疗部工作的精神科医生，他鼓励我争取这个职务，当他的工作伙伴。对我来说，这就好比再次回到学校一样；尽管工作本身不涉及精神治疗，却涵盖整个医疗领域。

当他首次建议我申请时，我拒绝了。我讨厌医疗保险计划。我只知道，这个医疗保险计划不会付给医生足够的报酬。但他继续跟我沟通，感觉颇有触动。我彻夜思考，明白医疗部副主任应该是个比科主任更好的职位，于是我签字同意了。

进入医疗保险计划医疗部后，我的工作并非处理病人个案，而是管理整个医疗系统。归我管辖的病人从100名变成230万人；我不曾见过这200多万人中的任何一个，但我做的每个决定都会对他们造成影响。我的工作不再是提供医疗照顾，而是制定提供医疗照顾的相关规定。这份工作带领我迈向职场生涯的下个里程碑。

担任这个职务后，我每星期仅有一天半的就诊时间，只能留下几名病人——卡伦理所当然是其中之一。转走病人确实令我不好受。有些人已跟我认识好些年，虽然我尽可能提早通知他们，让他们有心理准备，但以这种方式结束我们的关系确实有失公平。大家都很难过。

我会想念我的病人。每天总有个一两次，我和病人会在治疗过程中的某一刻，共同感受到一股强烈、深刻的联系与感动。在这一刻，我了解他们内心的挣扎和不适应的感觉，洞悉他们长久以来被教导、被逼迫从事某些行为，进而协助他们理解并原谅自己。相对的，进入医疗保

① 指美国政府于1965年设立的两种医疗保险计划之一，为65岁以上老人提供基本的医疗保险以及医生账单和其他健康照顾账单的补充保险。——译者

险计划医疗部的好处是可以持续不断地学习。我得时时刻刻注意最新医疗技术，决定保险可涵盖或补助至何种程度，同时还得检阅各式各样的病例报告。我希望这份新工作能一直刺激我、砥砺我继续学习。

※ ※ ※ ※

卡伦仍经常毫无预兆地遗失时间。分身们的表现还算称职，大多能恰如其分地扮演她的角色；但这种断断续续的人生令卡伦倍感困扰，因此我想设法跟隐藏在她体内的其他人格说话。教科书中的标准技术是催眠术：让病人进入催眠状态，尝试与病人的分裂人格沟通。

我们很难说清楚催眠究竟是怎么回事。尽管催眠已流传了好几个世纪，相关医学研究也有上百年历史，但催眠仍无法测量，也没有诊断或测试方法可确认被催眠者正处于催眠状态。磁共振显像及正电子断层造影结果也显示，催眠和闭上眼睛运用想象力并无明显差异。但研究显示，被催眠者与未被催眠者在行为表现上确有不同。英文单词“催眠”乃是某法国医生于1820年借希腊文单词“睡眠”创造出来的，但催眠不仅不同于睡眠，甚至跟睡眠完全扯不上关系。研究脑波图可发现，催眠中的人实际上是清醒的，他们处在一种放松的警觉状态。他们的注意力可能完全集中于催眠师的指示上，将其他一切排除在外，但也可能集中在自己的内心深处，或某个更接近潜意识、平时不易触及的区域。

催眠感受性可借心理学测量进行评估，而多重人格障碍患者对催眠感受性更是出名的敏感；换言之，他们极易进入催眠状态。即便如此，为卡伦施行催眠仍令我焦虑；也许是对未知的恐惧，也许是我害怕自己能力不足，不够专业。对病人而言，催眠是天赋；在治疗师眼里，催眠是艺术。

催眠也将我长期维持的治疗方向完全倒转过来。从开始到现在，我总是尽可能让卡伦主导谈话内容，不影响也不干扰她在治疗过程中自然出现的状态或反应。然而，一旦使用催眠，我必须反被动为主动，引领她度过催眠状态，并试图促使她专注于我的说话或暗示。虽然我会尽可能不给予暗示，但与以往的互动模式相比，这种改变仍颇具意义，值得注意。

想到这里，我认为是尝试的时候了。我知道卡伦已准备好，我比较担心我自己。我准备好了吗？

我提议先练习放松，让卡伦适应放松与回归——更深入内在，与潜意识里的自我接触。引导进入催眠状态较常用的技术是要求被催眠者想象一处安全、自在的环境，再想象自己置身其中。卡伦根据童年记忆选中她的安全基地：位于前廊衣橱后方某块石膏嵌板下的管道间。有一次祖父修水管，从楼梯下打开这块小区域。卡伦说，只要躲在这里，绝不会有人找到她。她也常把宝贝娃娃、珍爱的玩具全塞进去。日后当我为她施行催眠时，此处就是我要她看见自己所在的地方。

“你会做得很好的。”1994 年 4 月 21 日那天，我们开始了。“别担心，咱们可能得试好几次才会成功。”我知道多重人格障碍患者很容易被催眠，所以我相信我能成功催眠卡伦。但我不确定的是：一旦我真的催眠她了，接下来会发生什么事？

“自在一点，找个舒服的姿势，”我说，“然后把眼睛闭上。”卡伦稍稍平静下来，开始放松。我不确定咱们俩谁比较紧张。我猜应该是我。

“深呼吸……感觉你的手脚渐渐放松……再是腿和手臂……所有的压力都从你的手指脚趾流出去了……你的肩膀和脖子都放松了，你感觉身体轻飘飘的。”我观察卡伦的肢体语言，确认她正跟随我的指引，也确定我的指示并未超出她放松自己的能力。我缓慢轻柔地重复这些指令，看着她逐渐瘫软在椅子上。

“你感觉自己深深坠入内心深处……越来越深、越来越深，越来越放松、越来越放松……你发现你在那个安全的小空间里……屋里的一切都像是真的……你看得见颜色与纹理，一切都让你感到舒适自在。

这里很安全，没有人能伤害你。”我停顿了好一会儿。“你在吗？”

卡伦缓缓点头。“我在，”她拖长音调含糊响应，好像在说梦话。

“你看见什么了？”我问。

“我看见我的两个洋娃娃，‘破烂安’和‘破烂安迪’……”

“还有别的吗？”我问。

“我的毯子和我的书。”我让她在那儿待一会儿。

“以前你可能没注意到，”我开始为现在以及往后的催眠设定架构，“可是你的安全基地还有另一扇门。穿过这扇门，我们会见到你体内的其他人格。你看见门了吗？”

“看见了，”卡伦缓缓说道。

“你可以形容它的样子吗？”我问。

“门很小，上了好多道锁，”她说。上了锁？这个有趣。

“如果你愿意，你觉得你有办法把锁打开吗？”

卡伦停下来，表情看起来不是很确定。“我想可以吧，”她终于说道。

“等你觉得够自在了，尽管上前开锁，看看门外。告诉我你看见什么了。”我一边催眠一边编造情境，但是我得帮卡伦建构一套机制，让她能见到她的其他自我。我坐回椅子，等待卡伦完成这趟必要的任务——但也要她愿意才行。我的心脏越跳越快。我耐心等她把门打开，我的声音必须保持平静、有自信。我仿佛已等待好久好久了。

“我往外看了，”卡伦说，然后又停下来。

“你看见什么了吗？”

“我看到几个人影。”

“可以描述给我听吗？”

“……不一样……身材不一样……有高有矮……小孩子？”

“有几个人？”

卡伦不语。她正在数吗？

“11 个，”她说。

“还有呢？”

“有几个人告诉我他们叫什么名字。有个男人，他很高，他说他叫霍尔顿。还有小克莱尔跟凯瑟琳。凯瑟琳很瘦，年纪比较大。有个男孩叫‘坏脾气’，他用衣服裹着一个女娃。霍尔顿用手捂住‘坏脾气’的嘴。”

我被发生在卡伦身上的事给迷住了。但我也注意到她有些局促不安，微微扭动，好像她越来越不舒服，或者越来越累。

“你现在想回小房间吗？”我问。

卡伦点点头。

“你何不挥挥手、说再见，让他们知道你很快会再回来？”

我可以从卡伦的表情看出来，她正在执行我的指示。

“你可以关上门，把门锁好，回到小房间好好放松。”卡伦松懈下来。我给她一点时间调整。“我从 5 倒数到 1，然后你就会回到这间办公室，跟我在一起。5……4……3……2……1。”卡伦缓缓睁开眼睛，仿佛她已睡了好几个小时。她看起来困扰而烦乱，眯起眼睛适应屋里的灯光。另外，她似乎也有点尴尬。我对她微笑。

“怎么了？”她害羞问道。

“你记得什么？”我问。

“我不确定。我记得我在看一样东西，但不记得那是什么。”

“我想一切进行得很顺利，”我说，“你不但看得见你体内的其他人格，还能描述给我听。大体上，他们似乎都挺友善的。”

大家都很自制，霍尔顿也成功控制住“坏脾气”，为此我真的很高兴，也大大松了口气。卡伦虚弱地微笑。整个催眠过程不过才 15 分钟，但感觉似乎过了很久。

“我想我们有个不错的开始，”我说。

几分钟后，卡伦起身走向大门，神情仍略显茫然。我重重靠上椅背，跟她一样茫然。

第 10 章　自我介绍

再见面时，我们又试了一次催眠；但这次进行得并不顺利。卡伦一直在椅子上动来动去，无法自在放松。她频频皱眉，连眉心都挤出纹路。她无法深入催眠状态，但或许是我太急躁了。她说克莱尔有话想告诉我，但她却不出来。我想可能是我太紧张，连带感染到她。我一再试图让她安心，告诉她克莱尔什么时候想出来都行，如果她太害怕，往后还有很多机会可以出来跟我说话。几分钟后，我决定终止催眠。我必须确定我能给卡伦一个安全、平静、值得信赖的环境，使她顺利体验催眠状态。我发誓下次一定要做得更好。

又到了诊疗时间。这次卡伦晚到 10 分钟，泪汪汪地进门。她快步冲向椅子，一副不太认得这是什么地方的模样，并且告诉我她一度找不到诊所在哪儿。她的情绪相当激动，但她并不明白为什么。我提议，假如我们可以跟她体内的其他人对话，说不定能找出问题所在。她同意，也很高兴能暂时脱离目前的痛苦。我一如往常引导她放松，要她深深进入自己的内在。一旦她彻底沉浸于催眠状态中，脸上的表情即刻开始迅速变换，同时也有好几个不同的声音轮流发言。

"好痛！"

"他死，我们就得死！"

"其他人出生了!"

"唯有你死,疼痛才会消失!"

"他说这是神的旨意。"

"她这辈子都希望他死掉,所以她才必须先杀死自己。"

卡伦正在跟自己对话,又或者是她的分身们一起跑出来对我说话。她时而尖叫,时而咕哝,有时像警告,有时又像在预告未来。

这一切令我毛骨悚然。我告诉卡伦(她仍处于催眠状态)或任何可能听见我说话的人:她不需要死。我坦白对他们说,她不需要跟随父亲走上死亡之路;就算没有她父亲,她照样可以活下去。她将因此获得自由,不需要害怕。她没有响应,但我看得出来她渐渐放松,当我引导她脱离催眠状态,先前的激动情绪已不再出现。我不知道刚开始到我办公室的是哪一个她。我想继续催眠治疗,但陆续发生的事件打乱我的安排。卡伦的父亲在一周后过世了。

也许和父亲过世有关,卡伦开始写信给我。虽然我说是卡伦,但我怀疑这其实是团体合作的成果。第一封信以圆润的草写字体写就,日期是 1994 年 5 月 14 日。

亲爱的贝尔医生:

我爸葬礼那天,我很晚才起床,感觉有些迷惘。无论睡着与否,我都在遗失时间。我们之中有些人总是静不下来,焦躁不安。在教堂时,我觉得头晕,没办法专心进行弥撒。之后,我开车前往墓园,但于追思过程中再度遗失时间。这段时间,我们"每个人"轮流忙进忙出,评论、关照各种状况;我冷眼旁观,看着这一切在我眼前发生。追思弥撒持续约 15 分钟,但这也是我听"他们"说的。

卡伦博:"Szeretlek!"(匈牙利语,意为"我爱你")

克莱尔(对霍尔顿说):“你确定他在里面吗?这会不会又是他的伎俩之一?那里面一定很黑。你确定我们不会受伤?我还是很害怕。”

霍尔顿:“他再也不能伤害我们了。他死了,不会回来了。记得贝尔医生说的吗?‘世界上没有鬼。’”

“坏脾气”:“我希望他在地狱里腐烂!我们去把棺材打开来看看,确定他在里面。”

西德尼:“我可以拿那个十字架吗?有圣水保护他吗?”

卡伦1:“我知道他还是会伤害我。他不曾说过一句抱歉。他怎么能不道歉?也许天主不曾要他做任何事。说不定错的人是我。”

桑迪:“好难过。我好难过好难过好难过。我觉得好沮丧。他一直很爱我。没有他,我活不下去。”

朱莉:“我还是很痛。我感觉不到我的腿,我无法呼吸。我想死。”

卡伦2:“死亡是生命的一部分。我们必须继续向前走。如果我们愿意尝试,我们会拥有美好的未来。”

凯瑟琳:“他必须以这种方式死去,很难过。他还没向自己和其他人认错,他完完全全被否定了。我想不到有谁真的爱他,而我也不会想念他。我还有好多琐事要处理。时间紧迫,得走了。我得去登讣文。”

卡伦3:“为何我什么都感觉不到?他们为什么要哭?他们不觉得解脱了吗?这里只有不到20个人。根本没有人在乎。”

这封信似乎概略呈现卡伦——或者说全部的她——对父亲过世的情绪反应。我注意到卡伦身上的人格不仅能独立运作,卡伦多次在不同场合提及的观点也和他们的想法不谋而合,这些都相当令我着迷。

两天后，卡伦寄了一张谢卡给我，感谢我在她父丧期间的支持。她在谢卡最后写道："虽然我感觉终于卸下千斤重担，但我同时也觉得好害怕。我真的不知道该怎么活下去。请你千万不要放弃我。"

※ ※ ※ ※

除了那个"到诊所接受咨询"的卡伦，还有其他人格也在向我求救。根据邮戳，她在前面那封信的两天前曾写了另一封信给我。

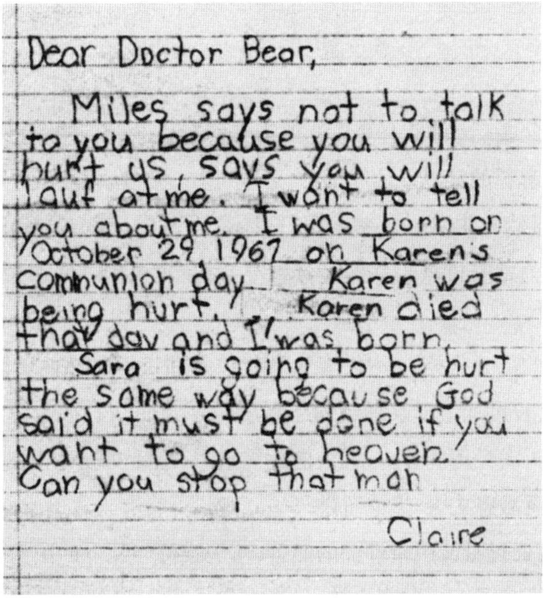

Dear Doctor Bear,

Miles says not to talk to you because you will hurt us, says you will lauf at me. I want to tell you about me. I was born on October 29 1967 on Karen's communion day. Karen was being hurt. Karen died that day and I was born.

Sara is going to be hurt the same way because God said it must be done if you want to go to heaven. Can you stop that man

Claire

亲爱的贝尔医生：

迈尔斯说不可以跟你说话，因为你会伤害我们，他说你会笑我。我想跟你说我的事。我出生在 1967 年 10 月 29 日，卡伦领受圣餐那一天。有人伤害卡伦。卡伦在那天就死了,然后我出生。

莎拉也会受到同样的伤害。因为天主说,假如你想上天堂,就要先做这件事。

你可以阻止那个男人吗?

克莱尔

迈尔斯?谁是迈尔斯?显然克莱尔还陷在往日被男人伤害的记忆里,认为他们随时都会跑出来伤害她。

※ ※ ※ ※

卡伦父丧后,她身上又陆续浮现几个独立人格,同时也开始出现一些无法解释的症状:疹子发了又退、退了又发,全身无力,腿部肿胀疼痛(显然是朱莉的毛病),但只持续数分钟,还有持续发作的头痛。医生为她安排核磁共振显像检查,想找出原因。桑迪说她“脑袋肿起来了”。

卡伦的部分人格——尤其是朱莉和桑迪——与她的父母特别亲近,因此父丧再加上母亲远赴匈牙利度假令她们伤心欲绝,心力交瘁。她们渴望再次经历痛苦与羞辱,借此重建与双亲的联系。因此,卡伦表示她会故意激怒丈夫,逼他吼她打她。她说一直有人告诉她,受苦是应该的,唯有通过身体或精神上的痛苦,才能维持与父母的亲密关系。现在他们都不在了——父亲亡故,母亲在匈牙利,因此部分的卡伦试图承受更大的痛苦,希望象征性地与父母重聚。

6月14日,我又收到一封信。这次是凯瑟琳写的,笔迹跟之前的信都不一样。女性字迹,大写字母第一笔都会出现一个小圈圈(卡伦不曾这么写过),“r”的写法也比较老式。

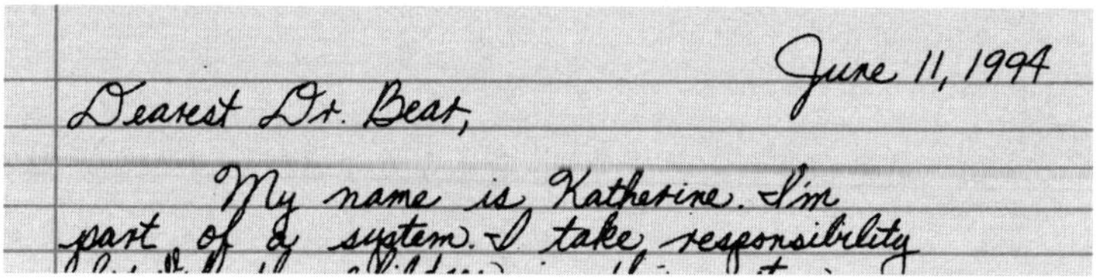
June 11, 1994

Dearest Dr. Bear,

My name is Katherine. I'm
part of a system. I take responsibility

最亲爱的贝尔医生：

我的名字叫凯瑟琳，是这个系统的一部分。我负责照料所有孩童，维持卡伦正常运作也是我的职责。我不是没有痛苦，但我尽可能好好应付。我的人生道路上出现许多我并不明白的阻碍，但这些问题并非不公平的意外，这是我的选择。我生于卡伦1岁那年。卡伦17岁时，是我促使卡伦离家、离开父母的。1977年，我接管她的秘书工作。我们这个系统有好几个小孩：7岁的克莱尔，迈尔斯8岁，西德尼5岁，卡伦博2岁，朱莉13岁，还有卡伦1。霍尔顿和我把这些孩子管得好好的。他们每个人都曾受过严重伤害。我想尽我所知向你解释他们存在的理由。

克莱尔(7岁)

虽然她已7岁，但她的年纪永远不会改变。她诞生于卡伦领受圣餐那一天。那天，她父亲一边祷告，一边拿十字架凌辱她，同时还为她浇圣水，驱除她体内的魔鬼。卡伦无法应付这种痛苦，因此创造出克莱尔。克莱尔需要温暖，需要爱。

迈尔斯(8岁)

迈尔斯无法相信任何人，但是贝尔医生，他渐渐对你产生好感。迈尔斯乃是为承受愤怒而生。他不希望别人知道我们的存在。迈尔斯出现在1967年，一出生就是6岁；1969，也就是他8岁那年，当虐待事件开始时，他就停止长大了。迈尔斯是男生，他讨厌生在女性身体里。若被他逮到机会，他可能会伤害你；万一你先伤害他,那他就更有可能伤害你了。

西德尼(5岁)

西德尼需要别人注意他,因此他以偷窃博得大家开心。为了保护卡伦不受伤害,他撒谎。西德尼也会耍诡计骗人。他喜欢趁大家不注意的时候找乐子。西德尼诞生于1962年,当时卡伦3岁。她父亲吓她,害她拉大便在裤子上,于是她父亲逼她吞下自己的大便。西德尼是为了替卡伦抵挡父亲虐待而出现的,但他总摆出一副不曾为她做过任何事的模样。

卡伦博(2岁)

生于1960年,出生时已两岁。卡伦博不懂英文,只会匈牙利语。她的头和腿经常痛得厉害。卡伦进行血管瘤切除手术期间,卡伦博听见双亲想放弃她,送给别人领养。从那时候起,她便替卡伦承受痛苦——卡伦假装听不懂英文,卡伦博因而诞生。卡伦的父亲掐她,用胶带捆住她的手脚并封住她的嘴,想置她于死地的时候,都是卡伦博承受了这些痛苦。手术后,卡伦博也被她父亲往墙上甩。卡伦博很丑,脸上有瘤,没有人爱她,而且大家都喜欢取笑她。没有人愿意拥抱她。

朱莉(13岁)

朱莉一出生就是13岁,当时是1970年,她父亲把她借给朋友玩性游戏。那年卡伦11岁。朱莉很怕男人,怕黑,一看见血就恶心想吐。朱莉有气喘病,没办法好好呼吸;另外,她也不能走路。朱莉为消除卡伦的记忆而存在。她非常非常痛苦。朱莉快要死了。

卡伦1(10岁)

1969年,卡伦10岁时,卡伦1出现了。卡伦1非常敏感,也很害羞。她希望永远都不要长大,永远都这么瘦小不起眼。她经常剧烈头痛。她很孤单,觉得没有人喜欢她——也包括你,贝尔医生。她用纱布紧紧缠住卡伦的胸部，导致刚发育的胸部痛得不得了。她极度害怕噪音，也常常受到惊吓。她瞧不起父亲和祖父，她祖父常戴小丑面具吓卡伦，虐待卡伦。卡伦1痛恨小丑和圆点花样。

我希望这些信息多少能帮助你治疗卡伦。不过，虽然我完全理解，也信任你使用这些信息的方式，但我认为卡伦可能还没准备好。希望我们有一天能好好谈一谈。尽管我能听见卡伦听见的一切，但她完全不了解我的想法，也不知道我会采取哪些行动。

你诚挚的凯瑟琳

这一次，我听从凯瑟琳的建议，并未拿信给卡伦看。卡伦对信上所写的，对他们的保护行动一无所知，我无法确定她何时才有能力承受这一切。这个迈尔斯令我不知所措，他好像有点危险，无法预测。另外几名人格——特别是朱莉和卡伦博——似乎是某种痛苦承受体，若能多了解他们一点，不知会发现什么？我对卡伦的了解又更进一步，但也更吓人。

※ ※ ※ ※

1994年7月，卡伦表示她可能在一天中经历多次人格分离。也许她一向如此，只是她现在比较能意识到自己的人格转换了。由于卡伦大多时候都处于人格转换的混乱状态，她越来越没办法掌握自己，集中意识。7月底最后一次治疗时，卡伦无法控制地哭个不停，于是我只好结束谈话。她头痛，心里也痛，最近的经历令她沮丧且精疲力竭。凯瑟琳的信寄到两天后，我又收到另一封信。

最亲爱的贝尔医生：

很抱歉，这么晚才写信给你，但我最近一直很忙，抽不出空来写信。你也知道，咱们这里头有太多问题要处理，我希望这些问题都能在你的帮助下顺利解决。卡伦实在太需要帮助了。感谢天主，有你在外面助我们一臂之力。她已无力胜任药店的工作，我也决定不再出手帮她。现在是迈尔斯和西德尼在顶着，但他们根本做不来。迈尔斯完全不会安排工作，西德尼一天到晚偷东西。这种情况不能再继续下去了。

现在我要说发生在里面的事。最近迈尔斯很活跃，他出现的次数越来越频繁，想尽办法抹煞你对卡伦的治疗成果。但迈尔斯逐渐明白自己赢不过你，并且第一次好好冷静下来。我相信他开始喜欢你了。请你继续努力。

我和霍尔顿会尽可能掌握每个人的活动和任务，但是真的很困难。

你诚挚的凯瑟琳

有凯瑟琳这样的盟友在卡伦体内跟我配合，真好，而且迈尔斯也喜欢我。以前他挺难弄的，能跟他改善关系，降低卡伦自残的可能性，这点非常重要。

我开始收到其他分身的来信。通信对我帮助很大。他们多半会把信直接寄给我，偶尔也请卡伦转交（卡伦不会拆开来看）。如果卡伦在车钥匙旁发现其他分身写的信，她会带来给我。这次克莱尔的信有些心神不宁，却也解释了卡伦前次何以仓皇结束咨询。

亲爱的贝尔医生：

很抱歉，上次我哭着跑出你的办公室。我不知道我要付钱才能跟你说话。我好难过。我觉得你不想跟我说话了。现在我好想死。

克莱尔

两天后，另一封来自卡伦家、以铅笔写就、字迹紧密规矩的信寄到了。我必须承认，我总是不安又兴奋地等待每封信到来。这封信上写道：

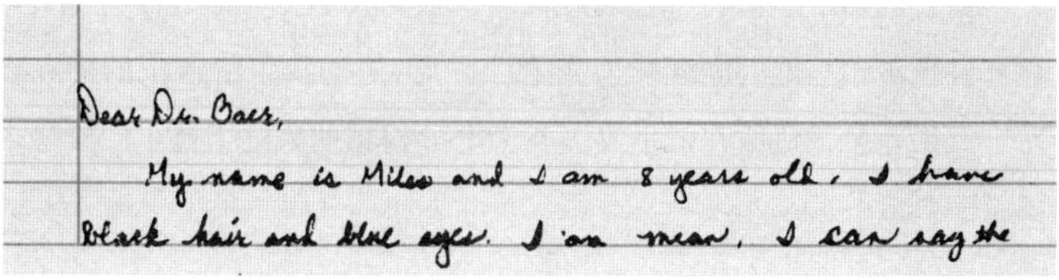
Dear Dr. Baer,
My name is Miles and I am 8 years old. I have black hair and blue eyes. I am mean. I can say the

亲爱的贝尔医生：

我的名字叫迈尔斯，8 岁，黑头发、蓝眼睛。我很坏，任何你想得到的最恶劣的话我都说得出来。我很冷酷，个性阴沉。除非我们聊到跟邪教有关的事，否则你不会听见我的声音。大多时候都是其他人代替我发言，主要是霍尔顿和西德尼。霍尔顿说，我说的话一般人很难接受，所以我得闭上嘴巴，别人才会喜欢我。我一直很痛苦。他们说我很坏，把我归类为坏人。他们说，假如我敢告诉别人，他们会回来杀死我和我爱的人。我代替卡伦参加那些邪教仪式，这样卡伦就不会痛苦了。我除了我自己，另外还有两个独立的部分：爱丽丝帮我分隔邪教与非邪教的生活，卡尔则负责应付日常状况。现在我累了。

迈尔斯

我找出以前卡伦描述她身上 11 个人格的信来研究。现在又多了迈尔斯、爱丽丝和卡尔，一共是 14 个。我怀疑卡伦的分裂人格不止这些，但究竟有多少？最近这一阵子，卡伦体内的人格开始逐一浮现，而书信似乎是他们与我沟通的最佳桥梁。照这样看来，大家都想帮我——甚至包括迈尔斯。依照“标准精神治疗技术”（不给病人指示或施与压力，也不触碰病人）进行治疗最主要的好处是，我得以在“大家”观察我如何治疗卡伦的状况下，和每一个独立人格建立良好互动关系。

数日后，我收到两封信（装在同一只信封里）：一封来自凯瑟琳，一封来自霍尔顿。他们俩继续为我上课，尽力协助我了解卡伦的内在世界——也就是他俩所在的世界。我渐渐分得出两人的字迹了。凯瑟琳在信中写道：

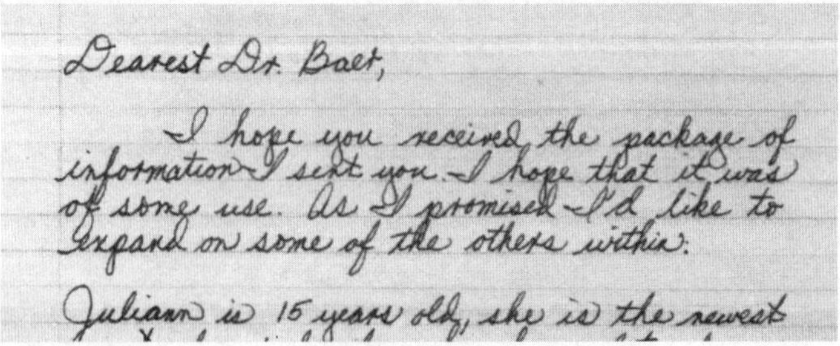
Dearest Dr. Baer,

I hope you received the package of information I sent you. I hope that it was of some use. As I promised I'd like to expand on some of the others within:

Juliann is 15 years old, she is the newest

最亲爱的贝尔医生：

希望你已收到我寄给你的整套资料，也希望这些资料多少能派上用场。如我之前向你承诺过的，我想再详细解释这里面的其他人。

朱莉安15岁，她是咱们这个大家庭里最甜美可爱的一个。她精力充沛，迫切想帮助这里的孩子们。唯一的问题是，朱莉安不太懂得打理自己……

……迈尔斯渐渐习惯跟你相处了。卡尔10岁，只跟卡伦1说话。爱丽丝8岁，相当害羞。迈尔斯对你暴露她的存在令她十分紧张。她不想别人打扰。

霍尔顿的信如下：

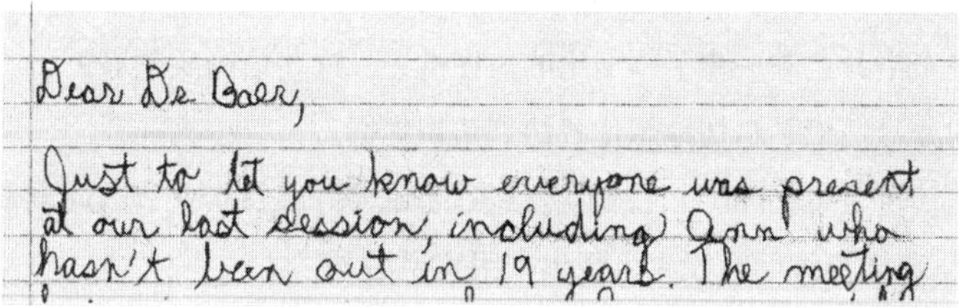
Dear Dr Baer,

Just to let you know everyone was present at our last session, including Ann who hasn't been out in 19 years. The meeting

亲爱的贝尔医生：

我只是想让你知道，我们大家都参加上次的治疗了——包括安，她已有19年不曾出现。那次谈话多少让大家有了希望。我担心你仍不太了解我们的系统，我很乐意把最新状况告诉你。

克莱尔需要立即的关注，因为她开始想起受虐待的往事了。她对自己必须把痛苦丢给迈尔斯感到内疚。迈尔斯喜欢痛苦……

……以下是目前仍在这个系统内活动的人的姓名与年龄：

克莱尔(7岁)，卡伦2(21岁)，迈尔斯(8岁)，卡尔(10岁)，爱丽丝(8岁)，西德尼(5岁)，朱莉安(15岁)，卡伦博(2岁)，卡伦1(10岁)，凯瑟琳(34岁)，卡伦3(30岁)，霍尔顿(我，34岁)，安(16岁)。

我会继续确保卡伦定期去你的办公室。虽然帮助她复原并不容易，但大家都很高兴有你帮助我们。

霍尔顿

全部的人格都出现了吗？看完信，我仔细数了一下，截至目前，连同卡伦在内共有13个独立人格。我翻阅卡伦几个月前给我的信，当时只有11个——包括叫“坏脾气”的那个，还有朱莉跟桑迪，但霍尔顿完全没提到他们。如果把他们3个算进去，那就是16个了。卡伦体内是否还会组成或重组新人格？或者只是单纯显现出来？在这个节骨眼上，我有两项任务：照顾接受治疗的那个卡伦（无论是哪一个），并且从这些人格身上进一步了解卡伦的内在世界。这些信确实颇有助益。卡伦的分身们似乎急切地想让我快点认识他们。

1994年8月17日，我们再次进行催眠治疗。待卡伦进入深度催眠状态，我立刻询问有没有人想出来跟我说话。

卡伦的肩膀突然往上拱，两腿蜷向一侧，用眼角余光瞟我；这是个颇为幼小、女孩子气的姿势。她说她叫克莱尔，然后开始告诉我她以前在殡仪馆（邻居家）的遭遇。她被带过去之后，有人把她绑在不锈钢工作台上。她吓坏了。那里有3个人，每个人手上都拿着金属棍。然后克莱尔就昏过去了……她要我帮她挡住那些坏人，不要让他们接近她。

两天后，我收到迈尔斯的来信，信里继续描述克莱尔的遭遇。

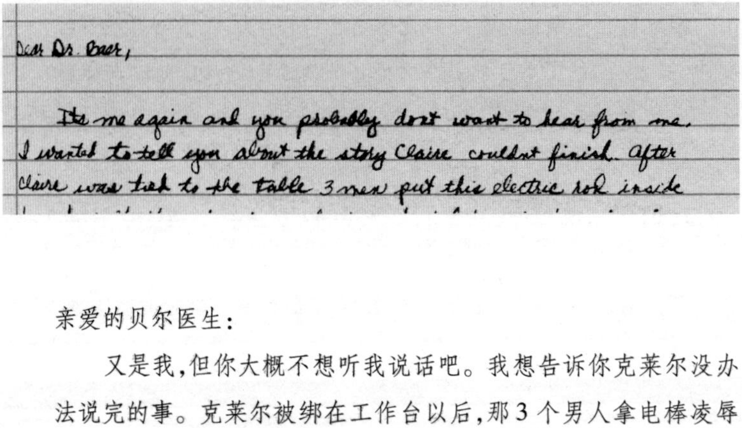
Dear Dr. Baer,

Its me again and you probably don't want to hear from me.
I wanted to tell you about the story Claire couldn't finish. After
Claire was tied to the table 3 men put this electric rod inside

亲爱的贝尔医生：

又是我，但你大概不想听我说话吧。我想告诉你克莱尔没办法说完的事。克莱尔被绑在工作台以后，那3个男人拿电棒凌辱她，她叫他们住手可是他们把她电昏了。我很生气，于是就跑出来尖叫，结果他们用灰色胶布封住我的嘴。他们一直说我喜欢这样。假如我摇头表示我不喜欢，他们就电我，假如我点头表示感觉很好，他们会放过我——但也只给我一分钟。那3个人把我们电昏以后，卡尔出来了。这些人把卡尔放进棺材，盖上盖子。我不知道我们在里头待了多久。过了一阵子，我们听见外面有人在说话，我出来听他们在说什么。原来是有人在找我们。我用力敲打棺材盖,卡伦她妈妈打开盖子,我让卡伦出来。她妈妈惊讶地说:“你还活着!你重生了!真高兴看到你。可是你为什么躲在棺材里?你不是在帮爷爷漆客厅吗?”

你会因为这件事讨厌我们吗?

迈尔斯

某次治疗结束后,卡伦递给我3封信,其中一封来自迈尔斯。卡伦离去后,我打开他的信,他向我描述一场名为“午夜圣体”的仪式。

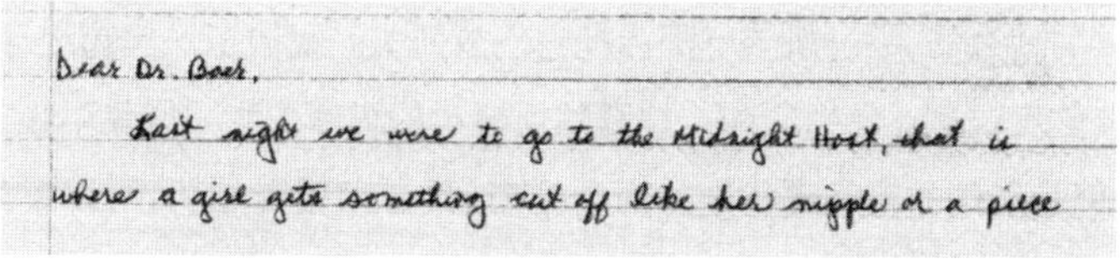
Dear Dr. Baer,
Last night we were to go to the Midnight Host, that is
where a girl gets something cut off like her nipple or a piece

亲爱的贝尔医生:

昨天晚上我们去参加“午夜圣体”仪式。在仪式上,女孩子必须切掉一样东西,像乳头或一片耳朵之类的。霍尔顿不相信,他说这些人已经不在了。我不相信霍尔顿,因为他们还在那个工厂里。他们在叫我们,我听见他们的声音。这里的其他人都听不见。我该怎么阻止他们?他们会来抓我、杀掉我们。我会抵抗,但其他人怎么办?你觉得他们会来抓我吗?我很害怕,可是我没告诉其他人,因为他们认为我天不怕地不怕。假如他们知道我会害怕,以后就没有人会喜欢我了。

迈尔斯

我该拿这封信怎么办?迈尔斯告诉我这么恐怖的事,我该如何看待它？这是真的吗？或者只是一场噩梦？迈尔斯相信真有其事，所以我不能不处理。我决定等待，不主动询问，看看往后是否有人会主动提出来。

再见到卡伦时，我提到那几封信，并建议她接受催眠治疗，看看其他人是否有话要告诉我。第一个现身的是西德尼。卡伦闭上眼睛，有好一阵子，她脸上完全没有表情。然后她睁开眼，靠上椅背坐好，微微扬起头，形成一特殊角度，斜着眼睛，怀疑地看着我。她迅速观察四周，仿佛初次到访。

"我喜欢我们在药店的工作，"她说。卡伦——或者说西德尼——说话速度很快，视线在屋内游走。"我拿了好几样以前没拿过的东西，玩具啊什么的，不过凯瑟琳都会把它们放回去。我偷了一串超级球，放进卡伦皮包里。詹姆斯和莎拉真的很喜欢超级球。我知道我不该偷东西，但是卡伦的爸爸逼我偷。因为偷窃，我必须接受处罚，所以我偶尔也偷拿一些可以割伤自己的东西，比方说指甲锉刀。药店真是个好地方。"

西德尼侃侃而谈，但在我听来，他是个毫无自制力、凡事任性而为的小男孩。我不想多作批评，故只说了"小偷必须割伤自己作为惩罚？"他再次确认，但我却在他心中种下了怀疑的种子。我的提问不带轻蔑，意在告诉他我不认为他的行为有其必要或有何特别之处。这会让他开始思考。我向西德尼道谢，感谢他出来跟我说话，然后请他退回去，看看是否有别人想发言。卡伦闭上眼睛，西德尼的表情消失了。这令我大感惊讶：在不同身份转换之间，卡伦的改变清楚分明——她完完全全变了一个人。下一个出现的是迈尔斯。卡伦稍稍坐直，两眼依旧紧闭，她皱起眉头，声音粗哑。

"我也喜欢工作，"迈尔斯说，"工作时我可以当老大。"

"全都由你负责吗？"我再次确认。

"是啊，我喜欢聊天。如果客人不排队，我也会警告他们。"

显然迈尔斯喜欢找机会感觉自己的重要性，我必须好好运用这个特质。我想跟卡伦的所有内在人格建立合作关系，而迈尔斯无疑相当重要：因为他似乎是伤害卡伦的主要几个人格之一（还有西德尼，但西德尼占的比例少一点）。假如他们能视我为值得信任、有分量的人物，或许我能对他们自我毁灭的行为产生正面影响。

闲谈几分钟后，我谢过迈尔斯，请他退回，再次询问有没有人想跟我说话。卡伦微微放松，闭上眼睛，表情转为空白。过了一会儿，她的身体突然软下来，变小，缩成小孩儿样。克莱尔对我微笑，两眼闪闪发亮。她说她喜欢看贺卡、香水和珠宝首饰。克莱尔有女性的一面！这是好事。卡伦几乎不容许自己拥有女性的习惯与喜好：她的衣着单调无趣，经常披头散发，也不化妆。我一度担心卡伦的成长过程完全受限，无法表现女性特质，幸好克莱尔仍保有这些特质。这表示，假以时日，卡伦也会重新找回这部分的自我。

最后现身的是朱莉安。卡伦阖上眼，表情空白，然后突然挺直腰杆，双臂夹紧于身体两侧，好像在防备什么似的。她两眼大睁，表示有相当恐怖的事要告诉我。她知道自己不该说，但是，既然卡伦的父亲已经不在了，或许她说出来不会有危险，我也会帮忙保护她。她似乎颇为安心。朱莉安描述"午夜圣体"仪式给我听，大概讲了 10 分钟。这仪式听来像某种巫术。他们将她绑起来，切下她身上的一小块肉。参与这项仪式的人数众多。卡伦首次参加时，年约 4 岁。他们割她的手臂、她的脸或耳朵，切下一点皮肤或取几滴血，有时则是头发、睫毛、眉毛。等卡伦（与众分身）年纪稍长，他们会割她的胸部……这时卡伦身上的"男孩"会出现——因为受创的是"女孩"，故男性人格感觉不到疼痛。事后，卡伦的双亲会责骂她，表示这全都是她自己在睡梦中干的好事。

结束催眠治疗前，我告诉卡伦，她将不会记得催眠过程中的任何谈话——为了保护卡伦，她体内的其他人格多年来始终不让她知道这些故事。我不确定卡伦能不能消化如此不堪的过去，不确定她会不会因而伤害自己。既然前途未卜、状况不明,我决定继续等待。

一星期后,我仍反复思量该如何跟卡伦讨论“午夜圣体”仪式。这时卡伦突然造访。她看起来既羞怯又难为情。

“我又自残了,”说完,她扭过头去,感觉十分屈辱。显然她又开始伤害自己了。但是用什么方式?受伤至何种程度?

“你是怎么弄伤自己的?”我问,“我必须知道你可能是怎么受伤的,”我等她回答。卡伦拱起眉毛,开始哭泣。“我不太记得了——那时候身体不是我的。但我想我可能把衣架拆开,把尖端刺进身体里。”她看起来好像快吐了。

“你流血了吗?”

“嗯。”

“现在还在流吗?”

“没有了。”

“当时你感觉得到痛吗?”我继续追问。

“嗯。”

“现在呢? 还痛吗?”

“一点点,没有之前那么痛了。”

“假如你用力按肚子,会痛吗?”我问。

“不会,不怎么痛。”

我试图借着这一串问题确认她是否弄伤阴道,如果阴道受伤——无论刺穿阴道壁或腹膜——极可能引发腹腔感染。我无法百分之百确定,但听起来似乎伤得不重——至少就生理层面而言。现在我必须找出心理层面的问题。卡伦对事发经过几乎一无所知,因此催眠是唯一的办法。

进入催眠状态后,卡伦僵硬地坐在椅子上,双眼紧闭。

“我想切掉女生的部分!”“他”说,脸庞因恐惧而显得冷酷无情。他是迈尔斯,我想,这次伤害应该是他造成的。“卡伦的妈妈一直讲卡伦爸爸的事,我很怕他会回来伤害我们。我打算把卡伦的女生部分通通切掉,这样她就不会再受到伤害了。要不是霍尔顿阻止我,我早就成功了。”迈尔斯倒回椅背,依旧紧闭双眼,紧咬牙关。“现在我只要我们全部死掉。”

迈尔斯认识我,我们聊过几次,同时他也能意识到其他人格对我的尊重,这让我拥有某种我希望能派上用场的权威与影响力。

“迈尔斯,”我和善但坚定地说,“卡伦的爸爸已经死了。他再也不会伤害你,你也不再需要害怕。你不需要想办法躲避他的威胁。”

迈尔斯没搭腔,认真思索。他很挣扎,双眼仍闭得紧紧的。

“你确定吗?”他问道。

“我百分之百确定,迈尔斯。”

“那,好吧,”他说。他还在努力消化信息,我看见他脸上挣扎的表情。然后他开始放松,宽慰弥漫整个身体。

“他再也不会伤害我们了?”

“不会了。”我停顿几秒,观察迈尔斯是否完完全全接受这个事实。他让步了。“所以,你不再需要切割卡伦的身体了。你了解吗?迈尔斯?”

“我了解了。”

第11章 圣诞礼物

卡伦一只手包着绷带，用吊带吊着，走进我的办公室。她面带愁容，眼神充满畏惧。她迅速瞥了我一眼，态度消沉而疏离。

“怎么了？”我警觉地问道，“是你先生打伤的吗？”

“不是，”她一边流泪一边颤抖，“药店被抢了。当时只有我一个人在店里。”

“但是你怎么会受伤？”

卡伦盯着地板，摇摇头，“我不记得了。”

“其他人出来了？”我问。

“大概吧。我告诉警察，是劫匪把我打伤的，但其实我根本不知道是谁干的。我发现有个妇人想偷药，她手上有刀，接下来我就什么也不知道了。”

“也许我们可以通过催眠找出答案。”现在卡伦已相当适应催眠程序。她窝进椅子，调整姿势，闭上眼睛。我念起熟悉的台词，帮助她放松并深深进入内在，越来越深，越来越深，直到她进入那个安全小窝里。待她准备好，我请她走出小窝，看看外头有没有人能告诉我们她究竟是怎么受伤的。

没多久，卡伦挺直背脊，两眼紧闭，绷着一张脸，声音也比平常更为低沉、强硬。

“是我做的，”她说。

“迈尔斯吗？”

“对。”

“你做了什么？”

“我打她。”

“你打那名劫匪？”

“对。她亮出小刀，想捅我们。卡伦很害怕，所以我就出来了。我才不怕呢。我不怕受伤。”

“所以你做了什么？”

“我一拳打在她脸上。她摇摇晃晃往后退了几步，然后拿刀扑向我。我举起手臂挡开，所以才被割伤。然后我又揍她，骂她，诅咒她，她就逃走了。我好好教训了她一顿。”迈尔斯坐回去，脸上挂着微笑。这一切令我吃惊。

“好精彩呀，”我说，“你真勇敢。”

“噢，我只是不喜欢有人在我当班的时候偷东西。”

“还好，你的伤势不严重。”

“这没什么。”

“可是，万一她杀了你，那该怎么办？”

“这样我们就会死掉啊，跟我希望的一样。”

“是这样啊。”

道别迈尔斯后，我引导卡伦回到小房间，再回到我的办公室，结束催眠。她四顾张望，光线令她眯起眼睛。

“看样子是你的分身挺身对抗歹徒，”我说。

“我想也是，”卡伦响应。

“考虑到你的安全，我实在不确定你适不适合继续在药店工作，”我说，“昨晚的事件有可能再度发生，情况说不定更糟糕，而你根本无从防备。”

卡伦想了想，缓缓点头。离去前，她似乎突然想起什么，连忙拿出3封信交给我。这信分别来自迈尔斯、凯瑟琳和克莱尔。一听见她关门的声音，我立刻展信阅读。

克莱尔写道：

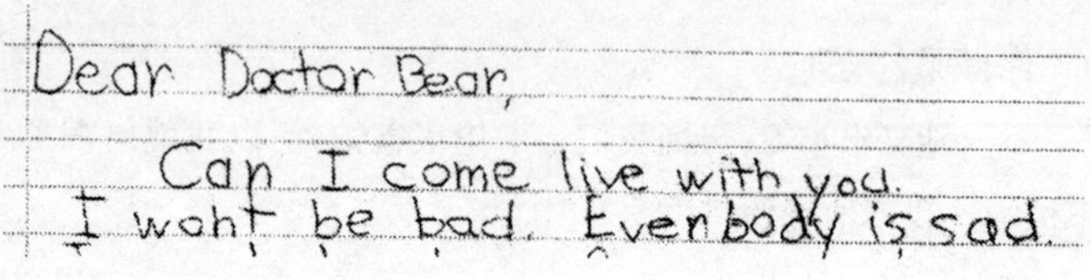
Dear Doctor Bear,

Can I come live with you.
I wont be bad. Evenbody is sad.

亲爱的贝尔医生：

我可以跟你住吗？我会很乖的。每个人都好伤心。我想一直睡下去，永远都不要起来。西德尼也是。我们好累好累。凯瑟琳一直叫我们要有信心。你有信心吗？可以分给我一点吗？卡伦博老是哭个不停。她怕迈尔斯会伤害我们。你可不可以叫迈尔斯不要这么坏？

迈尔斯写道：

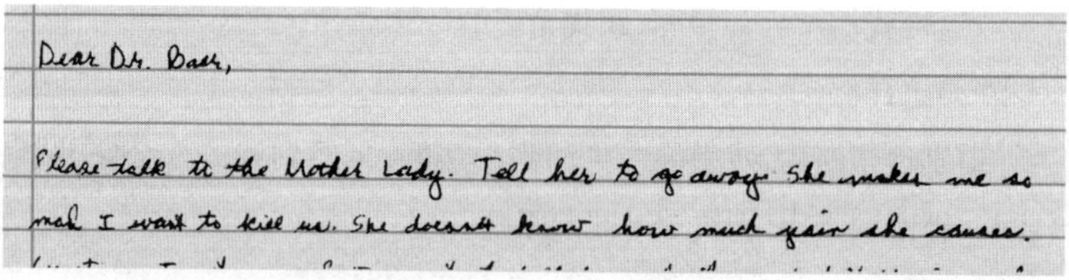
Dear Dr. Baer,

Please talk to the Mother Lady. Tell her to go away. She makes me so
mad I want to kill us. She doesnt know how much pain she causes.

亲爱的贝尔医生：

请你告诉卡伦她妈，叫她走开，她惹得我好烦，害我好想杀死大家。她不知道她让我们有多痛苦。

有时候我真的好生气，好想把我们的事告诉她，但凯瑟琳和霍尔顿不让我说。我再也受不了她了。她一直假装我们有完美的童年，假装卡伦很快乐。这不是真的。我们变得支离破碎，我好害怕你会扔下我们不管。假如我出现在你的办公室，你会不会生气？我有好多话想说，可是我不能说。虽然卡伦渐渐能了解我的想法，但她还是没办法用我的话说出来。

迈尔斯

凯瑟琳则写道：

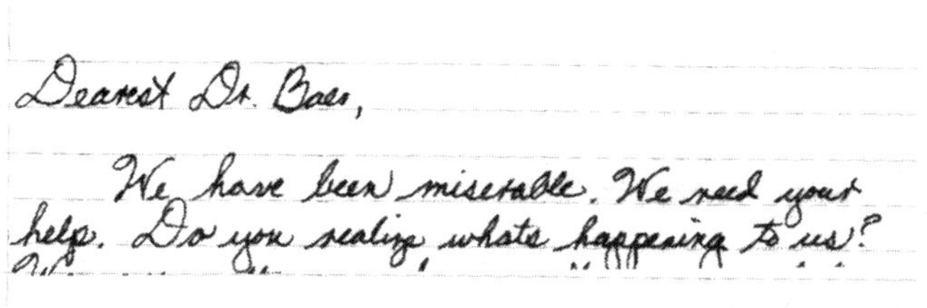
Dearest Dr. Baer,

We have been miserable. We need your help. Do you realize whats happening to us?

最亲爱的贝尔医生：

我们好痛苦。我们需要你的帮忙。你明白我们的状况吗？我们越来越无力，大部分的人都起了自杀念头。我们的沟通一直受到伤害，干扰太多了。我们尽力维持现状，但如果卡伦失去求生意志，我们根本一筹莫展。她有好多烦恼，需要把烦恼说出来，但也只有她觉得无助，又不愿说出来。我觉得她不能再抗拒，她必须让我们出来跟你说话。另外，卡伦也没有听从你的嘱咐按时服药。我们很担心，也都希望这种无力感只是暂时的。

你诚挚的凯瑟琳

这几封信明显透露卡伦体内的人格各有各的痛苦和烦恼，状况有些混乱，但其中几个人似乎想找我帮忙，也想告诉我更多内情。

1994年11月底，严冬的脚步逐渐逼近。卡伦走进诊所，她微拱着背，感觉像个不情愿上门认错的孩子。两天前，她打电话告诉我，她肚子发胀，一阵痛，一阵不痛，但她不知道怎么会这样。这会儿她看起来似乎还在闹肚子疼。她痛苦地坐下来，扭过头去不看我，一脸屈辱的表情。

"你看起来很苦恼，"我说，"愿意告诉我吗？"我靠向椅背，暗示卡伦我愿意等。卡伦陷入沉思。过了一会儿，她看也不看我便径自缓缓掀开上衣。随着衣摆越拉越高，肚子上的数十道割痕逐渐呈现在我眼前。卡伦紧咬下唇，哭了起来。

"我明白了，"我轻声说，"可以告诉我是怎么回事吗？"

卡伦无助地耸耸肩膀。显然她压根儿不晓得这些伤口是怎么来的。她放下衣摆。

"这是你肚子痛的原因吗？"

她再度耸肩却同时摇头，仍然不愿看我。照这样看来，我想找的答案可能不在眼前这位卡伦身上。

"眼前似乎有好几个重要问题同时发生，"我说，"我想，你内在的其他人格也许知道些什么，可能帮得上忙。我们可以试着问问看吗？"

卡伦点头，闭上眼睛。我们立刻展开催眠。

"嗨。"

"嗨。你是谁？"我问。

"是我。"

"迈尔斯？"

"唉。"

"你可以告诉我卡伦碰上什么麻烦了吗？"

"不是我做的。"

"你没做什么？"

"我没有割她！"

“嗬！”我大吃一惊。

迈尔斯顿了顿，“你以为是我做的？”

“你想告诉我什么吗？”我不理会他的提问。我不想直接要求他打某人小报告，但我很好奇他会告诉我什么。迈尔斯仔细端详我。

“詹森干的，一共17刀，一刀代表一个人。他是个混蛋，每次都害我惹上麻烦。每次都是我被骂。”迈尔斯用力板起脸。

我可以感觉到迈尔斯并不喜欢詹森。我不记得有人提过詹森，但这个人却说他们一共有17个。上次我只数到16，其中还包括那个“坏脾气”——我一直对“坏脾气”很好奇，因为他是唯一一个没有名字的；现在再加上詹森就有17个了。

“看来我必须多了解一下这位詹森。我不想误会你，把你没做的事算在你头上。”我试图弥补方才那大吃一惊造成的影响。迈尔斯稍稍放松了些。

“噢，好吧。他是挺古怪的啦。”

“卡伦腹胀、肚子痛是怎么回事？”我问。

“噢，那是桑迪啦。她认为她怀孕了，”他语带轻蔑。

“有这个可能吗？”

“去她的，我知道小孩是怎么来的。我很确定最近没人碰我们。”

“所以是她自己的想象啰？”

“我想是吧。”

“嗯。迈尔斯，你一直很帮忙，也帮了很多忙。你说过不会再伤害卡伦，所以假如这真的是你做的，我一定会很吃惊。我在想，其他人是否也有意见想分享？你是否愿意退回去，让我们看看有没有别人想跟我说话？咱们下次见啰。”

“好。再见。”

“再见。”

我等了一会儿，卡伦的表情也逐渐恢复正常——至少是我习惯的，认定是正常的那个卡伦。然后,她的表情越来越柔和,带点女孩子气又有点犹豫。我继续等待。

“喂?”我说。

“这里好黑喔,”声音又细又小。

“你在哪儿?”我问道。

“在衣橱里。我和西娅。”

“是你吗? 克莱尔?”

“嗯。”

“你们在衣橱里做什么?”

“躲起来。”

“你们在躲谁?”

“躲人。如果被他们找到,他们会伤害我。”

“那西娅呢?”西娅也是新出现的——第 18 个? 詹森以为只有 17 个。

“她来陪我,”克莱尔继续说下去,“只要我很害怕,西娅就会陪我。”

我这才明白,她认为过去曾伤害她的男人还会继续伤害她。也许我能帮上忙。假如我没记错,克莱尔大概 7 岁,她应该有能力理解时间推移的概念。

“现在是哪一年? 克莱尔?”

“哪一年?”

“嗯,你能告诉我吗?”

“1967 年。”

“你最近一次受伤就是在 1967 年,是吗?”

“是啊,怎么了?”

“请你好好听我说,克莱尔。我要说的话也许会吓你一跳,不过,说不定能对你有帮助。”

“好。”

“现在已经不是1967年了。现在是1994年,1994年11月底。已经过了27年。卡伦的父亲已经死了,其他伤害你的人应该也都不在人世了。再也没有人会伤害你了。”我耐心等待她明白过来。

“我不相信。”

“你问问凯瑟琳和霍尔顿,现在是哪一年?”

“好,等我一下。”

克莱尔离开几分钟。卡伦呆滞地坐着,面无表情——直到克莱尔回来。

“你说对了!”她的脸庞亮了起来,“你说卡伦的爸爸,还有那些人都不会再伤害我了? 永远都不会吗?”

“不会,再也不会了。如果你不想躲进衣橱就不用再躲了。说真的,假如你愿意,你可以在别人出来时观察一下其他人。我会帮助你适应的。”

“谢谢你,贝尔医生。”

“不客气。克莱尔,我希望你现在可以比较开心,也不会想死了。那么,你可以退回去,看看有没有别人想跟我说话?”

“嗯。再见。”

卡伦轻轻靠在椅背上,脸上闪过一丝扭曲神情。右手悬在空中,绕着腹部划圈;那是孕妇抚摸并感觉腹部膨大的动作。她吃力地开口。

“贝尔医生。”

“我是。”

“我是桑迪。”

“你现在感觉怎么样?”

“一直在收缩、阵痛。”

“嗯嗯。”

“我想我快要生了。洛申医生说宝宝……说他有什么来着? 疝气? 他说我们必须开刀。我觉得这样很好。”

“开刀很好吗?”桑迪感觉有点疯狂。我试着让她继续说话,好推断她的疯狂程度。

“我喜欢开刀。”

“你为什么喜欢开刀?”

“因为会痛。”

“你为什么喜欢痛?”

“疼痛让我感觉真实。”

“真实……让你有活着的感觉?”

“对,活着。我只有这种感觉。我喜欢手术带来的疼痛,有时连医生都被我骗了。”

“医生被你骗?”

“是啊,我想生病就能生病。”

“桑迪,我在想,如果你愿意多花时间跟别人相处,也许不错。你认识同住在卡伦身体里的其他人吗?”

“当然认识,别蠢了。现在我们一共有17个。实际人数也许比这个数字还多,不过目前正常运作的只有17个人。”

“你跟谁处得比较好?”

“嗯,我喜欢朱莉安。”选得好,我想。朱莉安颇为正常。

“你何不试着观察一下朱莉安出来时的表现?也许你能分享她的感觉,进而跟她拥有相同的感觉。说到这个,你的肚子痛颇令其他人苦恼。”

“噢,真的吗?那……我想我愿意试试看。”

“那咱们下回再聊。”桑迪有点吓人。我想卡伦闹肚子痛应该是她引起的。这些人显然颇为缺乏自主行为能力。我得耐心等候,看看我能否对她造成任何影响。

※ ※ ※ ※

圣诞节快到了。度假前最后一次见面时,卡伦拿着礼物和卡片走进来,看起来比平日更有精神。我知道,假如她一直揣着准备送我的礼物不放,咱们啥都谈不成,因此我看看她,再看看礼物,扬了扬眉毛。

“我有东西要给你。圣诞快乐,贝尔医生。”她递给我一只长方形的盒子,上头有张卡片。她仔细端详我,想知道我的反应。

“我可以拆开吗?”我问她。

“噢! 当然可以!”她说,“然后要看卡片哦!”

我拆开纸盒,里头是一条红色领带。领带上的图案是小朋友叠罗汉: 最底层有4个人,再是3个、两个、一个,形状像金字塔或圣诞树。翻过背面,商标上写着“拯救儿童”,底下还有一行字:“今日的儿童是明日的栋梁。”对卡伦而言,这是多么真切的一句话。

“真好!”我说,“我真的很喜欢!”这是我的真心话。不需要言不由衷的感觉真好,因为我很少成功地骗过如卡伦这般纤细敏感的病人。我拆开卡片,细细阅读。多美妙的故事啊!

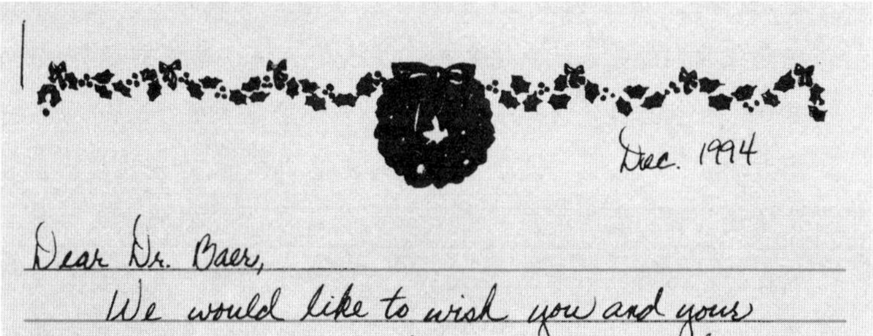
Dec. 1994

Dear Dr. Baer,

We would like to wish you and your family a very Merry Christmas, and to show

亲爱的贝尔医生:

我们祝福您和您的家人有个最快乐最开心的圣诞佳节,同时也想借这份礼物向您表达我们最深的感激。我们想告诉您这份礼物有多特别,还有它的来龙去脉。有一天,卡伦沉睡,换我们出来,霍尔顿看报纸,克莱尔按遥控换频道,突然,一则广告引起她的注意。那是"拯救儿童"的募款广告。克莱尔好喜欢这条领带,想买来送给你,所以她把我们统统叫出来看。就在这一刻,我突然看见并听见大家的想法!以下是他们说的话:凯瑟琳说这真是个好主意,这份礼物非常适合你。卡伦博问领带软不软,她想摸摸看。迈尔斯说:"贝尔医生真的会系这条领带吗?他大概已经有上百万条领带了吧!"但迈尔斯也很喜欢。西娅说,我们已经不再害怕领带了,可不可以真的买下来,送给贝尔医生?西德尼说,领带上的小孩子看起来很像我们。然后,克莱尔说,这领带是一位叫特蕾西的女孩儿做的。这时霍尔顿插嘴说,不是她做的,是她"设计"的。霍尔顿喜欢这条领带,但他没看到订购信息。桑迪很兴奋,她说她要打电话去电视台问。詹森说,这条领带看起来很不错。安说她喜欢这条领带,而且还可以捐钱帮助儿童。卡伦2说,"对我们来说,贝尔医生是很重要的人,我也想买来送给他。"朱莉说,"你们看,领带上的小孩图案看起来好像金字塔。"朱莉安说,"这领带仿佛象征我们的关系越来越紧密了。"卡伦3说,"这不就是我们吗?拿这个当礼物真是太棒了。"卡尔说,贝尔医生人很好,只送领带好像太少了?凯瑟琳说,"这不是随随便便的领带,这是我们大家首次达成共识而做的决定。"爱丽丝问你算不算我们的家人?霍尔顿说,"就好的一面来说,他是的。"于是爱丽丝说她能不能负责包礼物?凯瑟琳说可以。迈尔斯说,"贝尔医生会不会气我们买礼物给他?"卡伦1说,"我想应该不会吧。我喜欢他,而且他一直都在帮助我们。而且,撇开这个不说,这领带很可爱呀!而且是为了圣诞节嘛!"

于是桑迪立刻打电话询问订购信息。霍尔顿下订单,凯瑟琳签支票,然后我们让克莱尔负责寄出去。

这是大家第一次共同做决定。我们都觉得这是很大的进步。

我们很高兴能送这份礼物给您，因为我们真的很感激您为我们的付出。希望这条领带能让您想起我们，甚至能为您带来微笑。

17倍的圣诞快乐！

我不曾收到过如此令人惊奇而赞叹的圣诞礼物。

第 12 章　重启连结

卡伦的各独立人格逐渐意识到彼此存在，造成一股压力，导致卡伦出现头痛症状。他们偶尔意见相左。有些人开始写日记，什么都写，然后再拿给我看，但有人却把日记烧掉了。现在已有数个独立人格主动让我知道他们的存在，因此我会在催眠治疗时请他们现身一谈。言谈间，他们多有隐瞒，仿佛不确定是否能畅所欲言。我从没想过他们必须获得允许才能发言。卡伦连着好几次都要求延长治疗时间，让其他分身有更多时间说话。她盼望能缓解一下大伙儿在脑袋里竞相发言的压力——长久以来头一次有人听他们说话呀！我担心卡伦不但不会变好，反倒可能先垮掉。

与卡伦再度见面时，我们跳过客套寒暄，直接切入正题。这些分身有待探索的地方实在太多，而我们也都想赶快行动。卡伦现在轻易就能进入催眠状态。我大概只要说句"睡着"，她就真的睡着了，但我依然维持例行的催眠诱导过程，为她和其他人格建构值得信赖的谈话环境。

"等你准备好，"卡伦进入催眠状态后，我嘱咐道，"瞧瞧安全小窝外吧。看看有没有人想跟我们说话。"

"哈罗……我是安，"卡伦突然坐直，给人专注、自信、一本正经的感觉；她的声音冷静而有魅力，慈眉善目。有趣的是，她的举止态度令我感觉轻松、如沐春风。

“喂，安，我是贝尔医生。”

“嗯，我知道，”她说。“你好吗？我第一次这么做，有点害怕。”

“希望我能借着这次谈话多了解你一点，”我说，“还有卡伦内在的其他分身。如此一来，说不定我就能找到更好的方式来帮助你们。”

“凯瑟琳也这么说。这也是我答应出来跟你谈话的原因。”

“关于你自己，有什么愿意跟我分享的吗？”

“当卡伦再也无法应付教会、维持正常信仰时，我出现了。”

“卡伦没办法应付教会？”

“有几个伤害她的人是教友。他们伤害她的时候，还会说一些宗教仪式才用得上的词汇。她无法忍受走进教堂，所以我诞生了。”

“你今年几岁？”

“16 岁。我出生在卡伦 10 岁那年，那时我 11 岁。我知道这有点分不清……”

“看来，你似乎是为了某个特殊目的才诞生的。”

“嗯，是啊，当然啰。”目前我所遇见的每一个分身似乎都是为了替卡伦应付特殊情绪创伤而诞生的。

“我懂了。你能再多告诉我一点吗？”

“我不知道，想说的实在太多了。我一直是脾气最好的一个，也很坚持我的信仰。以前在天主教学校时，修女都很喜欢我，我是她们最疼爱的学生。我也会帮校长和神父跑腿办事。我装作什么事都没发生，一切正常得很。我想当修女，但是我不能，因为……因为他们对我做了那些事。我不干净。我在圣杰罗姆医院帮忙照顾受伤生病的孩子，但只要我一往医院跑，卡伦的爸爸就会打我。他总说慈善必须从家庭做起。”

安陷入沉默。她在想事情。

“怎么了？”我问她。

"我想坦白一件事。"

"哦?"

"日记是我烧的。"

"真的? 为什么?"我很惊讶是她做的。

"我很气你不响应。我以为你每天都会看,可是你却不认真听我们说话。"

"日记是其他人和我沟通想法、倾吐烦恼的一种方式。卡伦负责收集,然后再一起交给我。可惜我没办法天天跟你见面。"

"噢! 我的老天! 我真丢脸!"安用手捂着嘴,"我根本没搞清楚。我以为你不在乎。"

"这是我的损失,"我说,"或许你能协助大家再写一次,这样就皆大欢喜啦。"

"我会试试看,"安没再说话,眼睛朝斜上方看,视线茫然。"有件事你可能不知道,"她又开口,"卡伦结婚时,在婚礼上昏倒的是我。哦,不光是我啦,卡伦站在圣坛前时,我们有好几个轮流现身。昏倒后我曾醒来,但旋即又昏过去。我不敢相信竟然会发生这种事。真心想结婚的只有卡伦1。她只有10岁,但她想当妈妈,想要孩子。等我们明白出了什么事,一切都太迟了。我甚至不知道我们要嫁给谁。这实在太令人震惊,太吓人了。"

安再度陷入沉默,沉浸在自己的思绪里。安的一席话犹如晴天霹雳,震得我惊愕莫名。卡伦的所有内在人格似乎对每一件事都了如指掌。既然如此,不知道安能不能帮忙处理卡伦与母亲之间的龃龉?

"你跟卡伦的母亲熟吗?"

"不熟! 感谢老天。负责应付她的是桑迪或西德尼。卡伦的妈妈拿铁丝刷帮她化妆的时候,是西德尼出面应付的。那时卡伦14岁。我不喜欢想起这件事。"

"非常感谢你跟我分享这么多,"我说,"你的话帮了我很大的忙。

我很希望能再跟你说话。如果你准备好了,是否愿意回去看看有没有别人愿意分享呢?”

“谢谢你,贝尔医生。我也很高兴能跟你聊天。”

卡伦的表情短暂陷入空白,姿势也换了(但细微得难以察觉),然后她开始用比较正式的态度说话,却少了几分优雅和自信。

“哈罗,贝尔医生,很高兴我们终于见面了。”

“凯瑟琳?”

“当然是我啊! 噢,抱歉,我还没自我介绍。我忘了你不见得清楚我们谁是谁,还有谁在跟你说话。”

“我认得你说话的习惯,”我说,“当然,我也很高兴能跟你聊聊。我一直很想认识你。不知道你愿不愿意先给我一点背景资料? 你是何时诞生的呢?”

“我从一开始就存在了,大概是卡伦一两岁的时候吧。我的工作是照顾卡伦,霍尔顿比我晚一点点报到。卡伦自小就被虐待猥亵。霍尔顿有力量保护她,我则是靠脑袋照料一切。”

“你主要在何时现身?”我问。

“需要解决事情的时候。大部分的打扫和烹饪都是我做的。卡伦去药店当秘书——那个也是我。过去曾有好长一段时间,卡伦几乎完全不现身。”我纳闷她指的是哪一个卡伦,但我任她继续说下去。

“有多久? 你是指好几个礼拜吗?”

“噢,不止,卡伦——那个来这儿就诊的卡伦——曾一度消失好几年。整个高中时代都不见人影。卡伦念高中时,我们天天挨揍,持续遭受性虐待,卡伦根本不愿意出来。那段时间几乎都是卡伦 2 和几个男孩在撑着。”

“你们是怎么决定来找我的?”我问,“我猜这应该是你做的决定。”

“你猜对了。那天,第一次就诊那天,是我带卡伦来的。”

“为什么是我?”

“我跟你其他的病人聊过。他们说你了解他们。但是当你第一次看见‘我们’的时候,我不太确定你是否真的能了解我们,所以我必须好好观察你。我必须知道你是否真的关心我们。我看过你的学位证书,也打电话去州医学会询问你有没有不良记录。”

“那么,我有任何让你困扰或担心的地方吗?”

“没有。我想我做了正确选择。我认为我们走对路了。”

“你可曾想过,我们的治疗应该做到什么程度?”我问她,渴望得到协助。

“没有。我认为你知道你在做什么。我只觉得,这事是急不得的。”凯瑟琳令我想到学校老师。她很有耐心,鼓励我尽我所能,勇敢尝试。

诊疗时间到了。我不但没得到多少协助,还被告知要有耐性。但这说不定也是种帮助。我的指导老师曾经跟凯瑟琳说过一样的话:“静观其变,因为你的工作是了解病人。等你明白了,再帮助他们了解自己。”治疗师常有一股很强的欲望,期盼病人遵循治疗计划,而非按照病人自己的步调走,殊不知这种期盼往往错得离谱。

※ ※ ※ ※

1995 年 1 月中旬,卡伦来到我的办公室。她站在门口,犹豫该不该进来,一会儿看看家具后面,一会儿看看桌子底下,最后终于走向诊疗椅。卡伦手里握着一捆纸。她僵硬地坐在椅子上,疑神疑鬼,东张西望。她举起纸卷,凑近眼睛,像海盗拿望远镜一般窥看我。我凭感觉判定此人不是卡伦,所以我决定按兵不动,看看接下来有何发展。

确定屋里只有咱们俩之后,坐在我对面的这个人静静盯着我好一会儿,看得我浑身不自在。

“卡伦不能来。”

“这样啊。那么是谁代替卡伦来?”

“西德尼。”

“噢,西德尼啊。我一直希望能再见到你。”

“霍尔顿叫我来的。他要我拿这个给你。”西德尼再次用纸卷抵住一只眼睛,“万花筒!”他把纸卷递给我,脸庞一阵抽搐。我接过来,这是霍尔顿的信。我把信搁下,把注意力放在西德尼身上。

“我很高兴你能来。”西德尼瞅我一眼,但肩膀稍微放松了些。

“卡伦病了,”他说,“霍尔顿要你看信。现在出来的主要是我、霍尔顿,还有其他男生。”西德尼望向窗外,视线往楼下看,想看看这儿离地面有多远。

“刚才你把信递给我的时候,手臂好像不太舒服?”

“我的手一直都很痛。卡伦的爸爸逼我偷东西,假如我不照办,他会扭我的手或捶我的手臂。我感觉不到我的手指。每次我偷东西,卡伦她爸都会用棍子打我的手指头。”

“不是他叫你偷的吗?”

“是啊,是他叫我偷的,可是他又为此处罚我。”

“你知道卡伦的父亲过世了吗?”西德尼瞪大眼睛,吃惊地望着我。然后他再度露出怀疑的表情,拉开距离,斜睨着我。

“真的,”我说,“大约一年以前,他就罹患癌症过世了。他再也不能伤害你了。现在我很努力想帮助卡伦和霍尔顿,让你们大家赶快好起来。”

“你在耍我。”

“要不你问霍尔顿。”西德尼的表情突然空白。没多久,他再次看着我。

“是真的呀!我都不知道。”

“卡伦的父亲似乎害你过了不少苦日子。这些经历赋予你更多的力量与勇气，但也让你十分痛苦。我在想，假如你能和其他人分享你的经历，让他们得到一点你的力量，对你、对他们也许都是帮助。”我决定开始为最终的人格融合打基础，做好准备。

西德尼离开后，我摊开他带来的纸卷。霍尔顿的字迹映入眼帘。

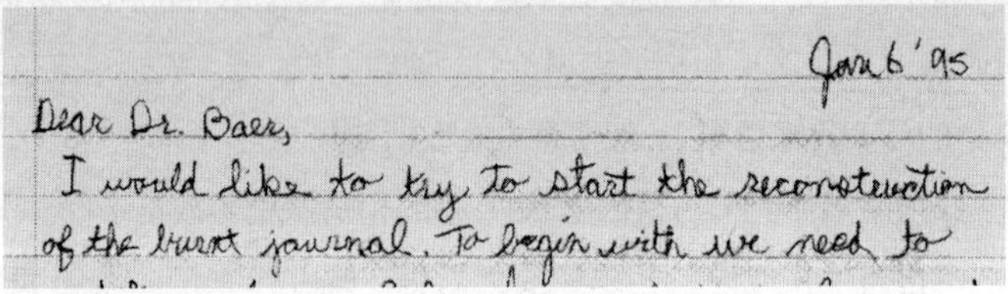
Jan 6 '95
Dear Dr. Baer,
I would like to try to start the reconstruction of the burnt journal. To begin with we need to

亲爱的贝尔医生：

我尝试把被烧掉的日记重写一遍。但首先，我们得先弄清楚大伙儿的近况。我把这段日子经常出现的人列出来（目前共有17人），并且尽可能多补充一些每个人的背景资料。

霍尔顿（我），34岁，我尽可能保护所有的人。自卡伦出生起，我就有记忆了。决定谁该出去、谁该回来的也是我。平常几乎都是我在开车。我有机械天分，修东西、盖房子、粉刷、贴壁纸等统统难不倒我。我非常非常想成为医务辅助人员。另外，我也是里头这群孩子的暂时依靠。我生来是为了当个“完美的儿子”，跟着卡伦的父亲和祖父做事。我几乎无所不能，但却感觉不到疼痛。

凯瑟琳同样也是34岁。她认得这里的每一个人，负责安排日常约会。凯瑟琳在我之后没多久诞生，那时卡伦还不满一岁。我们跟卡伦一起长大。凯瑟琳喜欢看书，负责敦促我们准时就医。另外，凯瑟琳也没有痛觉。

克莱尔7岁，极度缺乏安全感。最近她很难过，因为她觉得你忘记她了。我试着鼓励她出来跟你说话，但她心灵受创太严重。

她常犯头疼，状况很糟。

西德尼5岁，经常处于痛苦之中。他想找乐子，开心一点，喜欢给大家惹麻烦。他常害我们陷入既奇怪又尴尬的窘境，然后自己溜掉。尽管如此，他还是想偷东西送给大家。西德尼的手和手指没有感觉。他曾受过极恐怖的虐待。

桑迪18岁，算是咱们这儿的头痛人物。当她安安静静欣赏窗外风景，确实是个不错的人。但只要她一醒过来，立刻满脑子自杀计划。她会冲动地猛吃垃圾食物。她悲伤、沮丧，控制欲强。她说她有办法激怒你，让你讨厌我们，放弃我们。卡伦父亲死后，她的状况似乎越来越糟。

朱莉13岁，黑发绿眼。她极度痛苦，痛苦到我认为万一换她出来、我们大概只有死路一条。她没办法顺畅呼吸，也不太能走。

卡伦博21个月大，不太会说英语，懂一点匈牙利语。她看不见（眼睛上方长了肿瘤）。卡伦博常常哭着叫"痛痛！"她的脚会痛，阴部也会痛。唯有你的声音才能抚慰她，让她安静下来。

迈尔斯8岁，最近似乎比较冷静了。他不再讨厌大家，因为他很喜欢你。他希望你喜欢他，所以他不再伤害我们了。不过，他仍然讨厌待在女性躯体里。迈尔斯仍感觉得到过去虐待造成的疼痛。他负责陪詹姆斯和莎拉玩，学校运动会也由他出席。

卡尔10岁。日记烧毁一事令他相当愤怒。他写下许多受虐细节，希望往后再也不必谈它，因为换他出来写日记时，卡伦病得最严重。他感受到的痛苦程度最严重，希望我们赶快终结精神与身体的双重痛苦。迈尔斯承受不住的时候，就换卡尔接手。

爱丽丝8岁，负责管理迈尔斯和卡尔的日常生活，隔离受虐经验。爱丽丝以匈牙利文写诗，但我们没有一个知道她到底在写什么。她觉得天主会原谅我们的出现。她一直很清楚，虐待他人是不对的。

西娅6岁。她诞生于1965年,卡伦的双亲对长动脉瘤的卡伦说"希望你死掉"的那一刻。后来卡伦并未如预期死亡,于是西娅代替她度过整整一年半的岁月。这段时间,卡伦并不存在,她进入冬眠般的静止状态,因此这一年半的记忆归西娅所有。

卡伦1今年10岁,生于1969年。出生时的年纪是8岁,两年后停止长大,永远停在10岁。卡伦1非常纤细敏感,相当害羞。1979年遇见乔希时,卡伦1觉得自己很孤单,他深深地被她的天真所吸引。她渴望婚姻,最后也真的结婚了。卡伦1怕吵,讨厌圆点图案和小丑,不喜欢椰子和古龙水的气味。她经常头痛,对卡伦的父母充满恨意。

朱莉安15岁,精力充沛,总是一副"天塌下来也不干我事"的态度。她杂乱无章,没有耐性,经常失约,散漫,没有目标。她喜欢聊天,偶尔会太过头。她想把我们的故事统统告诉你。她诞生于1970年,那年卡伦11岁。

詹森11岁,生于1971年(卡伦12岁)。他遮掩身上的咬痕,缠住胸部,想让卡伦变成男儿身。詹森想报复所有伤害我们的人。他特别讨厌年长的男人。他认为这种人一逮到机会就会伤害我们。

安16岁。尽管她是最虔诚的教徒,却已彻底失去信心。她不明白世间何以充满这么多的哀伤和苦难。安诞生于60年代晚期或70年代早期。她代替卡伦上天主教学校,成为师长的宠儿。她去教区神父的寓所和办公室帮忙,并且天天上教堂。她无时无刻不以我们其他人为耻,经常向神父忏悔,甚至编造罪行。安总觉得我们应该为自己的存在受到惩罚,唯有天主会宽恕我们。

卡伦2生于1969年(卡伦10岁),现在21岁。她负责上学,帮凯瑟琳分担秘书工作,接送她的儿子詹姆斯。她从不头疼,也没有痛苦,喜欢与人为伴。能活在世界上令她深感幸运。1985 年,卡伦产下女儿莎拉,但克莱尔却突然跑出来歇斯底里地哭闹,搞得大伙儿彻底崩溃。从那时候起,卡伦 2 便陷入沉睡,暂停活动了。

卡伦 3 目前 30 岁,于 1985 年莎拉出生 4 天后觉醒,是我们之中最后一个诞生的。她被推举为开始接受治疗的代表。卡伦 3 告诉你的一切信息都是我们提供给她的。她很沮丧,有自杀念头。她隐约感觉得到我们,但只限于少数几人。卡伦 3 是你最常见到的人。

我放下这叠纸,感觉十分怪异:人类竟能组织化至如此程度。这种思考与运作方式相当另类,却使用无异于一般人的精神工具——大脑。假如我们都在信中描述的情境下长大,说不定也会用卡伦的方式让身体和心灵运转起来。然而,如果我们眼中的彼此各自呈现不同面貌,又该如何构筑这种复杂的共生关系?卡伦精密的运作方式令我惊讶。我想,用“坠入爱河”形容今后的治疗方式再贴切不过:他们必须慢慢熟悉同生在卡伦体内的其他人,进而一个拉一个,让大伙儿“同在一条船上”,融合彼此的关系。

有个小地方引起我的注意:霍尔顿说他比凯瑟琳早出世,但凯瑟琳的说辞恰恰相反。也许他们之间有某种微妙的竞争关系。另外我还发现,他们讲述同一事件时,在细节上也有若干小出入,不过还不到互相矛盾的地步,顶多是看法稍有不同。目前我无须决定要接受哪一方的说法,倘若要求他们对 10 多年来的每一件事、每个细节都保有精确、完美的记忆,或许有些强人所难。事实上,每每想到卡伦的内在系统竟能协调到如此程度,我总是赞叹不已。

这段时间,我们改变原本的治疗模式。目前我只在治疗开始时与卡伦(卡伦 3)简短对谈,然后将大量时间投注在催眠上,尽量和其他人交谈。

“我感觉很糟，”桑迪说，“很不顺。除了我，大家都怕夜里会有人来找我们……但他们不是真的，只是做梦呀。朱莉、西娅和詹森都不想活了。朱莉安怕卡伦她爸会跑出来伤害我们。”

“你可以告诉他们，那只是做噩梦吗？”

“他们不听我说，我气死了。我不想活在过去的阴影里，可是没有一样东西不令我想起那段日子：五金工具、电线、银制餐具……全部！过去的记忆还在，连我也无法否认。”

“背负这样的重担，感觉很糟吧？”我说，“你想展望未来，过去的记忆却紧缠不放。”

“是啊，但没有人比朱莉伤得更重了。她不能说，不能走。”

“也许我能跟她谈谈……”

“等一下，”桑迪退回内在。

卡伦陷入座椅，两腿伸直，脚跟抵住地面，双眼微闭。不知怎么着，她的脸有些浮肿，仿佛她不知不觉在我眼前膨胀了起来。

“朱莉，你还好吗？”我问道。

“我好痛。我的肚子不舒服，”朱莉说。

“能动动你的脚吗？”

“只能动一点点。”朱莉仿佛被什么东西按住，不能动，奋力挣扎，她微微向外抬起一只脚。

“感觉怎么样？”

“他们压在我身上，我不能动！我不能呼吸了！”

“朱莉，你在做噩梦，那些都是过去的记忆。现在已经没有人伤害你了。”

“可是感觉像真的呀！好像他们还在欺负我！”朱莉微微扭曲身体，骚动不安。

“所有曾经伤害你的人都不在了，”我说，“过去男人伤害你的感觉会慢慢消失。”我试着做一点暗示，“你会感觉到，他们的重量正逐渐从你的脚上移开。从现在开始，你会发现脚上的负担减轻了。你的脚将会逐渐复原。那些男人都不在了。你再也不用害怕他们了。”

“我觉得好一点了，可是我怎么知道我能不能相信你，相信他们不会再回来了？”

“问问大人，尤其是凯瑟琳和霍尔顿。从现在开始，你会感觉越来越好。”

“我不知道……”

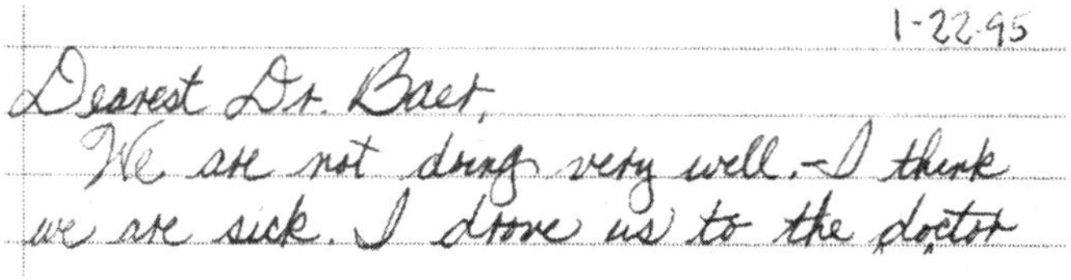

1-22-95

Dearest Dr. Baer,

We are not doing very well. I think we are sick. I drove us to the doctor

1995 年 1 月 22 日

最亲爱的贝尔医生：

我们过得很不好。我觉得我们病了，所以带大家去妇产科检查。詹森害我们肚子痛得不得了。朱莉痛得最严重，我担心会发生中毒性休克。卡伦在家也遇到不少问题。她的孩子似乎越来越看不起她，我相信这绝对是乔希一天到晚奚落她所造成的。大伙儿越来越不知所措，逐渐失去判断力；我们开始分享彼此的记忆，但是这对我们也造成很大的困扰。

凯瑟琳

“你还好吗？凯瑟琳？我收到你的短信了。”

“不太好。詹森想把自己弄干净，却拿灌洗器把防冻液打进身体里。他希望把这脏器烧掉。朱莉曾有一段时间无法好好呼吸，也不太能走，她非常疲倦。你不在，她的感觉就更糟糕。”

“詹森为什么能跑出来对你们做这种事？”我问，“你们如何决定轮到谁出来？”

“依状况而定，”凯瑟琳说，“但通常是感觉最强的那个人出来。”

“这么说来，詹森的感觉好像非常强烈，”我说，“或许我能跟他聊聊，看看能不能帮助他。”

“如果你愿意试试看，我们一定会非常感激的，贝尔医生。”

“既然如此，你是否能帮我看看詹森愿不愿意出来跟我说话？”

“好的。”卡伦闭上眼睛，稍稍改变姿势。她似乎越变越小，也强硬了些，最后差不多已蜷伏在椅子上，随时准备跳起来。她的语气比刚才有力气、有精神，但也绷得更紧。

“我想杀了大家。”

“詹森？”

“嗯。”詹森避开我的视线。

“你为什么想杀死大家？”

“因为下身受伤，而且很痛。我必须烧掉它，这样就再也没有女生的部分了。”

我该怎么做才能削弱詹森企图以暴力伤害自己的强烈意志？我想第一步应该是试着与他建立交情。

我温和探问，“当时你的身体受伤时有什么感觉？”

“每次我跟人家说我的感觉，他们都不相信我。我们永远都必须孤孤单单的，没有人了解我们。”

“从来没有人了解过你吗？”我问，试着引起他的注意。

“没有，从来都没有。大家都只会伤害别人。”

“我知道你可能听都没听过，而我也不奢望你会马上接受这个想法，但是，我真的非常想好好了解你呢。这也是我正在做的事最重要的部分：试着去了解你们。我认为，你一定可以帮我的忙。”

“我能帮你？”詹森相当惊讶，坚硬的外壳稍稍软化了些。

“噢，是啊，你可以帮我，”我说。我让他感兴趣了。“你似乎替卡伦承受许多痛苦。我尝试从你们每个人与我分享的片段中，理解到底发生了什么事。但目前听来，我感觉你知道其中相当重要的几个段落。”我知道这么说有点无耻，但我必须想办法建立他的自信，这样他才不会把我当作企图伤害他的人，并且视我为情感的支柱与来源。这么做已接近谄媚，但偶尔有其必要。

“你想知道什么？”詹森问我。

“嗯，跟我说说你最早的记忆吧？”

“噢，简单。卡伦的下面被人伤过。卡伦的下面在流血，胸部也被咬了好几口。我用绷带把她的胸部缠起来，这样她看起来就不会像女孩了。”

“你想保护卡伦，不让她受伤？”我得说点什么好铲除詹森心里没有人了解他的念头。一两句简单响应想必有所帮助。

“对，但是很难。毕竟我不是一直都在。”

“所以，假如你有办法拿掉卡伦的生殖器官，也许她就不会被男人欺负了？”

“对！只有女生会被欺负！如果你不是女生，他们就不会烦你了。”

“可是从事情发生到现在，已经过了好一段时间。事实上，这些男人都死了，没有一个还活在世界上，还会像过去那样伤害卡伦，所以你不需要用毁掉她生殖器的方式来保护她，因为到头来，你做的几乎跟那些男人一样呀。”

“噢！可是我不想伤害她！我只是想帮她。”

“当然，你一定是想帮助她才会这么做，詹森。你只是想拯救卡伦。”

"对啊!"

我的做法稍嫌激进,但我急于想阻止詹森继续伤害卡伦的身体。我告诉他,我希望将来有机会能再跟他聊一聊,他似乎也觉得这样很好。

2月初,我收到一封信,是卡伦的其他分身经过共同努力轮流写给我的信。

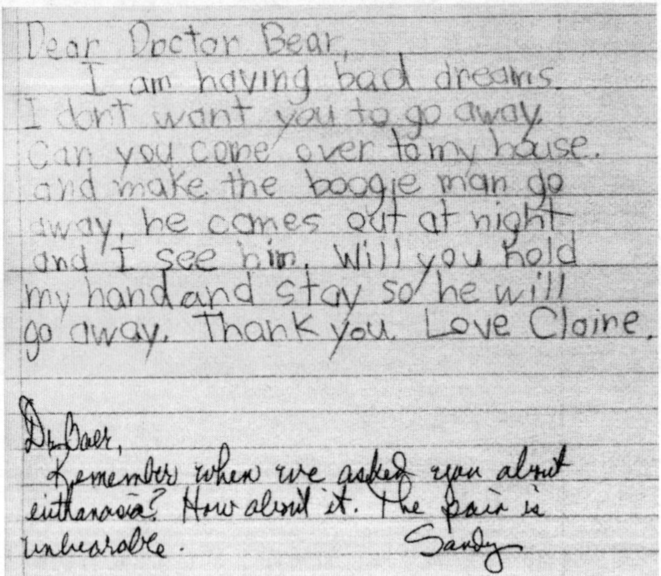
Dear Doctor Bear,
I am having bad dreams.
I dont want you to go away.
Can you come over to my house.
and make the boogie man go
away, he comes out at night
and I see him. Will you hold
my hand and stay so he will
go away. Thank you. Love Claine.

Dr. Baer,
Remember when we asked you about
euthanasia? How about it. The pain is
unbearable. Sandy

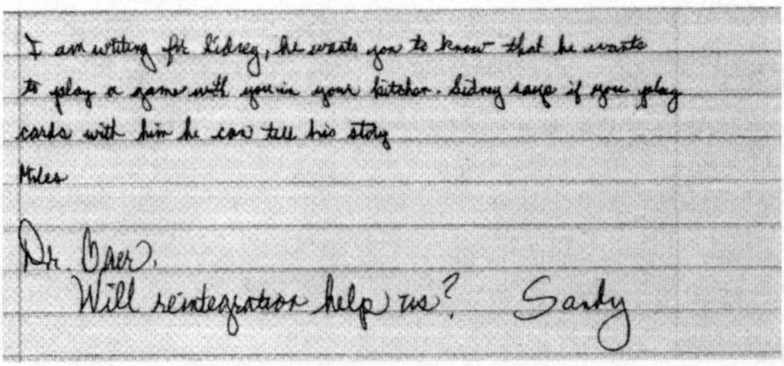
I am writing for Sidney, he wants you to know that he wants
to play a game with you in your kitchen. Sidney says if you play
cards with him he can tell his story
Miles

Dr. Baer,
Will reintegration help us? Sandy

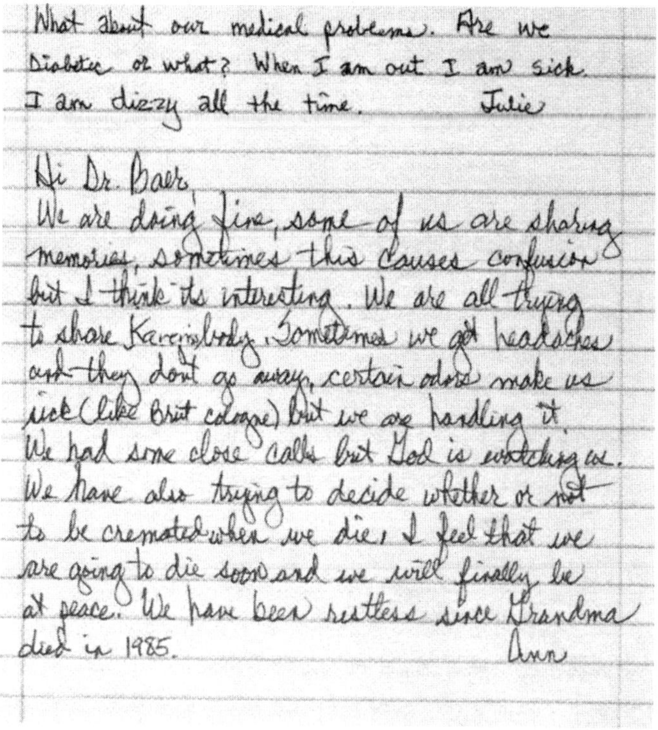
What about our medical problems. Are we
Diabetic or what? When I am out I am sick.
I am dizzy all the time. Julie

Hi Dr. Baer,
We are doing fine, some of us are sharing
memories, sometimes this causes confusion
but I think its interesting. We are all trying
to share Karen's body. Sometimes we get headaches
and they don't go away, certain odors make us
sick (like Brut cologne) but we are handling it.
We had some close calls but God is watching us.
We have also trying to decide whether or not
to be cremated when we die, I feel that we
are going to die soon and we will finally be
at peace. We have been restless since Grandma
died in 1985. Ann

亲爱的贝尔医生:

我做噩梦了。我不要你走。你能不能来我家,叫那个恶魔走开?他都在晚上出来,我看见了。你可不可以握住我的手,留下来,这样他就会走开了。谢谢你。

爱你的克莱尔

贝尔医生:

记得我们曾请教你有关安乐死的事吗?你觉得怎么样?这样的痛苦实在难以忍受。

桑迪

我帮西德尼写信。他要你知道，他想在你家的厨房跟你玩。西德尼说，如果你跟他玩纸牌，他就告诉你他的事情。

迈尔斯

贝尔医生：

人格融合能帮助我们吗？

桑迪

我们的身体有问题吗？我们有糖尿病还是其他什么毛病？每次轮到我出来，我都病恹恹的。我老是觉得头晕。

朱莉

嗨，贝尔医生：

我们过得还不错。最近我们之中有几个人开始分享记忆，尽管偶尔会造成困扰，但我认为还算有趣。大伙儿一起尝试共同使用卡伦的身体。有时我们会头痛，而且痛很久，有些味道会让我们很不舒服（比方说古龙水），但我们都在努力克服。有好几次，我们差点儿就死了，但上帝仍眷顾着我们。另外，我们也试着讨论、决定死后要不要火化。我觉得我们很快就要死了，我们终于可以安息了。自从祖母于1985年过世后，我们一直很焦躁，感到不安。

安

显然，卡伦内在有好多人急着跟我沟通，他们发现写信似乎比较容易。然而最令我印象深刻的是：他们个性鲜明，每个人都不一样；他们有自己的声音，关心的事也各不相同。除了凯瑟琳和霍尔顿（他俩与卡伦同步成长），其他人都不再长大，也不长岁数——时间在不同时间点停止了，但他们当下所受的折磨（比方说克莱尔7岁的遭遇）仍一再发生。仿佛卡伦的部分内在永远卡在痛苦的定格画面中——听来颇似地狱情景。

其实我一直很纳闷，卡伦为什么愿意接受我的治疗？她怎么知道她将会找到值得信任，又能帮助她的人？她何以相信世界上真有信赖关系存在？通常，一般人必须经历或拥有类似经验（互信、相互扶持的关系），才可能相信这种关系真正存在。卡伦不曾从双亲身上得到这种经验。我知道卡伦害怕失去我，怕我死掉，怕我对她失去兴趣，怕她痊愈后我便不再见她，或者怕她的故事太令人反感，以致我决定放弃她等等诸如此类的理由。在卡伦眼里，我们的关系相当脆弱，但她竟然还有办法继续维持这层关系，委实令我赞叹又惊讶。卡伦的某张便笺让我终于明白了这一切所为何来。

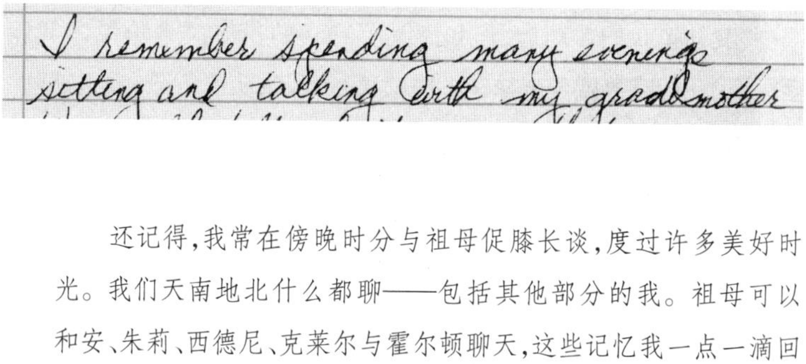
I remember spending many evenings
sitting and talking with my grandmother

还记得，我常在傍晚时分与祖母促膝长谈，度过许多美好时光。我们天南地北什么都聊——包括其他部分的我。祖母可以和安、朱莉、西德尼、克莱尔与霍尔顿聊天，这些记忆我一点一滴回想起来了。虽然祖母无法告诉别人我正遭受虐待，但她了解其他部分的我也能感觉到我的痛苦，她了解我必须变成别人，才有办法生存下去。如果晚上跟她睡，她会在我梦游或遗失时间后，温柔地引领我回床上休息。我常常跟在祖母身边，她就像我的第二个母亲一样。和祖母在一起的时候，即使遗失时间，我也慢慢学会放松，学会自在。她让我觉得自己很重要，让我觉得将来有一天，也许我会找到一个能像她一样了解我的人。现在我明白，这个人是你，但这也令我恐惧，因为我知道，治疗总有一天会结束。我无法忍受失去你。

卡伦与祖母的相处经验是否真的特别到令她准备好找到我？这点尚无法说服我，但我真的认为，卡伦与祖母的关系确实为她提供"信任"所需的重要基础。

由于卡伦与我的信任关系日趋稳固，我开始鼓励几位独立人格观察其他"伙伴"出来时的表现。我给他们的建议之一是去看看卡伦父亲的墓，借此告诉其他人：他已经死了。许多分身不太愿意相信这个事实。

我尤其鼓励卡伦（固定来看门诊的那个）观察凯瑟琳的活动。1995年3月，卡伦首次尝试这么做。

"你看见什么？"我问。

"我知道我们在药店，但我感觉不到我的身体，"卡伦说，"我飘浮在半空中，感觉就像电梯往下降的那一瞬间；头有点晕，有点茫然，好像我的脑袋、我的神智同时出现在两个地方，但我感觉自己什么都不怕。"

"你们做了什么？"

"没做多少事。采购食物，清理商品，感觉非常有效率。我们有张店内物品清单，东西放在哪儿一切清清楚楚。"

"好像很有趣。希望你能常常跟她共享时间。"进入催眠状态后，我有机会听听凯瑟琳对同一段经历的看法。

"你有什么感觉？凯瑟琳？"

"我不确定我想不想让卡伦观察我。感觉很奇怪，我能感觉到她的感觉。以前我不曾跟她这样搭配过。"

"你跟别人搭配过？"

"嗯，霍尔顿跟我几乎随时一起出现。我们有点像彼此的镜像，像伙伴并肩工作。我们做另一个人做不到的事。”

“还有其他人能跟你共享时间吗?”这个系统共享时间的弹性究竟有多大,各独立人格之间的界线有多绝对?我十分感兴趣。

“我偶尔会稍微放松一下,让其他人加入。”

“什么时候会这样做?”

“嗯,如果孩子们需要安慰,想看场电影什么的,我会让他们一起看。”

“只要你想出来就能出来吗?”

“大多时候是这样的。但是跟卡伦母亲在一起时,我不会出面。桑迪负责应付她母亲,但桑迪不愿跟别人共享时间。”

“如果你能多跟卡伦共享时间,也许会有帮助。我想卡伦会受益良多。”

“好吧,我尽量试试。”

我认为,若能让卡伦与凯瑟琳共享时间,她们俩之间的阻隔说不定会越来越薄弱,直至完全消失。然后,我们可以一个接一个,将此方法套用在其他人格身上。有几本专著和文章描述过这个方法。

下次治疗时,卡伦紧抱着一只鼓起的牛皮纸袋(里头塞得满满的),走进我的办公室。她坐下来,纸袋仍不离手,两眼盯着地面,然后以一种熟悉却夹杂强烈反感的姿态将纸袋放在腿上。我朝她点点头,暗示我对纸袋的兴趣。于是她把纸袋递给我,解脱似的坐回原位,仿佛她很高兴终于摆脱它了。

“我可以看吗?”我问她。卡伦点头,努力压抑情绪。我往袋里仔细看,将里头的东西一样一样拿出来。首先是一只小柏木盒,表面是一幅印第安家庭的图画:男人坐着,嘴里叼着烟斗,身旁站着女人和小孩。小孩赤身露体,状似阴部的部分有铅笔反复涂划的痕迹,男人身上和四周则有不少小圆圈状的记号及凹痕。这些凹痕中央都有个小小的十字,据我推测,这应该是用十字螺丝起子戳刺造成的。图画旁印有

“诺特的草莓乐园”的字样。我拿起盒子,看看卡伦。

“这是什么?”我问。

“痛苦收纳盒。祖母给我的。她说,你可以把痛苦放进去,再把盒子关起来。她小的时候也有一个。”多代家族虐待,我想。

“这个呢?”我给她看一只女体外型、手工粗糙的金色胡桃钳,胡桃钳的双臂——也就是女体的双腿——在髋部固定交叉,可将胡桃置于大腿间夹碎。

“这是用来夹我的。”卡伦看起来很不舒服,尽可能在我检阅纸袋内物品时避开我的视线。我又掏出几样东西,全是工具,包括两个木柄螺丝起子,一把廉价小榔头,还有一对沉甸甸的电工专用的钳子。

“这些都是他们用来伤害我的工具。”她停下来,望向窗外,表情痛苦。

“我不太舒服。可以借用你的洗手间吗?”卡伦迅速起身,离开座位,冲进几步外走廊上的洗手间。她在里头待了约两分钟,没传出任何动静,所以我想她应该只是尝试整理自己的情绪。

“很抱歉,”她说,“这些东西令我想起那种恶心的感觉。”

“我也很抱歉。其他的暂时先放一边,不要看好了。”

“不,没关系,继续没关系。”

我再次往袋中窥看,掏出一张旧电话卡、橡皮绳、一本书(书名是《天生赢家》)、安·兰德斯的专栏剪报、一只合掌祈祷的小型黄铜雕像,还有几张家族快照。我撇开橡皮绳(无须再作说明),开始阅读安·兰德斯的专栏。

“我偶尔会那样想,”她说。

专栏描述一名车祸死亡的青少年旁观自己葬礼的虚构故事。

“你曾想象大家对你的死亡有什么反应吗?”

“一天到晚都在想。”

“你能解释这几张照片吗?”我一张一张拿给她看。

“第一张是我的家人——我,乔希,詹姆斯,还有莎拉。那张是我和乔希,大概是刚结婚的时候……这张是我祖母和祖父。”

这些照片没有任何特殊之处。我尝试在她祖父脸上寻找邪恶的痕迹。要说有什么不一样的话,他看上去大胆而轻蔑,卡伦的祖母则有些茫然、面无表情。

“我们来看看其他人对这些东西有什么特殊想法,好吗?”卡伦靠向椅背,闭上眼睛,等我下达指示。待她进入催眠状态,我即询问有谁想跟我说话。

“还有别的东西。”

“迈尔斯?”迈尔斯点头。“你在说什么?什么是别的东西?”

“胶带、注射针,还有锯子。他们说要割掉我的头,卡伦的爸爸就拿锯子在我两只耳朵之间比划,然后他们全部哈哈大笑起来。他们真的觉得这样很好笑、很好玩。我不得不说我喜欢这样,否则他们真的会割断我的脖子!”

我才安抚完迈尔斯的情绪没多久,克莱尔马上现身。

“你可以叫噩梦走开吗?”

“可以,”我认得克莱尔的声音,“希望我可以。卡伦带了些东西来给我,让我销毁,这样它们就再也不会伤害你了。你在噩梦里看见什么?”

“我不想说。”

“有时候,如果把心里想的说出来,它们就不会回到你的梦中,把你吓个半死。”克莱尔局促不安,接着放声大哭。

“那双祈祷的手……”

“那只铜雕?”

“他们用它打我,一次又一次,来回打在我的脸上。”

“我知道你仍感觉得到这些痛苦,”我说,“可是这是好久以前的事了。那些男人已经不在了。这些工具再也伤不了你,你的身体已经复原,不再有痛苦了。你可以跟卡伦分享这些记忆,这样你就不需要一个人承担了。你会让卡伦知道吗?"

"好,我会试试看。"但克莱尔仍继续抱住自己,摩擦她曾遭蹂躏的部位。

※ ※ ※ ※

1995 年 4 月初,詹森捎来新消息。

"我买了一只太阳鸟,"詹森说。

"怎么回事?"

"加里——他是宠物店的老板——是我的朋友,所以我才出来。不管什么动物他都让我看。是加里建议我养太阳鸟的。"

"你喜欢小鸟?"

"喜欢! 卡伦的祖母一直都养鸟。"

"是什么理由让你现在想养宠物?"

"没有人跟我说话。从来都没有。嗯,迈尔斯偶尔会跟我说话啦,凯瑟琳和霍尔顿当然也会跟我说。大多时候我都是孤零零一个人,但现在我有我的小鸟了。"

"也许这只鸟可以帮助我们哦!"

"怎么帮?"

"你说大家都喜欢鸟,那么也许你们可以一起照顾它? 这样你就有机会跟大家说话了。"

来找我之前,詹森画了张图画给我。他画的是那只太阳鸟。詹森为它取名"连连",因为将卡伦内在的每个人全部连结在一起。

卡伦的内在人格通过无数次催眠,以及 1995 年中的许多信件,反复描述每个人的经历,进而拼凑、还原那些年发生在殡仪馆以及工

给贝尔医生:"连连",詹森画

厂的虐待事件。每个人竭尽所能补充细节——人名、使用的工具、打过的电话,以及虐待卡伦的各种方法。事件的基本架构并未改变,然而,经过一次又一次的描述,事件本身越来越有血有肉,越来越栩栩如生,犹如每一双手为过去的苦难一笔一笔上色,黑白画面逐渐有了色彩。

第13章　家谱

卡伦蹒跚着走进我的门诊办公室，重心放在一只脚上，左上臂袖口处露出一块淤青，左胫骨外侧也有淤青。她瘫倒在椅子上，涕泗纵横。我静坐等待。有好几次，卡伦张口想说，却跌回去止不住地啜泣。如此反复几分钟后，她终于勉强整理好情绪，开口说话。

"乔希装作一副什么都没发生的样子！"她再次崩溃哭泣。

"你报警了吗？"

"我不太记得发生过什么事，我的时间又不见了。可是我回神的时候，乔希正拿木板打我的腿。他喝醉了。他大声吼我，叫我放下电话，帮他拿烟和啤酒。那时我正在跟我妈通电话，但我妈也对我大吼大叫。接下来我不记得了。我想我们可能大吵一架……我又遗失了时间。今天早上，他表现得一副天下太平的样子，好像什么事也没发生过。"

"你不能再坐视不管了，"我急切要求，"我知道这对你来说或许很难，可是万一乔希再伤害你，你一定要报警，即便你逃出家门，也要用手机报警。他摆明了自认可以伤害你，反正你都会忘记。他多少利用你会遗失时间这一点来伤害你。不过，你转换身份的状况会越来越少，你必须阻止这种暴力行为。你不能老是躲在自己的脑袋里，逃避问题。"卡伦又哭了起来。

“可是这样比较容易。我失去了来这里的时间,失去一整天的时间。”

“假如你用遗失时间的方式应付,类似的殴打事件还会一再发生。你可以躲避它,但你永远不可能阻止它再度发生。”

“难道这样还不够好吗?”

“你觉得呢?”我点点头,暗示她的小腿。她低头望着腿上的淤青,仔细斟酌。

“不够好,”她终于承认,再次啜泣。我任她与自我对抗。“我已经五天没睡了,”她说,“我一直处在转换身份、持续活动的状态中。没办法应付的时候我就躲起来,有时候我会躲上一个礼拜,一个月,甚至一年。”

“当你躲起来的时候,你都去哪儿?”

“躲进我的房间。”

“你的房间?”

“嗯,在屋里。”

“在屋里?”

“对,在屋里。”

“噢。”其实我不太明白卡伦说的话,但时间已经到了。那个礼拜即将结束的时候,我收到一只信封。信封里有一本学生作文簿,撰写日始于1995年3月31日,终于1995年5月4日。第一页是凯瑟琳的信。

1995年3月31日

最亲爱的贝尔医生:

我们想把脑中的记忆记录下来(成果就是这本簿子)。大伙儿一致认为,最合适写的人是朱莉安,因此我们会把我们记得的故

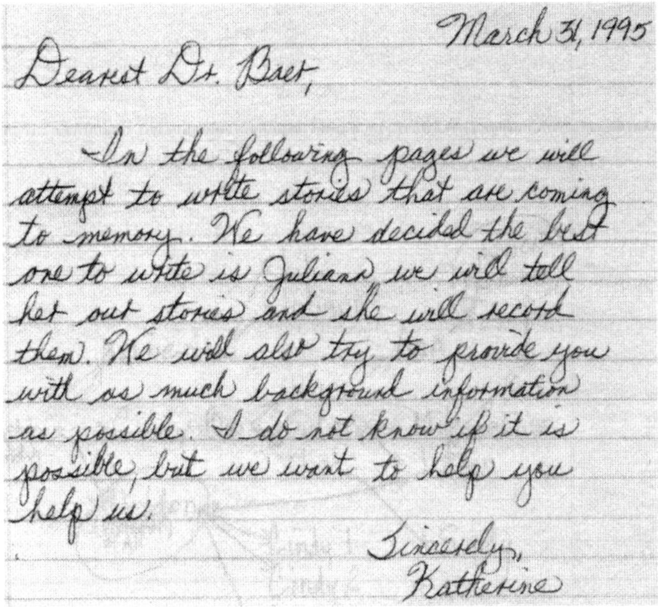
March 31, 1995

Dearest Dr. Baer,

In the following pages we will attempt to write stories that are coming to memory. We have decided the best one to write is Juliana we will tell her our stories and she will record them. We will also try to provide you with as much background information as possible. I do not know if it is possible, but we want to help you help us.

Sincerely,
Katherine

事告诉她，让她作记录。另外，我们也会尽力提供相关背景资料。我不知道这么做是否能帮上忙，但我们想帮助你来帮助我们。

诚挚的凯瑟琳

作文簿首篇是一张图，说明卡伦内在人格的分离与演变。图中的箭头代表沟通方向。

我不确定哪一个是“坏脾气”。这位“坏脾气”不曾表明身份，而且每次卡伦自残后，出面承担责任的都是曾与我对谈过的人格。

说明图后连着又是几封信：一封描述购买“连连”的过程，两封迈尔斯的抱怨（表示他仍无法停止回忆，频频做噩梦），克莱尔充满哀伤的信，霍尔顿要求延长诊疗时间的便笺，另外还有几幅凭印象描述卡伦早年经历的短文或小图。一篇名为“我们的一天”的短文摘要如下：

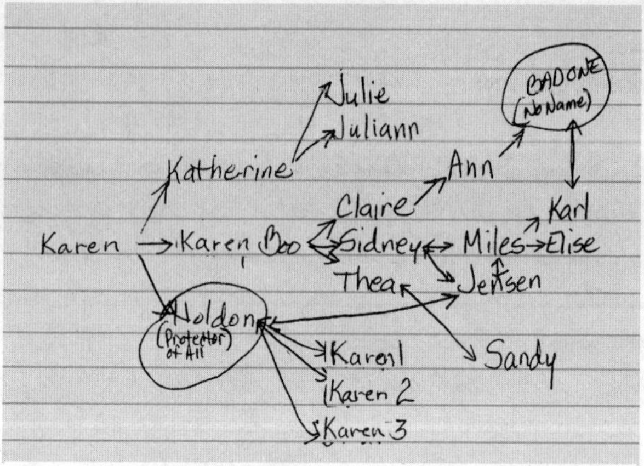

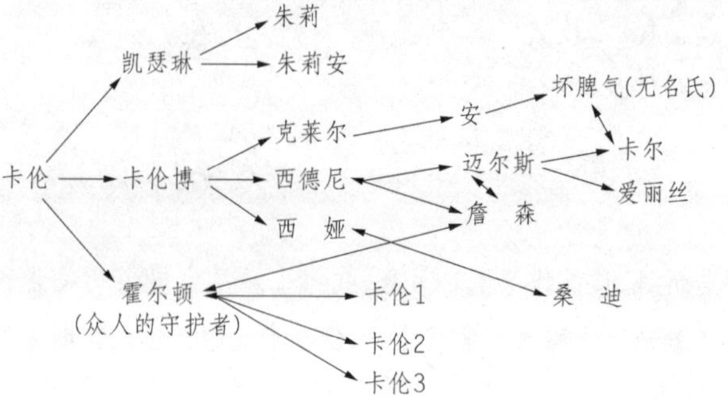

今天,凯瑟琳 7:15 起床。她叫醒詹姆斯和莎拉,叫他们准备上学,然后替他们做早餐,做午餐,送他们去学校。忙完孩子,凯瑟琳去休息,换桑迪出门跟朋友佩格吃早餐,时间是上午 8:30。10:30 左右,桑迪累了,换卡伦 2 接着采购东西。卡伦 2 拿不动,她退出换霍尔顿把东西拎进屋里去。凯瑟琳现身将物品归位,整理完再度休息,这时终于换卡伦出来(约下午 2 点)。但卡伦睡了一整个下午,直到她必须带莎拉去上溜冰课(下午 5:20 至 6:06)。接莎拉回家后,安出来继续进行教会的工作。安之后换霍尔顿接手,他和卡伦载莎拉去上另一堂溜冰课(7:15 至 8:00)。课程结束后,克莱尔想喝巧克力奶昔,于是霍尔顿开车带大家去"珍妮冰淇淋店”买奶昔，顺便买了一份圣代给莎拉。后来换卡伦出面载我们回家，安顿孩子们上床睡觉。

卡伦说，这算是比较简单的一天，因为他们没看见她母亲，也没有人生气。他们总是以“卡伦”称呼本我，我猜这里指的应该是卡伦3。底下是另一段性质相近的小短文：

> 好个精彩的一天！卡伦昨晚做噩梦，所以我们决定让她睡一整天。迈尔斯陪詹姆斯去篮球赛，凯瑟琳负责画复活节彩蛋，桑迪为孩子们编篮子，安拿篮子去教堂接受祝福。朱莉安打扫房子，霍尔顿玩了一会儿无线电。

卡伦就是这么过日子的，日复一日；平时如此，遭逢危机时也是如此。这种处理策略实在太精巧、太了不起了，然而却毫无成长空间。即便如此，这个系统的高度稳定性仍令我吃惊。

作文簿最后还有一张图：卡伦的内在世界架构图。

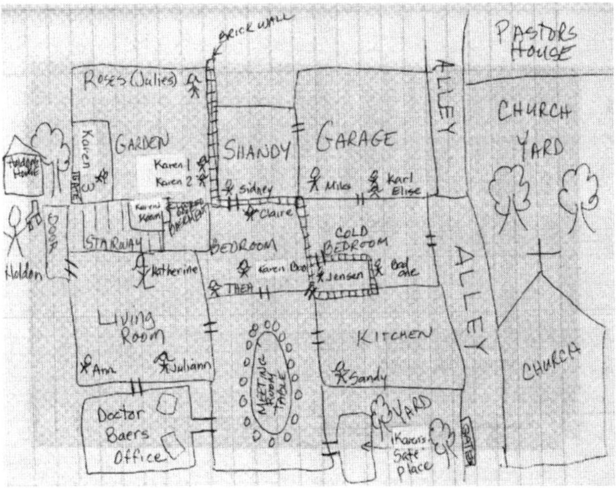

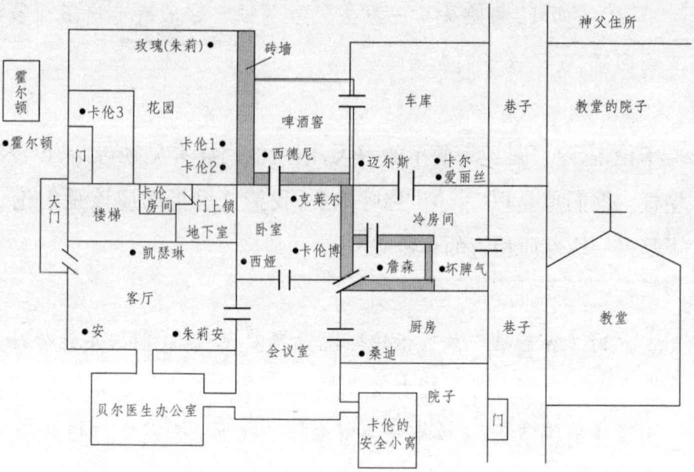

长久以来，卡伦便是用这种方式将各个独立人格区隔开来。她造了一幢心灵之屋（以童年的老家为基本架构），每个人都有属于自己的空间：有些人独立一间，有些人共享一间（但也有各自专属的位置）。有趣的是，她也把“安全小窝”放进心灵之屋里了。傍晚时分，大伙儿都会来到“会议室”，围着椭圆形的桌子坐下来，但卡伦不曾出席会议。会议由霍尔顿主持，讨论前一天和隔天的行程。讨论结束后，凯瑟琳和霍尔顿达成最后决议，决定大家应该做的事。假如有人起争执，隔天也许不会按照计划行事。

霍尔顿在作文簿里写了一封短信，要求延长治疗时间，好让他有足够的时间与我分享他关心的事。于是下一次，我留了一个半小时给他们。

卡伦坐在诊疗椅上，盯着作文簿里呈现许多房间的简图。她不曾见过这张图，凝神注视了好一会儿。

“你在想什么？”我问。

“这些名字、房间，感觉好熟悉，好像我曾在梦里见过一样。可是我却不太明白。”

“我想，这应该是为了让我更了解你而写的，但我认为你也会慢慢了解的。”

“没关系。我想应该没问题。”

“霍尔顿说他想花点时间跟我聊聊。那么我们现在就开始催眠好吗？”

“好。”卡伦靠向椅背，我开始例行的放松和引导程序。当卡伦深深进入催眠状态，我领她来到她的安全小窝，然后再到会议室。显然，在会议室里的每个人都能通过卡伦与我对谈。我从来都不知道卡伦的哪个分身是最适合谈话的对象，所以我一向任由他们自行决定。卡伦动了动身子，改变姿势——根据经验，我已能辨认这位是迈尔斯，然而，这回卡伦并未闭上眼睛，她眯眼看着灯光，环顾四周。

“好亮哦！”他看看窗外，40 层楼的高度令他缩回身子。他转回来看我。

“迈尔斯？”

“对。”

“你睁开眼睛了。”

“是啊，霍尔顿说我可以睁开眼睛。”

“以前你不知道吗？”

“不知道。你从来没说我可以把眼睛张开。”

“噢，对不起。我没搞清楚……”

“在黑暗中说话，让我想起在啤酒窖里的感觉。”

“啤酒窖是什么样子？”

“像工具房。以前只要我们做错事，就会被关进啤酒窖里。里头很冷、很黑，灰泥地面。如果我们没穿衣服，这种灰泥地面可冷了！库房里还有梯子。有时我们会被绑在梯子上。有一次，卡伦的爸爸把我们绑在梯子上，然后把一只猫扔进来。这只猫一定也吓坏了，可能想抓我，但我努力保持安静，所以它啥也没做。现在我还是常常待在那里，要不就窝在车库里。”

“除了这两个地方,你还会去哪里?”

“嗯,我会去冷房间,也可以去会议室,不过都是在天黑以后,或是卡伦闭上眼睛的时候。那时房里才会漆黑的。”

“你现在有什么心事吗?”

“我跟桑迪吵架了。她想跟卡伦的妈妈去她爸爸的墓,可是我不想去。我很怕他会从坟墓里爬出来抓走我们。”

“可是他一年前就死了呀。”我提醒他。

“我知道。他们说那天是他去世一周年纪念日。”

“出了什么事吗?”

“我想割我自己。我在想,假如我把自己弄伤,就不会有人想去墓园了。”

“为什么你割伤自己大家就不会去墓园?”

“如果去墓园,大家就会想起他,想起他是怎么伤害我们的,所以我想用疼痛赶走回忆的痛苦。”

“我不明白。”

“痛苦能驱除痛苦。”

“真的吗?怎么驱除?”

“外在疼痛会减轻内在的疼痛。”

“你是说,如果你让自己的外在受伤,内心的伤害就会比较少?”

“对。”

“你从哪儿学到这个的?”

“我不知道。詹森也这么做。”

“我很想帮你们找到其他减轻痛苦的方法。你愿意跟我一起试试看吗?”

“嗯,没问题。”

迈尔斯回去之后,卡伦坐直身体,恢复正常高度,坦率、明快地说话。

“贝尔医生，我是霍尔顿。我撑不住了，这个系统快要四分五裂了！”

“你好像非常担心，霍尔顿。真正的问题到底是什么？”

“大家开始共享记忆了。彼此的界线越来越模糊，渐渐引起困扰。通常都是我在决定谁该出来，在什么时候出来，但现在却变成他们想出来就出来！”

“这会有什么问题？”

“他们开始感觉到不曾感受过的经历。这也对我造成影响。现在我开车或写字时，手会发抖，不由自主地震颤，我的手臂快要失去知觉了！”

“你害怕有人受伤，或者做出什么毁灭性的举动吗？”

“是的，贝尔医生。”霍尔顿有些消沉，点点头，“你得跟我一样了解他们才行。”

“咱们何不从现在开始？我应该知道什么？”

“我要从哪儿开始？我们每个人所受的影响都不一样。”

“受什么影响？”

“嗯，就拿酒来说好了。酒对我们每一个人的影响都不同，相当危险。”霍尔顿说得很急，仿佛他想在我们仅有的短暂时间内告诉我一大堆信息。“酒不会影响我，却会让西德尼一个劲儿傻笑，让迈尔斯变得更恶劣，还会使克莱尔陷入昏迷，实在太难控制了。如果我们不能融合在一起，就无法离开她丈夫，当然也就活不下去了。”

“卡伦曾经跟我提过，并非每一个人都像她一样，需要来个几杯。”

“没错，我们完全不一样。我们是在不同时刻、为了不同问题而诞生的。凯瑟琳脑筋很好，我负责维持秩序，卡伦博必须永远当个婴儿，抚慰双亲的情绪。朱莉和朱莉安是凯瑟琳感受到痛苦时，从凯瑟琳身上分出来的。朱莉安生来就是为了记录一切。卡尔能感觉痛苦与邪恶，安却只能感觉到好的那一面，所以她尽力维系基督信仰，躲开意图虐待她的人。有些分身原本只是零碎的记忆片段，起初没有名字，只装载一段记忆，而且都是从其他人身上分离出来的。卡尔和爱丽丝源自迈尔斯，他俩是迈尔斯的分身。卡尔负责接受最极端的痛苦，爱丽丝负责将这些痛苦与日常生活分开。詹森能感觉到的跟迈尔斯差不多，他们彼此为伴，沉浸在痛苦中。他们承受痛苦，折磨其他人。"

这些故事我都听过了，但是每多听一次，就能多补上一些细节。

"你和凯瑟琳为什么出现?"我问。

"卡伦前额长了肿瘤，所以她的父母想把她送给别人领养。他们因为她有缺陷，经常打骂她。凯瑟琳和我因此出现，而卡伦博则承受最初的痛苦。卡伦 2 岁半时，西娅诞生，成长至 6 岁，一年级时再换凯瑟琳接手，展开学习生涯。桑迪比西娅晚一点出现，她的角色是陪伴父母。桑迪生于卡伦 11 岁时，但她成长至 18 岁——卡伦搬出父母家时——就不再长大。当特定虐待行为消失，这些因应而生的人格便停止长大，永远停留在同样的年纪。然而，凯瑟琳和我仍被其他人需要，所以我们继续长大。我们俩无时无刻不在协调、讨论，好维持日常行为。"

时间到了。我谢过霍尔顿，并请他尽快再出来跟我说话。

下一次治疗时，卡伦带了一张她 18 个月大时的相片给我。那是张黑白照，相片中的她是个穿着浅色洋装的胖娃儿。在她的右眼接近鼻梁顶端，有一颗深色、高尔夫球大小的瘤。原来如此，我心想。尽管她曾跟我提过肿瘤的事，肿瘤切除后也一直带着这道疤，但亲眼见到她当时的模样仍不免令我心头一震。现在我更能理解她的粗暴的父亲何以选她作为虐待对象。这颗瘤实在太吓人了。

催眠过程中，克莱尔和迈尔斯告诉我一段曾写在信上的虐待事件。这次他们再补上些许细节。

"上个礼拜，凯瑟琳带我们去参加一场葬礼，"克莱尔对我微笑，害羞地蜷在椅子上。“我很少在葬礼上出来，我会害怕。但我还是出来一下。”

“你害怕什么？”

“葬礼会让我想到殡仪馆——还有那边发生的事。”

“你能跟我聊聊这件事吗？”克莱尔撇过头，蜷起身体，仿佛想缩进椅子里。

“都是巧克力牛奶害的，”她说。“我喜欢巧克力牛奶，可是卡伦的爸爸在里面放东西，害我很想睡，好像飘在半空中一样。然后他们带我去教堂，去……忏悔室。”克莱尔努力挤出这几个字。她很愤怒。“神父说我很坏，说我是恶魔。他们一直说我很坏，然后我也得跟着说。我好害怕。”克莱尔的脸庞苍白而扭曲。“然后他们带我回殡仪馆。”克莱尔使劲往椅子里缩，哭了起来。

“你确定你想全部告诉我吗？”我问。克莱尔哭声渐缓，转为轻轻地啜泣。

“霍尔顿说我应该告诉你，”她吸吸鼻子，“他说，如果我肯告诉你，噩梦就会不见了。真的吗？”

“也许噩梦真的会不见。一般来说都是这样的，”我说，试着鼓励她但不贸然给她希望。“你愿意尽力试试看吗？”

“他们把我们锁在棺材里！”

“我们？”

“我和迈尔斯。”

“哦。”

“我不能呼吸，也看不见，但我能感觉到棺材两侧的丝质内衬。他们说我们就要死了，因为我们很坏。”

“谁这么说？”

“那些男人。我不知道，我想大概有 5 个人。他们都在笑。”克莱尔开始颤抖，她伸手环抱自己。“他们先把我放进冰水里……”克莱尔再次哭出来。她抱着自己前后摇晃，没多久，她放松下来，仿佛变了个人。她看起来不害怕，很愤怒。

“剩下的我来告诉你。”

“迈尔斯？”

“对，”他说，口气像个硬汉。“他们把我们放进混着尸体和血水的冰水里，再帮我们冲干净，放进棺材。他们说，如果我们注定重生，就必须先经历死亡。可是他们都在笑。他们觉得这是极恶心的笑话。克莱尔很害怕，当他们盖上盖子时，她开始尖叫。然后他们会打开棺材盖再盖上，盖上的时间越来越长。每次克莱尔一尖叫，他们就哈哈大笑，所以我就出来了。我不会尖叫。他们打开盖子，我用力瞪他们，结果他们甩上棺材盖，好久好久都不打开。我闭上眼睛等死。我没办法呼吸。我想用力踹用力踢，大声尖叫，我快受不了了！然后我就不记得了。”

“听起来好恐怖，”我说。简直吓死我了！我心想。“迈尔斯，我想你大概还有很多话要告诉我，或许我们应该多花点时间相处，你觉得呢？”

“如果你做好心理准备，我当然没问题啊。”

※ ※ ※ ※

卡伦又带了一只信封来。我一看当场愣住：里头有张画了 17 张脸的图画，画工极佳，令我惊艳不已。我猜这应该是卡伦内在人格的画像，但我不确定谁是谁。我能认出霍尔顿，还有詹森——因为他是黑人，手里还握着画笔；至于其他人就只能猜了。我拿给卡伦看。她耸耸肩，脸庞泛红，露出淡淡的微笑。

“我不知道该说什么，”卡伦有些不自在，将图片拿远了些。“我想大概是我画的。”原来她没拆过信封，也没看过这张画。

“你看得懂这张画吗？能不能告诉我这几张脸是谁？”卡伦摇摇

头，望向窗外。我察觉卡伦最近有些疏离，漠不关心，我想可能是我把大部分时间都放在催眠而与其他人格相处所造成的。虽然我知道她能明白了解内在人格有多重要，但她肯定有被遗弃的感觉。

“我们搜集了这么多关于你内在的资料，我在想，你是不是觉得自己被冷落了？”卡伦不自在地动了动，明白告诉我她同意我的看法，却不好意思承认。“谢谢你这段日子的耐心，我保证往后每一次治疗开始之前，我都会跟你好好聊一聊。”

卡伦笑了。她放松下来，姿势较为舒适自在，暗示她已准备好接受催眠……

“嗨，我是詹森。”

“嗨！你画得很棒呀！”詹森得意微笑。“快告诉我他们是谁！我猜这应该是卡伦内在所有人格的画像吧？这是霍尔顿吗？”我指指右下角的成年男子。

“对，那是霍尔顿。他抱着卡伦博。”

“底下那个是我，拿画笔的那个。我是黑人。卡伦的爸爸不喜欢黑人。我旁边是西德尼，他上面是克莱尔，克莱尔旁边是迈尔斯和西娅。表情很生气的是卡尔，右边是爱丽丝。朱莉用拐杖，因为她不能走路。拿吉他的是凯瑟琳，她偶尔会弹给我们听。安在祷告，桑迪也在。她很胖。桑迪旁边的是卡伦1、2、3，朱莉安在最上面。”

“哇！那‘坏脾气’在哪儿？”

“噢，我想应该没有‘坏脾气’吧。我猜那只是特别恶劣的卡尔。”

“卡尔？”

“对啊，这礼拜我们脑袋里充斥一大堆恶劣的事，大家都觉得应该是卡尔想到的。但他说不是他，是‘坏脾气’想的。可是我不相信他。”我想，詹森的回答解开了神秘的第18号人格之谜。原来他们一共有17个。

“你一定有画画的天分。哪天你再拿其他作品给我看，好吗？现在，你觉得卡尔会想跟我说话吗？”如果我想阻止卡尔一意孤行伤害卡伦，我必须试着与他建立感情。

“我去看看。”

卡伦闭上眼，表情暂时呈现空白。数分钟后，她微微仰起头，一脸怪相，咬牙切齿。卡伦维持这副模样好几秒钟，直到我打破沉默。

“卡尔?”

“对。”他从齿缝间吐出这个字。

“很高兴见到你。谢谢你来跟我说话。”

“我还不知道我想不想跟你说话。”他仍紧咬着牙关跟我说话。

“我知道你受了很多苦。”

“我承受别人无法承受的痛苦。我只会这个。”

“听起来,你好像为大家承担非常重要的责任。我真的非常想了解你。你是什么时候诞生的呢?”

“我出生在棺材里。”

“克莱尔和迈尔斯告诉我的那具棺材?”

“嗯。克莱尔和迈尔斯轮流待在冰水里。后来,迈尔斯在棺材里不能呼吸,大喊大叫要人家救他的时候,我诞生了。我生来就是要承受别人没办法应付的事。我不害怕。我喜欢这样。”

“那么,卡尔,你有心事吗?有没有什么我能帮上忙的?”

“我想摸摸人。”

“什么?”

“我从来没有摸过别人。我一直都是一个人。我想碰碰别人,像别人伤害我一样去伤害某个人。我想要像詹姆斯和莎拉那样长大。”

“我也想看你长大,而且我可以帮助你成长。只不过,放下想伤害别人的念头也是成长的一部分,所以,也许我们可以两件事一起努力。现在你心里有任何想伤人的念头吗?”

“有。”

“是什么呢?”

“我想割掉卡伦的乳房。”

“为什么?”我问他,假装我没有任何想尖叫冲出房门的意图。

“假如她没有乳房,她就是男生了。我不喜欢这个身体。”

“我能了解你想要男生身体的愿望。可是很不幸的,割掉卡伦的胸部并不会让身体变成男生。你还是在卡伦的身体里，只是没有乳房。这么做没什么帮助，真的。在我们下次见面讨论这些事情之前，你觉得你有办法克制住伤害卡伦的冲动吗？”

“嗯，有吧。”

“很好。对了，你能不能告诉我，为何你一直紧咬着牙齿？”

“噢，那是因为我的下巴断了。”

第 14 章　说故事时间

"晚上我会睡觉,但我睡不着,"卡伦说。她看起来十分疲累,情绪紧绷。"我总是精疲力竭地醒来,但至少家里打扫得很干净。我不知道是谁做的。"她叹了口气,摇摇头。

"有人在你睡着时出来了?"

"大概吧。"

"你的丈夫,乔希,他知道你晚上会起来活动吗?会不会造成什么问题?"

"没有。他通常都是醉醺醺的,要不就不省人事。"

"他注意到你会转换人格吗?"

"可能没有。但如果他刻意逼我的话,我会转换。"

"你的意思是……?"

"如果他不喜欢我的态度,他会贴近我的脸——很近很近——对我大吼大叫,这时我多半会遗失时间。没多久,我会醒过来,然后一切再次恢复正常。"

"除非你突然变得温顺,否则他不一定会知道你转换了。"

"我想是吧。"

"我们来看看有没有其他人想跟我说话?"

"好。"

我协助卡伦进入催眠状态，让想出来的人自由出现。克莱尔和迈尔斯迅速接连现身，抱怨的事都差不多。然而，迈尔斯有几句话——对乔希的批评——确实引起我的注意。

“如果他打我们，我常会趁他睡着的时候把他踹下床，要不揍他几拳。”说不定这就是卡伦说她丈夫会在半夜摇醒她、揍她的原因。也许他只是打回去。

桑迪接着出来，反驳刚才迈尔斯说“大家”——也就是卡伦的整个内在——越来越胖了。

“吃东西让我心情很好啊，”桑迪说。她露出呆傻的笑容，整个人仿佛快要从椅子上溢出来。

“所以你常常心情不好？”我问道。必须同时治疗好几个对象——记住他们的名字，各自需要帮忙、矫正的问题——令我有些招架不住。我只能尽可能跟上他们的话题。

“每次拿钱给卡伦她妈，我就会心情不好。”

“你为什么要给她钱？”

“我想要她喜欢我。”

“你给她钱，她就喜欢你了吗？”

“一会儿吧。没多久她又变得很恶毒，让我感觉很糟。”

“然后你就去吃东西？”

“对。”

“吃了东西，心情就比较好了？”

“对。”

“那么，如果你不给她钱，也许你就不会心情不好了？”

“但是，是她向我要的呀！假如不给她，她会更恶劣，我的心情也不好。”

“如果她再来找你要钱，或许你可以尝试拒绝她。”

“我不要。”

"为什么?"

"这样她就不会喜欢我了。"

※ ※ ※ ※

1995年7月,卡伦带了一份礼物给我:一个袋獾"塔茨"卡通造型的"不求人"。卡伦的样子很尴尬。进入催眠后,她告诉我更多背后的故事。

"是我送的。"

"你是哪一位?"

"西德尼,而且我没有偷哦!"

"偷?"

"我没偷。霍尔顿给我钱,让我买给你的。我说你可能用得上这东西,而'塔茨'让我想到你。"

"这礼物好棒,真的谢谢你们。"我立刻用"不求人"搔搔背,西德尼笑了起来。"你担心我以为这是你偷来的吗?"我问。

"对啊。卡伦她爸一天到晚逼我偷东西,如果我不想偷,他会拧我的耳朵,捶我手臂,要不就掐我。他甚至还威胁要拔光我的指甲,不过他没这么做。"

"听你的口气,你对这礼物不是偷的,而是买的感到很骄傲啰?"

"那当然!我想送礼物给你,所以我不希望它是偷来的。"

"谢谢。你这么做让我更喜欢这份礼物了。"

"里边的人开始知道其他人的故事了。"

"你的意思是?"

"我想起更多迈尔斯和克莱尔的遭遇了。"

"你有什么感想?"

"我不喜欢。"西德尼退回,卡伦坐直身体。

“我们试着分享更多经验,尤其是对那些孩子们,”凯瑟琳说,“噢,对了,我已经着手处理保险费,确保你能拿到支票。卡伦不太会管钱,她似乎对钱有很不好的感觉。当然,她还没跟我分享这部分的记忆,不过,一想到有人付钱给她父亲只为虐待她,而她母亲又常常向她要钱,还有桑迪认为她必须给母亲钱好让她喜欢她……卡伦可能也不希望变成必须付你钱,你才会喜欢她。”

“我能了解她的苦恼。”

“我一直很努力和霍尔顿合作,维持这个家。但卡伦真的是没救了,她非常需要帮忙。”

“你说的‘卡伦’通常是指哪一个?”

“噢,抱歉。我指的是卡伦3,就是一开始被我们选来见你,也是你最常见到的那一个。”

“我总觉得好奇。为什么是卡伦3来见我,而不是你?”

“我们大家都在卡伦3身上。她应该是最有可能跟你建立良好关系的人。”

“你在她身上,所以卡伦是主体啰?”

“不是,不是主体——这很难解释,真的,不过这只是她的工作。”

“我懂了。”但我不确定我真的懂了。“你能再多描述一点有关你和卡伦的互动给我听吗?”

“嗯。每到傍晚,我和霍尔顿会找卡伦说话,趁她入睡之际让部分记忆渗入她的意识里;我们借着这种方式让她知道当天发生过的事。”

“她如何决定什么时候出现?”

“其实是我和霍尔顿决定谁出来。我们俩几乎都是一起行动,一辈子都在保护她。卡伦出来时,我们通常不会去干扰她、打断她,直到她想进来。然后,霍尔顿或是我——通常是霍尔顿——会派某个人出去。有时候,我们俩忙着照顾里面的孩子们,无暇顾及外面的状况,这时桑迪或其他人就会出来。如果派孩子们出去,我们会一直跟孩子们说话,指导他们,这样他们就不会被发现了。”

※ ※ ※ ※

“我没办法睡,”卡伦嘀咕,“晚上我的脑袋里有太多人在说话了!有好多事要安排……一直安排!”

“他们在安排什么?”

“噢,就是谁隔天要做什么一类的。昨天晚上,我在凌晨2点醒来,结果竟然发现我在打电话订目录上的东西!我以为我睡着了,其实我根本没睡!”

“那些晚上出现的声音都在说什么?”

“每个人报告自己的事:接到哪些电话,约了什么人,赴了哪些约会,负责哪些差事。”

“其他人现身时,你有办法参与吗?”

“不参与,但我可以在一旁看着。有点像看电影。我坐在后座,不能说话。”

※ ※ ※ ※

“迈尔斯和我喝了一杯玛格丽塔葡萄酒——迈尔斯想喝,”处于催眠状态中的卡伦如是说,“可是迈尔斯不能喝酒。酒精对我们每个人的影响都不一样。要是换我出来,我一定会用不同方式处理。酒精对我起不了什么作用,却会让迈尔斯很不舒服,昏昏欲睡。”卡伦指手画脚地飞快说道。

“我们聊过吗?”我问。眼前这位感觉起来不怎么熟悉。

“聊过,只是你不知道罢了。我曾突然出现,代替卡伦来过这里,但你没发现。还有,我比卡伦乐观多了。”

我想，这解释了我先前的疑虑：有好几次，我觉得卡伦的精神沮丧已有明显进步，但隔周再见面时却发现严重性不减反增，你该怎么开抗抑郁剂给这样的病人？

“我已经出来一整个礼拜了。”她突然转头，研究身后的时钟，这座钟暂时吸引了她的注意力。她的心情轻快活泼。

“您是？”我问。

“霍尔顿称我为‘卡伦 2’。”

“噢，是你啊。为什么选这个礼拜出来？”我问。

“这得从滑冰表演说起。我们的座位跟另一家人完全重复，但他们的经理很粗鲁无礼……”卡伦滔滔不绝描述事发过程，极尽详尽之能事。她越说越起劲，眼看就要占去大部分时间，我决定喊暂停。

“你看起来精神相当好。”

“噢，我没什么问题啊！”她微微转了转头。

“跟我聊聊你的事。你是何时诞生的？”

“我在卡伦 4 岁或 5 岁时出现，我是为了快乐、开心生活而来的。我在 21 岁那年停止长大，所以现在也是 21。当年决定从家里搬出来的人是我，因为我爸妈实在太坏了。我不想继续忍受下去。”

“后来呢？”

“我找到一份秘书工作，我和凯瑟琳、安 3 人一起合作。我的数学很好，凯瑟琳会打字，安负责跟老板交涉。对了，遇见乔希，跟他约会，最后嫁给他的人也是我。我跟他处得很好，他没那么差劲啦。”想结婚的不是卡伦 1 吗？但卡伦 2 却说是她的主意。

“乔希怎么看待你们的人格转换？”既然我不曾跟卡伦 2 好好聊过，我决定利用机会打探消息。

“有时他会生气，因为他不知道卡伦接下来要做什么，但他偶尔也挺喜欢这样的，因为桑迪和我会帮他做事。还有，就算他很气我们，我们似乎也不会记得。”有趣。同一事实，观点却完全不同。

卡伦2的不受拘束和健谈令我喜出望外,因此我决定继续问她问题。

“你们都在晚上交换信息对吧? 怎么操作的呢?”

“嗯,这么说吧,聊天是成长的开始!”她用强调的语气开场,然后飞快地说了起来,“霍尔顿管它叫‘说故事时间’。不过呢,我可以在外头待上很长一段时间——假如我愿意的话,要我待一年也行。我不喜欢跟别人共享时间。”

“你在什么状况下才会想回去呢?”我得趁她换气时赶紧提问题。

“假如我觉得很累,没力气,或者无所事事,觉得很无聊,才会换其他人出来。嫁给乔希那天,走红毯的时候,我有点动摇。我心想: 这个决定正确吗? 其他人也反对我这么做。来到圣坛前,好几个人轮流跑出来——所以我们才会昏倒3次。但我决定完成仪式,一直待在外面。我认为这么做是正确的。他真的没有那么坏。”

“他会打你,这又怎么说呢?”我问。

“你在说什么?”她问得有些惊讶,“别开玩笑了。”

“抱歉,别放在心上。很高兴跟你聊天。”我想卡伦2真的被保护得好好的,不曾受到伤害。

※ ※ ※ ※

卡伦大步走进我的办公室,一屁股坐在椅子上。这不是她一贯的出场方式。我什么也没说,静静等待。卡伦看了我好一会儿。

“我是霍尔顿,贝尔医生。卡伦没出来。最近压力太大了,卡伦应付不了。我们努力把事情做对,但真的很难。我们没办法睡,因为总是有不同的人在不同时间跑出来;现在大伙儿被睡眠不足弄得又是发抖又是恶心头晕的,有些人已开始头痛。我们吃了阿司匹林,但不见得对每个人都有效。”

霍尔顿已分身乏术。卡伦进步有限,因为我们的治疗总是被不断冒出的新危机打断。每个礼拜,我得花好几个小时跟卡伦通电话,听她描述当天不怎么愉快的经历。这对我来说也是种压力。我尽可能在哄孩子上床之后才接她电话,但我却得眼睁睁看着妻子一见我又在通电话,问我对方是谁却一再得到相同答案时,浑身就紧绷起来的反应。

“先不管这些麻烦事。最近有人共享时间吗?”我问霍尔顿。

“卡伦2允许其他人跟她共享了,但仅限于部分时间。凯瑟琳偶尔也愿意共享,但我们实在太忙了。”

“我了解。”我不想逼他,但我想鼓励他,或者是她,他们,不管是谁都好。

“不过,照顾‘连连’的时候,我们确实一起共享时间。”

“噢,那只鸟啊?你们怎么照顾它?说来听听吧。”

“嗯,卡伦首先走向那只鸟,然后——就像她在这里做的一样——她退后,让其他人轮流出来几分钟;感觉就像大家接力完成照顾‘连连’的任务,只在身份转换时短暂停顿一下。”

“照顾期间,大家会共享时间吗?”

“只有一点点,但卡伦会看着一切进行。凯瑟琳和我负责帮助几个小的。”

“你们以前有过这种经验吗?我是指共同分担一项工作。”

“没有,这是第一次。”

“这几天,究竟是什么事让卡伦承受这么大的压力?”

“噢,老天,”霍尔顿说,“对卡伦来说,她的生活像个超级大谎言。她必须假装自己什么都知道。现在她偶尔会遇到人走上前来,找她聊天。她压根儿不知道对方是谁,但对方显然跟她很熟,所以她得勉强应付,直到认识此人的人格出现为止。”

“该负责的人格没有马上出现吗?”

“对。这没什么好惊讶的。凯瑟琳和我可能忙着照顾孩子,没注意到该派谁出去。”

“看样子，你几乎一整天都在照顾卡伦。”

“她无时无刻不受到照顾，”他说，“我们尽力而为。这是我们存在的意义。她连睡着时都受到保护：她的噩梦会自动分配给其他人。假如她不小心踢到脚趾头，她只会痛一下子，然后马上有别人出来顶替，承受痛苦。不过，我没办法随时控制换谁出来。如果轮到桑迪或西德尼现身，他们俩总会给我惹一堆麻烦。桑迪很不受控制，常有意外之举；她总是吃个不停。”

“就是她害卡伦变胖的？”我问。

“对。她当自己是个胖女孩儿。我们有些人很难接受这样的女性身体。”

“你也很难接受吗？”

“嗯，这样说吧：真是该死的，要多尴尬就有多尴尬！迈尔斯讨厌化妆，而我没办法穿高跟鞋走路，不过卡伦 2 看起来倒是一点问题也没有。”

“你能跟我聊聊卡伦博吗？”

“卡伦博诞生在极度的痛苦中，同时也是受伤最重的一个。她只是婴儿，但她父亲却用胶布封她的嘴，让她不能哭叫。他还会用针戳她。这些针孔怎么都会消失的，不会被发现。有次她父亲用针戳那颗肿瘤，结果流了一大堆血，于是他再也不敢这么做了。”霍尔顿垂下头，叹口气，这段恐怖往事并非叹气主因。他叹气纯粹是因为他累坏了。

几分钟后，桑迪出现。她靠在椅子上，懒洋洋的，小腹突出，似乎没半点自觉。她不会不好意思，也不会不自在。

“据我了解，大家对吃东西和花钱有些意见，”我说。我知道，桑迪听我这么说铁定不高兴，但是我的种种忧虑——卡伦的问题、桑迪扮演的角色、我自以为有能力为每个人解决问题的良好愿望，还有疲倦——使我不假思索便提出这项指控。

“我已经尽量节制了，”她两手一摊，“可是一看到想要的东西，我就想非拥有不可。”她扭过头去不看我。“反正，我也不是真的很在乎。”

“可是其他人不想变得这么沉重，这么不灵活，”我说。又是一项错误。我竟然站在其他人的立场指责她！我应该闭上嘴巴，好好听桑迪说就行了。

“有时候，我甚至不相信真的有其他人存在，”桑迪被惹毛了。“这些‘其他人’令我很不舒服。只要我出来，没人能逼我回去。我想变成唯一的一个。也许我会一直出来，再也不回去了！”

“我能帮你什么吗？”我试图挽回，试着与她结盟，寻求善意。

“嗯。我想变成大人。我18岁，但是我想在各方面都继续长大。”

“你的几个伙伴也有相同的愿望呢。我已经跟他们说，我会帮助他们，所以说不定我也能帮你哟。你愿意跟我一起努力吗？”有时候，这种小小的诱惑手段实在令我汗颜，但此时此刻，我急着修补关系，其他一概不重要。

桑迪颇为振奋地同意了，然后我又和总是很可爱的西德尼聊了一会儿。接下来，我发现出来跟我说话的是卡伦1。

“卡伦没办法让莎拉好好喝母奶，”她说，“这让她想起自己有胸部，还有男人欺负她的事。我没有胸部。我不想要胸部。”10岁大的卡伦1用受伤、反抗的眼神注视我，警告我不准贸然伸出援手。“莎拉问卡伦月经的事，所以我干脆不让卡伦有月经。只要我想要，我就能阻止一切。”

“怎么停？”我问她。

“我就是有办法。”

“还有什么是你能办到的？”

“我知道我们就要有小孩的时候，我也想阻止。我用力打我的肚子，不让小孩出生。”

“成功了吗？”

"没有。现在莎拉也要受伤了。"

"谁会欺负莎拉?"

"卡伦的爸爸。他以前就试过。那个祖父也会。"

"他们都死了,"我打断她说话,"卡伦的父亲、祖父,曾经伤害你的人都死了。"

"你骗人。"

"是真的。不会有人欺负莎拉了。那些男人都死了。你也再不需要担心胸部和月经了。"

"我怎么知道我可以相信你?"

"去问凯瑟琳,她会告诉你这全是真的。"我再次施展最可靠的计谋:孩子们都相信且信赖凯瑟琳和霍尔顿。一旦大多数或所有独立人格再也不受过去的阴影威胁,剩下的、也是最重要的问题就是创伤能否愈合了。

※ ※ ※ ※

1995 年 8 月初,我们相识的第 6 个夏天。卡伦说她失去了绝大部分的时间。"我一点用也没有,"她哀怨地说道,"我只拥有一小部分的人生。"

听她这么说,我突然不太确定今天是否该进行催眠。我们越来越不常跟"她"相处了。在这一刻,她仿佛真的是自己生命中的过客。我为自己不像过去那样花时间与她相处向她道歉,但我认为,我们只是暂时花比较多的时间在其他人身上,然而此时此刻,这件事却非做不可。她说她能理解,于是我们一如往常进入催眠阶段。

朱莉安首先出现。她向我解释每晚"聚会"的意义。

"我们借着聚会告诉大家——特别是卡伦——一天之中发生过哪些事。我已经把昨天的事写下来,准备告诉你,但我忘记带了。基本上我们是这样做的：早上，乔希揍卡伦，迈尔斯出来，打回去。乔希去上班之后，大伙儿一起去宠物店；看完店里的鸟儿大概得花15分钟。每次只能有两到三个人共享时间。我们可以一起看，若要摸就得轮流来。照顾'连连'也一样，大伙儿得轮流出现。稍晚，乔希回家，卡伦3会在乔希开始揍安的时候出来，出其不意踹他好几脚。然后卡伦3就打电话给你了。"

我试图消化这一天的古怪事件，并尝试计算乔希一共揍了卡伦几次，还有哪些人可能遭到殴打。

"我趁卡伦晚上睡觉时告诉她这些事，"朱莉安继续，"这样她什么都知道啦。"她停下来，扬起头看看我，"贝尔医生，假如我们全部融合在一起，我会死吗？"这个问题令我措手不及。我从来不曾仔细想过这件事。

"不会，"我说，"我不认为你们有哪一个会不见了，会死掉，不过，你有可能不再只是你自己，"我再补上一句，"独立、完全分割的自己。"

她思索了一会儿。我不知道这样说能不能解答她的疑惑，或者是我的疑惑。

※ ※ ※ ※

9月初，我接到不同人格来电。录音机有一段"霍尔顿女士"的留言，说大家的压力都很大。莎拉摔断手臂，乔希把账算在卡伦头上。隔天，詹森打来，他说他很害怕，因为迈尔斯失去意识了。迈尔斯跟乔希起争执，乔希掐他脖子。几天后，安现身，把局势稳下来；她出来的时候，乔希比较愿意放他们一马。

迈尔斯打来电话说他喉咙痛，他想杀了乔希。他想起以前虐待他们的人会掐他们，阻止他们尖叫。他不敢去警察局，因为乔希说警察都是他的朋友，他们会杀了他。我告诉迈尔斯，乔希只是虚张声势，他跟警察没有半点特殊交情。卡伦应该，也绝对要报警才行。迈尔斯这才松了口气，破涕为笑。

克莱尔曾经在一场葬礼上看见躺在棺材中的婴儿。她说，那些男人曾让她穿上白纱裙装，然后把她放进棺材里。克莱尔问我，婴儿是不是那些人杀死的？于是我只好告诉她“死产”的意思。

凌晨1点，我接到“爱丽丝·奥弗希尔”的电话。她说她想自杀。她已经很久没出来了，不知道自己身在何处。她似乎吓坏了。我说我能帮助她。她知道我同时也在帮助其他人，于是同意让我催眠。催眠后，我请凯瑟琳现身。凯瑟琳向我道歉，对爱丽丝擅自现身感到相当愤怒，她说爱丽丝还没准备好，仍需要妥善保护。挂断电话后，妻子背过身去，握拳用力捶枕头，捶了好几下，仿佛是枕头令她睡不好似的。我清醒地躺在床上，望着天花板，感受来自卡伦还有诸多分身那无路可退、一点也没有减轻的负担。这阵子，我的婚姻出现许多复杂难题，而卡伦则是另一个难题。下班后，我理应给卡伦多一点限制，这样对我或多或少有点帮助。然而，我害怕这么做会对卡伦造成不良影响——她今生遇到的每个人都令她失望，我不能让她再失望一次。

※ ※ ※ ※

1995年10月初，我与西娅首度会面。她高举双手遮脸，极度惊恐，一副随时可能被打的模样。

“我觉得我们会死，”西娅说。

“你在保护自己吗？”我意指她举起的两只手，而非她的开场白。

“我怕你会打我。”

“怕我打你？”

“大家都打我。可是克莱尔说你人很好。我不喜欢医生。”

“医生怎么了？”

“沃尔什医生讨厌我。他任由他们伤害我。他把我留在医院,然后医院的人也对我做不好的事。那些针啊什么的。”西娅仍以手遮脸。

“你还是很怕我会打你吗?”

“不怕。”

“那你怎么一直挡着脸?”

“我不想被你看见我脸上那个又大又丑的东西。”

“你指的是肿瘤吗?”

“对。别的小孩都笑我。卡伦的妈妈跟大家说我快死了。”

“你可能还不知道,不过有个好医生已经切掉肿瘤,把你的脸治好了。你再也用不着遮遮掩掩的。”

“我不相信。”

“你自己看吧! 找找看,肿瘤在哪里?”

西娅当真摸摸自己的前额,寻找肿瘤。“不见了,”她惊讶地说道。

“是啊,不见了。”我暂时不说话,让西娅接受肿瘤消失的事实。

“西娅,你能告诉我你是何时诞生的吗?”

我借着提问引导西娅转移对肿瘤的注意力。

“我生于1965年,我6岁。”

“你上几年级?”

“幼儿园。我就是那时进医院的——这也是我存在的目的。现在我必须走了。”卡伦的表情转为空白。西娅离开了。

※ ※ ※ ※

“我妈要我别再来找你,”卡伦说。

“为什么?”

卡伦扭过头,脸庞因羞愧而泛红。“她说你只是为了要……要上床。骗我上床。她说我们一直在乱搞。她说我以前就喜欢这样。”她看起来相当困窘,也很无助,仿佛此刻最重要、也是她最希望得到的帮助是干脆直接羞辱她,让她彻底毁灭。

“她的意思是？你以前就喜欢这样?”

“我不知道。我不记得了。我根本不在那里!”

“也许我们能通过催眠找到答案。”卡伦准备好,我们立刻开始引导程序。

“你想找我说话?”

“你是谁?”

“桑迪啊,要不然是谁。”

“桑迪！你能告诉我卡伦到底碰上什么麻烦吗?”我一脸严肃,看看桑迪能给我什么消息。

“卡伦她妈说卡伦跟你上床。她说卡伦不过是妓女。她还说你应该付钱给她。”桑迪漠然陈述,呈现“神情淡漠”的状态(对令人震惊的事情表现出的事不关己、漠不关心的态度)。

“她凭什么这样想?”

“噢,我觉得她只是在嫉妒。不过我们也一直在做这种事啊。念高中的时候,卡伦她爸会偷偷替我们安排类似的约会。男人付钱给她爸,然后我跟他们上床。”她瞪大眼睛看着我,眼中没有情绪。“这不是女人存在的目的吗？给男人使用,让男人感觉爽快。”她环顾办公室,我仍静默不语。“我们很小的时候,大概 11 岁左右吧,就开始接受训练了。学习一些性技巧。”她看看我,“假如我们不照他的意思做,早就被他宰了。”

桑迪转头面向窗外。眼前的状况颇值得玩味：卡伦羞于启齿的话题,桑迪却有办法如闲话家常般说出来。我依然保持沉默。我不想打断她说话,也不想使她分心。

“他们拍了一大堆照片。所以我才想变胖——这样他们就不会找我了。”她再次用空虚的双眸望着我,“卡伦她妈说,你压根儿只是想跟卡伦睡觉而已。卡伦、安和我都听见了。我不知道她说的是不是真的，至少以前我都不在场。但是昨天我又吃了一堆东西，我只是为了保护自己。安祷告了一整晚，快把我逼疯了。”

“哦，这不是真的，桑迪。关于我，她的话没有一句是真的。”我试着保持冷静，正面迎战，但也尽可能避免极力否认。“另外，我会建议你，假如下次她再这样羞辱你，与其用吃来保护自己，你不如躲起来，什么都别听。”

“也许我应该来训练莎拉。卡伦她爸常常这样说，‘你必须尽早开始训练她们。’你觉得我该这么做吗？至少，想到对象是你，我还蛮高兴的，也不会觉得受伤。不过，我想我最好不要再想这些了。”

“现在最重要的是你和莎拉必须受到保护，不能遭受任何伤害或性侵害。你何不多花点时间跟迈尔斯、凯瑟琳相处？他们会帮助你更了解你母亲。你觉得你做得到吗？”

“当然，说不定很好玩。”桑迪受创太严重了。

第 15 章　分身相处

圣诞节后，度假归来的我立刻致电卡伦，确认下一次诊疗时间，同时提醒她处理拖欠的款项。她保证会尽快支付，但态度似乎有些惊讶且疏远，仿佛我提及此事很伤感情。我试着以平常、就事论事的态度与她讨论费用事宜。

1996 年新年过后，我接到卡伦的电话，其实是安打的电话，她说她没办法再来就诊，而大家也都同意，该是停止的时候了。

“出了什么事？”我问。“对我来说太意外了。上次我们聊过以后，出了什么事吗？”

“没有，”安说，“是你，你说的话。”

我脑子里思绪乱成一团，试图回想我到底说过什么，竟然引发如此严重的反应。

“抱歉，安，我被搞糊涂了，”我说，企图隐藏“事情不好办了”的焦虑。“我不知道我说了什么让你这么生气。你能告诉我吗？”

“你提到钱。”

“你是指我请卡伦支付诊疗账单这件事吗？”

“跟你说话的不是卡伦，是凯瑟琳。迈尔斯偷听到，马上就告诉其他人了。”好样的。我鼓励他们共享时间，结果他们用来对付我了。

“对不起，安，我还是不明白。支付费用何以让你们如此生气？”

“除了凯瑟琳和霍尔顿,大家都不知道卡伦一直都在付钱给你——直到你亲口告诉他们。”安停下来,似乎在想该怎么帮我。然后她又开口了。

“那些男人付钱,然后跟卡伦上床。现在她竟然付钱给你。卡尔想伤害我们。”我绞尽脑汁,急着想办法扭转我造成的伤害。

“也许我应该跟卡尔聊聊。你介意吗?安?”

“好吧。”

电话另一端沉默下来。还是沉默。我渐渐有了不祥的预感。

“卡尔?”

“你为什么要人家付你钱?”卡尔的声音苦涩、压抑而尖锐。

“我是医生,卡尔。帮助卡伦是我工作的一部分。帮助别人是我的谋生方式。”

“对你来说,我们只是一笔生意!”

“你们的意义远远超过这个。”我知道卡尔是真心想信任我,但他自觉被背叛了。“我知道这很难理解,但是我跟卡伦、你,还有其他人之间不只是生意关系,还有互助伙伴的关系。你觉得这两种关系能同时存在吗?”

“不行……我不知道,”卡尔说。

“你能不能告诉我,付钱给我为什么不好?你心里是怎么想的?”

“那些人付钱给卡伦的爸爸,逼卡伦做他们要她做的事。”

“她爸爸都怎么安排?”

“男人把钱给卡伦,卡伦交给她爸爸。”卡尔情绪激动,愤怒得快要爆炸了。我得尝试用同理心抚平他的创伤,再融入一些现实。

“现在我懂了。你怕我要求卡伦付钱会变得像她父亲向别人索费一样,破坏我们的关系?”

“对!”

“甚至夺走你对我的信任?”

“对！”

“卡尔，我是治疗‘情绪’的医生。我跟其他医生一样：我们帮助病人，但是要收费。我和卡伦就是这么回事。支付费用不一定都是坏事呀。”

对方一阵沉默。“卡尔，你还在吗？”

“卡尔，我向你保证，你可以问问凯瑟琳或霍尔顿，让他们帮你了解这个状况。他们两人都同意这项安排。”

“好吧。”卡尔冷静多了，但仍持保留态度。“咱们走着瞧。”

※ ※ ※ ※

讽刺的是，卡尔气我向病人收钱的这件意外插曲，碰巧发生在我必须终止临床治疗工作的那段时间（由于诊所营运紧缩），除了卡伦，我得将所有的病人转介出去。我和卡伦都不想中断长期以来的治疗与努力，所以唯一的办法是另觅诊疗场所。可惜，妻子和我最近协议分居，所以我的公寓不能用，而我又负担不起租用临时办公室的管理费用（况且只有一个病人）。总之，经过一段混乱磨合期，卡伦逐渐适应治疗环境的各种变化，于是我们终于得以重新开始。

※ ※ ※ ※

2 月初的会面，卡伦稍微迟到几分钟，这很不寻常。她说，昨晚她参加一场疯狂保龄球之夜，等她回过神来，她只知道自己人在咨询大楼，在我办公室附近。每次一想到卡伦是如何度过每一天，我总觉得相当不可思议。她得向人问路，想办法到我办公室来（因为其他分身可能会带她到我家）。她在打保龄球之前就已失去意识（其他分身比较常打保龄球），但她总会在离开球场前醒过来。我告诉她，我不知道这次为什么不一样，但或许其他人能提出解释。

“卡伦一进球场就越来越不舒服，”霍尔顿说，声音透露着愤怒，“她胸口痛。我代她打完最后两局。卡伦平均拿100分，我是208分，所以她的朋友都很惊讶。”霍尔顿望着窗外比邻的摩天大楼。“我喜欢把车停在咨询大楼下，”他继续说，“我走过来，然后再让卡伦出来。”霍尔顿咳了几声。

“你还好吧？”我问。

“我开始咳嗽——半数以上的人都在咳。我不知道我们之中有些人为何不会生病。但我嗓子沙哑的情况最严重。”

“希望你早日康复，”我说。“不知道有没有其他人想跟我说话？”

霍尔顿理解我的暗示，点头道别，然后闭上眼睛。当卡伦的双眼再度睁开，她立刻摆出迈尔斯令人熟悉的“准备大吵一架”的姿势。

“我也生病啦！”迈尔斯生气地说，“好多人都生病了。我们从来不曾同时生病。”

过去这段时间，我们努力的方向是让大多数独立人格分享彼此的经验。我曾要求安花时间与迈尔斯、凯瑟琳相处，协助缓和迈尔斯的怒气。然而照目前这个状况看来，以前各自独立的生理经验也逐步进入共享阶段了。我没说话，等着看迈尔斯还想说什么。

“安最近常常跟我和凯瑟琳一起做事。她很愿意听我说话。我已经把我的事，你知道，就是那些发生在我身上的事，都告诉她了。”他挺直腰杆。“可是他们一天到晚跟在我旁边，害我不能做我想做的事。”

“我大概能了解这种挫折感。他们不见得总是帮得上忙。”若要让他接受我的同理心，首先得让他接受：大多时候，其他伙伴也是很有用的。

一分钟后，安出场，但她表示迈尔斯很烦人。他不听话，她说，她不禁质疑自己为何应该跟他一起行动。因为他需要你，安，我说。安不买账。她说她不想失去独立性，并且害怕她再也不可能独处了。我说我能理解她的恐惧，但我也必须为其他人着想，找出对大家最好的办法。她明白我的想法，但仍忿忿不平。她说，有时她不得不离开去上厕所，但迈尔斯会突然开始惊慌，不让她去。可是他得让开，她才有办法去上厕所呀。

“安，融合过程似乎充满了挑战，请你多担待，”我略带歉意地说。她笑了几声，但是并不开心。

“迈尔斯的确跟我分享了他被关在殡仪馆棺材里的回忆，”安说，“真搞不懂这些人究竟是怎么回事?”

※ ※ ※ ※

卡伦狡诈地望着我。嘴角隐约挂着一丝微笑。

“我不是你以为的那个人，”她说。

“哦?”我大吃一惊，“我认识你吗?”

“当然啰！我是卡伦2。”她靠向椅背，一派悠闲自在，与我四目相对。

“今天是什么风把你吹来啦?”她不拘小节、无忧无虑、充满自信的态度再次令我惊艳。她拥有其他人缺乏的所有特质。

“我注意到咱们这个系统正在改变，”卡伦2说，“我不常出来，但我也不喜欢发生在我们身上的事。比方说，我们的身体。今天我一照镜子就觉得特别沮丧。”

“你能观察别人出来的样子?”

“当然。而且只要我想出来，我就会出来。卡伦3根本不知道我的存在，但我能把我的想法放进她脑袋。其他人会受某些事情影响，但我除外。还有，我也不像卡伦3一样得了支气管炎。我认为其他人最好统统消失，让我接管这一切就好啦!”

她斜视我一眼，眼神调皮得几近恶毒。我纳闷，假如她真能随心所欲，想出来就出来，为何不干脆一直待在外面（如果她当真这么希望）？我没提问。因为我不想建议她这么做。

“假如你希望在外头待久一点，为什么不跟卡伦3共享时间，多跟她分享你自己呢？”我认为卡伦3应该用得上她的某些特质，例如无忧无虑和自信。

“嗯，我是办得到啦，不过她生病时我就得闪开。”

“生病？”

“我不像她，又是糖尿病又是咳嗽的。所以只要她生病，我就退回去。”她再一次挂上诡异的微笑，看着我。“你不觉得，心灵力量真的很了不起吗？”我觉得她好像在嘲笑我。

“可不可以让我跟卡伦3说话，把我们刚才讨论的告诉她？”

“悉听尊便。再见！”卡伦闭上眼睛，我带她离开催眠状态。她再度睁开眼——先看了办公室一圈，最后定在我身上——立刻瞪大双眼，吓坏了。

“另一个人来找我，”我说，引起她注意。“以后会有一个叫卡伦2的人——她说你是卡伦3——跟你一起共享时间。她说不定能让你更有自信。”卡伦点头。然后我说，虽然“她”才刚到，可是我们的诊疗时间已经结束了。我觉得很抱歉。她再次点头，转身准备离开，眼眶满是泪水。她颤巍巍地走出房门。

※ ※ ※ ※

转眼过了几个月。这段时间，我多半与朱莉安对谈。朱莉安的举止态度令我惊艳：她拥有某种微妙但不可忽视的女性魅力与自信。膝盖并拢斜靠在椅子边缘，上半身正对着我；说话时，头部微微偏向一边，眼神沉静安详。尽管我过去也曾跟她说过话，但今天的她令我彻底倾倒。她全神贯注地聆听、思索我的话，然后利用这些新鲜信息向我提出更多问题。

我发觉，这是我头一次对卡伦这个人产生兴趣，仿佛我们可以边喝咖啡边聊天，而她是如此低调而优雅。我在想，她能表现得如此平静沉稳，或许是因为她如实反映我当下的态度；意即，如果我认为她优雅迷人，那是因为她能揣摩我的心态，调整她自己迎合我。为此，我隐约感到不安，我想她可能比我还要懂得利用同理心，而我已经算是个中高手了。

“我觉得跟你说话很自在，朱莉安。你随遇而安，有一种从容不迫的气质。”

“我喜欢学习，”她说，扬起一丝微笑——完全感受不到焦虑或尴尬。“我是冷静、独立型的。”

“你负责替卡伦处理什么事？你诞生的理由是？”

“我是为了应付来找卡伦的男人而诞生的。我们常常聊很久。我借着聊天了解这些人，然后才引诱他们。”

“然后呢？”

“然后另一个人会出来代替我，跟他们发生性关系。”

“你何苦去招惹他们？”

“如果能让他们多了解我们一点，他们就比较不会故意伤害我们，”她说。果然明智，我心想。

※ ※ ※ ※

“詹森，你在烦恼什么？”卡伦——也是詹森——频频发抖，瞪大双眼望着我，有点吓人。

“我气疯了！”他说。有趣。卡伦平时都是冷静、被动、不成熟的模样，很少表现如此激烈的情绪。她暴怒得快抓狂。为了稳住她的情绪，我必须好好利用“成熟男人”（相对于还是“小男孩”的詹森）的身份——说得更精确一点，就是运用父亲的权威和自信（某种程度承袭我父亲，再经过我儿子琢磨粹炼而成）控制小男孩的怒气。我很明白，无论我儿子有多生气,我都有办法制住他。我儿子也很清楚这一点,而他也信赖、依靠这种关系。

“看得出来你很生气,”我说,冷静对上他愤怒的目光。“何不说给我听听?”

“我的心墙被破坏了。现在我想重新盖好,竟然办不到!”

“你想重新立一道墙?”

“对,我不想在外面。我想把他们全都杀光！我再也不想出来了!”

“原来,墙是你砌的?”我不理会他的愤怒。

“对。”他暂时转移注意力。“我花了好几年才把墙盖好。每次只要一发生事情,我就会在我的感觉、我的记忆外围放上一块砖头。”

“有人跟我说,那墙有些部分是你自己拆的?”

“对,但我也盖了一堵石墙,把我自己围起来。”

“石墙能保护你不受伤害吗?”我问。

詹森吃惊地望着我,一副做坏事被逮到的神情。我看看他,仿佛答案早已揭晓。他垂下头,长长叹了口气。

“这么多年来,我筑墙,我想保护大家。可是现在,墙要垮了,”他垂头丧气地说。

“我能理解。只要一想到其他人可能身处险境,而你却不能像以前那样帮助他们,这对你来说真的很恐怖。”

“对！如果没有墙,我们一定会受不了的!”

“可是詹森,你的处境跟以前不同了。你现在很安全,你必须相信我。卡伦不再像以前那样受人欺负,其他人也想走出那道墙。不会有事的。”

詹森一脸狐疑,感觉受伤又难过,但我也看见他脸上闪过一丝宽慰。我无法理解这项改变对詹森而言究竟激烈到什么程度,我也无法体会他身为隔离经验守护者的感觉。但我隐约认为,詹森还得花上好一段时间才可能完全改变原本的独立态度,走向融合。满心怀疑的詹森静静退回卡伦体内。

第三部　人格融合

第16章　霍尔顿的办法

“头痛的问题越来越严重了，贝尔医生，”霍尔顿/卡伦压低声音说。卡伦尽可能坐得又挺又直，举止严肃而正式，但她的声音却透露着急迫。“我们有太多人在同一时间出来，真的太多了！迈尔斯、凯瑟琳和安的个人特色变得越来越模糊，克莱尔和西娅也是。但是他们很不舒服，心烦意乱！”

这是个大问题。我原本希望他们之间的界线会因为越来越常共享时间而逐渐瓦解。但现在霍尔顿却告诉我，卡伦无法忍受这个过程。

“霍尔顿，目前我还不确定该怎么办，”我说。“我一方面想鼓励每个人格彼此共享时间，趋向融合，但另一方面，我又不希望让你们太痛苦或太忧伤，也不想害你们生病。能不能请你帮个忙，想想我们能怎么做？”

※　※　※　※

1996年6月至7月间，卡伦体验到越来越多来自其他人格的想法和记忆，但她遗失时间的状况也越来越严重，逼得她快发疯了。每天都有一堆麻烦等着她。她去参加婚礼，只认得几个人，但她发现好多人都认识她，而且还叫她不同的名字。于是她只好不停遗失时间，好正确应付每个人。她从家里出发，打算去食品店，但两小时后，她在店里醒来，却没有这两个小时的记忆。当天稍晚，在内部系统的"会议"上，她被告知隔天有一场早已约好的午餐会，但她却毫不知情。她在皮包里找到一只她不曾买过的呼叫器。她回过神来，发现自己在百货公司，一旁还有店员等她为刚才挑的衣服结账。朋友气她失约，实则不同人格各自订了约会，时间却互相冲突。她管教小孩的标准也不一致。有时候，她觉得身体比较好了，也开始服用控制血糖的药物，但她发现血糖值会因不同人格出现而改变。

※ ※ ※ ※

我通知卡伦我要出门度假，大约两周后回来。我预期卡伦会有些惊惶。启程之前，我收到霍尔顿的来信——不如说是备忘录吧。

收信人：贝尔医生

寄信人：霍尔顿

回复：我的人格融合施行方针

几经思索，我想出着手进行人格融合的计划。我了解这个系统的运作方式，所以我认为这可能是唯一可行的办法。不过，除非你有机会先知道我的想法，否则我不能贸然跟你讨论。其他人或许能听到我说话，但他们无法得知我的想法，也看不到我的信。假如你也同意以下的施行方针，或许等你回来后，我们可以再详细谈谈。

1. 催眠卡伦后，你必须请求她让你进入她的安全小窝。我相信她会让你进来。

2. 你必须向她解释，未来你将协助她融合她身上的独立人格，一次一人，依序渐进。

3. 从小窝外的房间挑人(一次选一个)。我觉得以下这几个已经准备好,可以接受融合了:西娅(6 岁)、卡尔(10 岁)、爱丽丝(8 岁)、桑迪(18 岁)、卡伦博(2 岁)、朱莉(13 岁)、卡伦 1(10 岁)、克莱尔(7 岁)。目前,连我在内的其他 9 个人还不宜进行融合。

4. 贝尔医生请待融合的人格现身,向卡伦介绍此人以及此人诞生的目的。

5. 贝尔医生向卡伦解释,此人格已不再需要独立存在了。

6. 贝尔医生请该人格踏入卡伦的形体(身体)。

7. 融合完成。

霍尔顿

这封信我反复阅读好几遍——霍尔顿给我的是一套为卡伦进行人格融合的详细步骤。我太惊讶了。这方法可行吗?霍尔顿的办法跟普特南在《多重人格障碍的诊断与治疗》里描述的融合仪式相当类似。当时我不太明白普特南的意思,感觉有几分模糊不清,而且也有点吓人。虽然我们已渐渐消融各人格之间的分界,但融合是一瞬间的事,将两个人的一切全部融合在一起。我无法想象到时候会发生什么事。还好这套办法是霍尔顿想出来的,所以应该不难教其他人格接受。我谢过霍尔顿并告诉他,等我度假归来,我们就可以开始了。

※ ※ ※ ※

度假归来,卡伦又是一团乱。她母亲持续不断对她提出各种要求。若她有半点迟疑,她发现自己会遗失时间——换桑迪出来。桑迪妥协,安抚她母亲。安有罪恶感,觉得自己需要被处罚。迈尔斯想掐人杀人,他已再度和凯瑟琳、安分开,不再与两人共享时间,但他现在却觉得很奇怪、很孤单。凯瑟琳无法再维持秩序,让一切井井有条;这些分身们接二连三陷入一个又一个危机中。她抱怨大家不分时段，想出来就出来。霍尔顿说他已如行尸走肉，失去所有感觉。我决定我们必须尽快开始融合卡伦的内在系统，因为这个系统快要分崩离析了。我与霍尔顿讨论应该先融合哪一个，他建议从朱莉开始；她是最痛苦的一个，而且她的症状会影响其他所有的人。

1996 年 8 月 1 日，我手里拿着霍尔顿的信，等待卡伦来临。我想建议卡伦一起试试霍尔顿的办法，但我又担心万一这方法不成功，一切将再次回到原点。就在我苦恼不已，想理出头绪时，卡伦一如往常准时出现，浑然不知今天即将出现的挑战。

"霍尔顿提出一套程序，好让你内在的其他人格与你完全融合，"我开门见山地说了。我把信上的步骤从头到尾念一遍。"我希望我们今天可以试着进行第一次融合。你觉得呢？"

我话还没说完，卡伦已频频点头。她问我，"他们要怎么进入我内在？"

她问倒我了。"我也不太清楚，"我说。我不想让她知道我完全没有融合多重人格的经验，而且我也不知道最后会不会成功。病人对医生的信心是很重要的。信心是最佳良药。"融合会在催眠的虚构世界中进行，你会看见自己和另一人格完全合而为一。到时候我们就知道了。"我想我不是个称职的心灵支柱，但我尽力了。我俩完全信任霍尔顿的智慧。"你害怕吗？"我问。

"不怕。我很想试试看，"卡伦说，"不过我对未知的状况仍有些疑虑。融合之后，我会变成什么样子？"

"我想你会跟现在一样，只不过你会成长，你会拥有新的感觉和记忆。每个分身或人格都是一小部分的你。虽然这些记忆和感觉分属不同人格，但他们一直是你的一部分，所以这些资产最后也会成为你的。你应该不会改变太多。"当然，这都是我的猜测。"朱莉是我们第一个要融合的人格。你和她融合后，我想你的头痛症状应该会减轻，腿也不会那么痛了。你准备好了吗?”

“准备好了。”卡伦调整好自己,但她的表情却背叛了她,微微透露出恐惧。此刻她已完全放松,闭上眼睛。

我多花了点时间引导卡伦,为的是想确认她已进入深度催眠状态。我的心脏怦怦狂跳,我努力稳住它,不让声音泄露出我的紧张情绪。虽然我觉得这一切真是诡异到了极点,但我必须乐观,相信她(通过霍尔顿的协助)已找到将分裂的自己重新融合在一起的办法。于是我们继续前进。

“你在安全小窝里看见自己了吗?”我说。我也闭上眼睛。有一度,我甚至更能感觉到卡伦的放松,还有她深深潜入自我内在的状态。“你在你的小窝。所有能让你自在、舒适的东西全都在这里。看看你的四周,仔细瞧瞧它们的颜色、纹理。如果你觉得舒服,就点点头。”

几秒钟过后,卡伦缓缓点了点头。她看起来好像深深沉浸在自己的思绪里。

“你能退后一步,让朱莉跟我说话吗?”

“好的,”卡伦慢慢说道。她的表情变了,显出一张苦脸。她开始咳嗽。

“朱莉?”

“对,是我。”

“霍尔顿跟你谈过吧?你准备要融入卡伦了吗?”

“嗯,我想我准备好了。不过我很害怕。”

“我明白。我想,等你融入卡伦后,你会感觉好多了。现在的你承受太多痛苦了。”她点点头,仿佛快哭了。

“待会儿我要把你介绍给卡伦,你希望我怎么形容你?”

“嗯,我 13 岁,”她的陈述不时被咳嗽打断。“我生于 1970 年。”她皱起眉头,突然向前倾。“假如我不能走路,以后卡伦也不能走路吗?昨天我出来的时候,我就不能走了。”

"卡伦可能会感觉到你腿部的疼痛,但她还是可以走路。"我希望。"我还能怎么介绍你?"

"我诞生在卡伦祖父猥亵她的那一刻。因为我的出现,卡伦可以不必承受与祖父的恶劣关系。有时我也会在别人伤害我们的时候现身。我是常常跑医院的那个,大概是从卡伦11岁那年,她得肺炎又被父亲掐住喉咙那时候起。他拿带插座的电线抽我们的时候,也是我在承受所有痛苦。有时候,我会把这些感觉传给卡伦,如此我才能喘口气。我曾让大家耳聋,住院两礼拜,好让耳根子清净点,暂时不用听他们说那些糟糕透顶的话。他们以为我们昏迷了,但我们只是停工罢了。"

"受伤的是你?"

"嗯,詹森也帮忙啦。事实上,有4个人出来帮忙。"

"那么,现在你的角色是什么?"我问。

"我多半在生病的时候才出来……"她的声音越来越小,倒回椅子。

"我想在融合之前介绍你,并且把这些故事告诉卡伦,好吗?"她点头。"好,那么请你先退一步,让卡伦回来。别走远,我很快就会找你回来。"

"好。"朱莉离开,卡伦先是没了表情,然后再回到原来的卡伦的模样。

"我已经跟朱莉谈过,她准备好接受融合了。我们可以开始吗?"

"我准备好了,"卡伦慢慢说道。她似乎在很远的地方跟我说话,吐字缓慢、含糊不清;她轻轻点头,仿佛想从内心深处挣扎脱身,来到我所在的地方。我暂停几秒,让她重新在座椅上放松下来。

"我可以进入小房间,跟你在一起吗?"我问,"我想从你进入小窝的那个入口进来,可以吗?"

卡伦再次缓慢点头。

“那么就请你先往旁边站一点,看着我进来吧。”我停下来,观察卡伦的表情,看她在心里描绘这些动作。“我在你旁边吗?”

卡伦点头。

“现在我想请朱莉到你的特别房间来,加入我们……卡伦,告诉我你看见什么了?”

“我看见一个小女孩,你对她伸出手。她的头发是黑色的。她进来了,走得很慢。她跛脚,拄着拐杖。”

“卡伦,这位是朱莉,”我开始了。现在全看我的了。霍尔顿的信就在旁边,我可以一步步按照他的指示进行。至于接下来该说些什么,我可以一边摸索一边学习。

“她 13 岁,”我继续说,“她是为了不让你受祖父伤害而诞生的。”我缓缓陈述朱莉方才与我分享的细节。我一边说,一边在心里描摹卡伦小窝里的景象,好让我能跟她一起经历这段过程。陈述完毕,我暂时不说话,让一切沉淀下来。

“你准备好了吗?”我问卡伦。她点点头说,“好了。”

“朱莉呢?”我问。

“她在点头,”卡伦说。

好,现在该怎么办?我不知道如何让她们合而为一,但我猜她们必须在催眠世界的小房间里做出动作才行。霍尔顿说,分身必须踏进卡伦的身体。

“朱莉,可以请你走向卡伦吗?”我等待片刻,让卡伦进行动作。

“朱莉不太能走,”卡伦说,“我躺下来好了,这样比较容易。”

“那么我会协助朱莉,让她躺在你旁边,”我提议。

“她还拄着拐杖,”卡伦说。她似乎在等待,等我有所行动。

“现在朱莉可以抛开拐杖了,连同她的不舒服、疾病一起抛开。那些都是过去的记忆了。”加入一点暗示应该没关系吧,我想。“朱莉在你身边了吗?”

“是的,我在,”朱莉说。

“现在我退到旁边,”我说,“朱莉,你必须慢慢滑过去,移入卡伦的身体。你做得到吗?”片刻之后,朱莉轻轻地颤抖着开口。

“我们彼此接触了。感觉好怪。我感觉到变化了。一切都锁在一起了。”卡伦在椅子上痛苦扭动,她正在经历某种有意义的重要的过程——我只能如此猜测。

“感觉好像小爆炸,”朱莉说,“我觉得自己好像 X 光线。”朱莉在挣扎。卡伦的表情紧张,身体也绷得很紧。“你再也不会跟我说话了,”她幽幽地说。

“你将成为卡伦的一部分,并且以这种方式永远跟我在一起。”我向她保证。

“卡伦很痛苦,”朱莉说,声音越来越微弱。

“她正在经历你过去的记忆。”我想让她知道,我依然在她身边。卡伦全身绷紧,两手握拳,蹙着眉头,深陷在自己的思绪里。“你还好吗?”

“我好像在宇宙飞船上,”朱莉从很远的地方对我说话,“在星星之间快速穿越。我觉得我快死了,越来越虚弱……你会记得我吗?”

“我会的,”我真心诚意、温柔地回答,“而且我也会在卡伦身上找到你。”

“那么我放手了。再见。”我向她道别,看着她从卡伦脸上消失。

卡伦仍深陷在自己的内心深处,看起来相当震惊的样子。我不想催促她,但我想知道她是否平安无事。我又等了几分钟,直到我看见融合的痕迹从卡伦脸上消退。

“卡伦?”我出声,她微微苏醒。“你还好吗?”

“好怪,”她挤出两个字,仿佛太沉浸于内心世界,说话有些费力,“我的手麻麻的。脾气好像变了。我的心……跳动方式也不一样了。”她微微扬起头,“朱莉没有回应了。”

“慢慢来,”我说。

“我看见好多她曾经历过的事,我最信任的家人竟然伤害我。好像在看电影。他们用难听的话叫我……好丢脸。关于我妈的记忆。我觉得我好像全身是伤。”她叹了口气,陷进椅子,“我全身无力……精疲力竭……”

“你休息一下,”我说,“现在我要离开了。你可以看见我走出你的安全小窝,回到我的办公室。”我让卡伦静坐片刻。结束催眠之前,我告诉她,她要记得今天发生的每一件事。然后我按照平常的程序,带领她脱离催眠状态,回到办公室。卡伦清醒后,她骤然往后缩,仿佛光线会灼人。

“你还好吗?”

“我不知道。一切变得好明亮。我可以听见所有声音,听见我自己的心跳。”她困惑而迷惘。

“你记得刚才的事吗?”我问。

“记得。我记得每一件事。”她试着让心情平静下来。我多给她几分钟恢复,但时间快到了。

“回到家以后,假如你有任何疑虑,或者担心什么事,都可以打电话给我。还有,你对这次经历有什么想法? 要不要试着写下来?”

“好。”她准备动身了。卡伦站起来,步伐仍有些不稳,蹒跚地走出办公室。

我回想发生的一切。这对她是帮助,还是伤害? 我仿佛踩在薄冰上。手中没有方案,凭着霍尔顿的一纸备忘录,我们完成第一次人格融合。我只希望她没事。但我也累坏了。

※ ※ ※ ※

虽然我跟她通过好几次电话,确定她安然无恙,但直到两星期后,我才见着卡伦,听她详细描述与朱莉融合后的生活。她告诉我,融合当下遗留的感觉已经消失了。她不再颤抖,也不会不协调,腿部的疼痛与视力不清楚的问题也消失了。这段经历确实很难受,因为她接收所有原本属于朱莉的感受。

“起初我无法相信这是真的,”她指手画脚地说,“但这些新记忆与我自己的某些记忆重叠了。比方说,我记得有一次,外面气温是华氏55度,但我却跑去游泳。我不明白我怎么会做这种事。但现在我知道,这是因为朱莉想用冷水舒缓腿部的疼痛。除了疼痛那部分,其他我都想起来了。”

“还有呢?”

“哦,刚开始那几天,我会照镜子,仔细看我的样子。有时我会看走眼,头发会短暂呈现黑色,手也残废了,但马上又恢复正常。我常觉得自己很笨拙,因为我得想一下才知道换哪只脚走路;还好每天都有起色,一点一点越来越好了。”

这一切令我着迷。但我始料未及却印象深刻的是,卡伦不仅接收了朱莉的记忆,也得到朱莉的生理感受——这与卡伦原本对自己的身体认知完全不同,而这种差异是最需要时间适应和调整的。卡伦将第一次人格融合的感受写在信上给我。

1996年8月24日

收信人:贝尔医生

与朱莉融合

3周半以前,我首次和我的多重人格之一进行融合。起初我很犹豫,但很快就被内在的其他人说服;他们说,该是与他们融合的时候了。我很紧张,不知道这会对我造成什么影响。我不知道我是否想起那些被夺走——为了保护我而夺走的记忆。我想逃跑，想躲起来，但我同时也觉得自己需要有人引领我进入这个过程。

接下来几段，卡伦描述她进入小房间以及融合的过程。

然后她继续写道：

我和朱莉融合后，我立刻对周遭的声音十分敏感。我能听见你在呼吸，你的笔划过纸上的声音，楼下的车声，空调的声音……你一开口说话，听起来好像在对我尖叫，好像你只会、也只能跟我说话似的。当我睁开眼睛，屋里明亮的光线令我什么都看不见。我的眼睛好痛，好希望有人快把窗帘拉上。我似乎对周遭的一切都很敏感。我觉得我在发抖，觉得自己四肢不协调；我没料到会有这种感觉，而且我怕这种感觉永远都不会消失。我不禁怀疑是不是哪儿出了问题？我们是不是不应该融合？

卡伦以数个段落描述她上车、忍受腿部剧痛开车回家的过程，然后……

这次融合像是经历一场大手术，我甚至怀疑是否还要继续。我把窗帘全部放下来，关掉每一盏灯；躺在黑暗中，我的思绪奔腾，宛如正以快进速度看电影。记忆大量涌入，我一次又一次感觉到与他们相关的痛苦；尽管每一次疼痛与记忆等长，只维持数秒的时间，但仍令我精疲力竭。我好想断绝、阻挡这些记忆。那天晚上，记忆灌入的速度开始慢下来的时候，我打电话给你。直到第 4 天过后，我对光线、对听觉的敏感才完全消退。隔周，我花了整整一个礼拜的时间接收朱莉所有的记忆——然后，痛苦停止了，我又渐渐开始恢复正常作息。第 2 个礼拜快结束之前，我四肢不协调的问题没了，我又可以握笔，好好走路了。这一切终于结束了。融合的影响并未永远持续下去，我终于放心了。我很感激你一直在我身边帮助我。没有你，我不可能撑到现在。

我无法想象卡伦的感受有多恐怖——猝不及防地承受朱莉所有的经历。朱莉像一面盾牌，一直在保护她，但现在她得自己面对这些不堪的记忆。没有任何方法能让我确定卡伦是否完整接收朱莉。朱莉真的彻底融入卡伦了吗？这样的融合够牢固吗？我总觉得这一切很难让人接受。霍尔顿的处方行得通吗？

我不断提醒自己：我一定要万分仔细，小心地进行每一个步骤。与朱莉融合后，卡伦独自经历如此折磨，我无从参与，因此往后的每一步我都要更加细心处理。融合朱莉是难以置信的重大突破，但这只是起步而已。我们还有16个人格待融合，我担心，一场狂风暴雨注定是躲不掉了。

第 17 章　融合克莱尔

再次见面时,我和卡伦讨论是否进行第二次融合,她同意了。但要选哪一个？于是我让她进入催眠状态,一如往常询问有谁想跟我说话。卡伦开心地在椅子上扭来扭去。

“克莱尔?”

“贝尔医生！可不可以让我融入卡伦?”克莱尔用力拉扯头发,摆摆头,难为情地看着我。克莱尔似乎是不错的人选,但我内心却很挣扎。我会想念她。

“这样应该很不错,克莱尔,”我说,“那么,我们来为下礼拜好好计划一下。届时我要向卡伦介绍你,我该怎么描述你呢?”

“嗯,你可以告诉她,我是在她领受圣餐那天,”她以近似唱歌的方式说道,“穿着白圣装的她受伤时诞生的。以后,只要他们为她穿上那件白圣装,我就会出现。这是某种暗示……”

“穿上白圣装是暗示?”

“对。我原本是恶魔的新娘。他们说天主要我受伤。他们在我身上试验,然后他们大笑。当他们把卡伦绑在殡仪馆的金属工作台上,我就会出来。如果他们开始伤害我,就换迈尔斯出来。卡伦结婚时,她一换上白婚纱我就出来了。婚礼上人很多,我很害怕,所以又跑回去了。卡伦就是在那时候昏倒的。”关于卡伦在圣坛前昏倒这件事,我不曾听过克莱尔的版本,但她的话刚好填补了某些空白。

西德尼接在克莱尔之后出现。他说,他担心卡伦跟他融合后会开始偷东西。桑迪也想跟卡伦融合。她不开心,她无法不为母亲做牛做马。她看了朱莉与卡伦融合的过程,觉得这样也不错。我很高兴。如果分身们自愿加入融合行列,对我来说一切好办多了。

1996 年 8 月的第 3 个星期,卡伦准备好接受克莱尔了。她带来一封信。这封信是用铅笔写的,字体大,还有不少错字。克莱尔写道:

亲爱的贝尔医生:

我想在融合之前,告诉你一些事情。以前我想尽办法不让卡伦想起那些事,现在我担心她可能会吓坏了。但我知道你不会扔下她不管。我跟你提过,我会跟自己玩游戏,假装我感觉不到疼痛吗?等我们融合了,我们会忘记如何不让自己感觉痛吗?每次受到伤害时,我都假装没事,但其实我感觉得到,却什么都不能说,因为他们会用电线电我的脚踝。在融合之前,可不可以请你先回答我的问题?拜托你。

有人需要我的时候,会发生什么事?

谁来照顾卡伦博?

你可以帮我照顾西娅,偶尔找她出来说话吗?因为只有我去叫她的时候,她才会出来,我担心她会被遗忘了。

贝尔医生,我还想告诉你一件事,可是我不好意思说,因为卡伦可能会生我的气,不愿意接受我。我知道我不是真的会死掉,只是在我离去前,我需要知道这种感受:你知道,我一直希望你是我爸爸,偶尔会抱抱我;有时候,我很害怕,我会假装你抱着我。但我知道你不能拥抱我,这让我很难过。我很爱你,我想知道什么是爱的感觉。你在小屋看见我的时候,我可以假装拥抱你,向你道别吗?这样卡伦会怎么想?万一她得到我的感受,你会因此生气吗?

你让我觉得自己很棒，让我知道发生在我身上的坏事都不是我的错。我心满意足，但我还是有点害怕，不知道卡伦会怎么想。

贝尔医生，谢谢你做我的朋友，当我的爸爸。我知道你是好人，也很高兴你是我们生命的一部分。我很高兴自己第一个跑出来，并且让大家知道你值得信赖。我会想念你，希望你不会忘了我，真的不要忘了我。你可以写故事。你帮助我，带走我心里的痛苦。我觉得该是我长大的时候了。我爱你。请你一定要好好照顾你的孩子们，看着他们，不要让任何人伤害他们。

克莱尔

天啊！我一定会想念小克莱尔。我把这封信的第一页拿给卡伦看。我想，如果卡伦能了解克莱尔的意愿及顾虑，对融合过程应该会有帮助。至于这封信的其他部分，我并未与卡伦分享，因为我不想让她参与拥抱的事。卡伦看完信，点点头，她翻过信纸，手伸直，远远看着这整张纸。

“看起来像是小女孩写的，”卡伦说。

“是的。她只有 11 岁。我觉得她写得很棒。你还记得那个殡仪馆吗?”

“我只记得一点点。不锈钢槽，如果露出疼痛表情就会被电击，被放进水里，浅浅的，不深——只是一些片段。”

我俩陷入短暂沉默。我想卡伦大概在等我，于是我开始了。我先带她进入催眠状态，给她足够的时间，深深进入内在。她适应得很好，令我不禁怀疑她早已准备好，只等我动手，但我不想冒险。我请克莱尔现身。

“你记得卡伦曾经做过一个梦吗?”克莱尔一边说，一边把玩衣角褶边，“有个小女孩还跑出来坐在你旁边？其实那不是梦，那是我把我的想法传给卡伦。”克莱尔顿了顿，努力压抑情绪。“在我融合之前，我可以坐在你腿上吗?"

"现在?"

"不是,不是现在,"她似乎有点后悔,"我知道我不可以这样。我是说,等我们到卡伦的安全小窝的时候。"

"当然可以,没问题的。"克莱尔笑得好灿烂。

"我准备好了,"她依然挂着微笑。我谢谢她写信给我,问她同不同意让我引用信里的话,将她介绍给卡伦。克莱尔同意了。

"好,那么麻烦你先离开一下,让我跟卡伦说话。"克莱尔仿佛突然从卡伦身上抽离,我知道她离开了。"卡伦?"

"嗯。"

"克莱尔准备好了。我们可以开始了吗?"

"好。"

"我在你的小窝外面,"我说,"请你帮我开门,让我进来坐下。"我想给卡伦形象化的指示,但我让她决定我该坐哪儿。"我们可以请克莱尔进来吗?"

"好,我来开门。"

"克莱尔进来了吗?"

"还没,她站在门口。"

"我去带她进来,"我说。"她可以坐在我腿上,听我们说话。"我短暂停顿,让卡伦看见这些动作。"我们都坐在一起了吗?"我问。

"嗯。她用手搂着你的脖子,看起来好开心。"

"好极了。现在让我告诉你一些克莱尔的故事。"接着我叙述几段克莱尔写在信里的话。"克莱尔,你准备好了吗?"

"她搂你搂得更紧,把脸藏起来了,"卡伦说。

"我们让她坐一会儿吧。"我没再说话,等了大约 20 秒。"克莱尔,该是时候了,到卡伦腿上坐着吧。"我观察卡伦的表情,看着这些"动作"发生。

“她在跟我说话。”

“说什么?”

“她要你好好照顾自己,还有帮她照顾她最心爱的毯子。”卡伦停下来,突然出现碰上麻烦的表情。“她在害怕。”

“别担心,克莱尔,”我说,“我会跟你还有卡伦在一起。现在你可以走进去了。”

卡伦的表情变得很专注,仿佛正认真工作。

“她爬进来了。”

我静静等了好一阵子,让整个过程慢慢展开。卡伦很专注,脸都皱起来了。“现在我要离开你的小房间了,”我说。我观察卡伦是否出现微妙的表情变化,暗示我动作已完成。

卡伦的表情变得哀伤,霎时热泪盈眶。“我可以描述殡仪馆里的每一样工具给你听。我看见工作台,工作台一端有个篮子,篮子里冒出一节水管。还有手术用具、锯子、榔头、小橱柜——里面有什么?哦,一罐一罐的液体。房间外面有棺材,有些雕工很精致,闪闪发亮,有些只是普通的木箱子。每一样东西都灰蒙蒙的,墙壁是灰的,地板也是。”

“你觉得怎么样?”

“差不多不颤抖了。我比较不紧张了。”她轻轻对我做鬼脸,声音更为清晰有力。我告诉她,她会记得曾经发生的一切,然后带她离开催眠状态。她眨眨眼,适应光线。

“这回比上次好一点,”她说,然后有些失神,沉浸在自己的思绪里。她看着我,头偏向一边。

“以前,我总觉得殡仪馆的事好像是别人的遭遇。我知道几件事,一些影像,但我对它们没感觉。现在,我渐渐觉得这是发生在**我**身上的事了。”她继续描述有关殡仪馆,还有她祖父工作的工厂的新印象。

这次融合跟上次不一样,似乎并未对她造成太严重的影响。我很高兴我们不像融合朱莉时那样急迫紧张了。再次见面时,卡伦说她还在吸收克莱尔的记忆,她给我一封信,陈述她与克莱尔融合的感想。

1996年8月25日

收信人:贝尔医生

与克莱尔融合

1996年8月22日,礼拜四,克莱尔和我融合了。这次的感觉与融合朱莉完全不一样,我发现我竟然觉得很满足。以下是我们这段日子的经历。

约好就诊的前几天,克莱尔便已开始告诉我一些记忆。她认为这样可以让融合进行得更顺利。我开始感觉到克莱尔的恐惧,到了晚上,我甚至会害怕,怀疑有人坐在我床边。另外,去办公室见你也令我有点紧张,因为克莱尔对你有很深的感情。来到你的办公室之后,我把克莱尔的信交给你,你立刻打开看。我很好奇她写了些什么,但我必须尊重她的隐私,而且我很明白,我很快就会知道了。

接下来,卡伦大致描述融合的过程,内容与我的认知几乎完全相同,然后她开始描述一些新的记忆,还有她内在的变化……

克莱尔很喜欢亲近你。我感觉到一种微妙的嫉妒。我看着她把头靠在你肩上,你伸手环抱她。她看起来好满足哦。克莱尔想融合,但态度一直犹豫不决。我想她大概是害怕失去你,贝尔医生。克莱尔拥抱你之后,爬上我的腿,立刻哭了起来。于是我告诉她,她帮了我好多忙,我真的想永远跟她在一起。这话似乎让她慢慢平静下来,然后她便钻进来了。我和你因为治疗的关系相处了好多年,但这一回,我头一次感受到你的爱和关怀。克莱尔一定很爱你,信任你,因为我感受到了。

23年来,我——

第一次好好泡了澡,而非只是淋浴。我甚至用了香水肥皂。

第一次感受到跟孩子们嬉戏的喜悦。

第一次注意到美好事物。

第一次觉得自己有女人味。

第一次为自己买了身体乳液。

第一次买了成套的胸罩和内裤(女性样式的。以前我不曾买过漂亮东西)。

第一次为了爱情故事掉眼泪。

第一次好想喝巧克力牛奶。

第一次帮女儿梳头发,搽指甲油。

第一次感觉自己变年轻了。

我还可以告诉你一大堆第一次的美好感受,但有好就有坏,而我必须也把坏的感受告诉你。

克莱尔生于1967年10月29日,我领受圣餐那一天。他们糟蹋我,羞辱我,摸我,对我说不堪入耳的话,诅咒我——我根本受不了。克莱尔是来帮助我的,让我保持漂漂亮亮的,当个完美的女儿和孙女。不准抵抗,他们说,你到这儿来就是得照我们的话做。不准说不!遵从天主的旨意!白圣装!永远只能穿白圣装!在屋里只能穿灰色,其他颜色统统不准!殡仪馆。大笑声。坏男人。没人帮得了我。电话在响:凌晨一点。去接电话!跟他们走。天主的旨意。工具都准备好了。躺下来。求求你不要!躺好……开始感觉到痛。克莱尔呼叫迈尔斯。

贝尔医生,我没办法详细描述这些回忆。我希望这些短句能帮助你了解。我不愿意再想起这些了。

他们为何选上我?这些男人又是怎么凑在一起的?克莱尔

被人这样糟蹋,她为什么还能相信别人?克莱尔为何还能如此可爱、甜美?我不明白。

"克莱尔对你有很深的感情,贝尔医生。"卡伦坐在我对面,感觉轻松、温柔。那是她的动作吗——那微微偏着头的样子。经过这两次融合,卡伦越来越完整,但这一次,我很明确地看到,也感受到了。我对克莱尔的感情很深。这令我想起我是如何努力适应探视孩子的时间表(因为我和妻子分居),想起我的女儿心里有多难受(她的年纪与克莱尔相仿),因为我再也不回家了。

"你还注意到什么?"我问。

"我试着跟孩子们玩,为此我得小心拣选克莱尔的回忆。他们曾经拿克莱尔玩游戏,最后父亲总是选择身体处罚。"

"你好像还是在说克莱尔的事,不是你的事。"

"现在我有这些记忆了,但我并不觉得它们全都发生在我身上。"

"也许过一阵子就不一样了,"我说,但我有点担心。"还有呢?"

"我想自残的感觉又渐渐回来了,但我想这种感觉并非来自克莱尔。可能是我体内的某个部分不喜欢我写的东西,生气了。"

"也许我们能找出原因,"我说。我决定催眠卡伦,看看有没有人想跟我们聊聊自残的念头。卡伦坐在椅子上,全身放松瘫软。我询问是否有人愿意告诉我卡伦为何想自残,她旋即坐直,用恐惧且愤怒的眼神望着我。

"我不喜欢大家集合在一起!"卡伦怒气冲冲地说。

"你是谁?"我问。

"卡尔。"

"是卡尔啊!"卡尔又是谁?我努力回想,隐约想起卡尔似乎总是与卡伦最糟的一面有关,而且他就是那个"坏脾气"。"大家集合在一起为何让你心烦?"我尽可能装无辜,假装自己毫不知情。

“那你说我的工作该怎么办？每个人都在学别人！”卡伦，或者该说卡尔，气得浑身发抖，用眼神质疑我。

“你的工作？”

卡尔瞪我，气炸了，仿佛我是白痴。

“对！我的工作！”他大吼，“宗教仪式！我们必须保密，我和爱丽丝，我们不能说出去！”卡尔双眼暴睁，视线绕着房间转来转去。

我必须让他冷静下来，他太激动，也真的吓坏了。我必须转移他的注意力。

“卡尔，告诉我，你是什么时候出现的？那时发生了什么事？”

“我是在他们进行秘密仪式时诞生的，”卡尔说，但他不理会我的问题。“我什么都知道——包括最糟糕最糟糕的细节。他们使用好多种语言。我已经用我的血签了契约，我属于恶魔……”他逐渐拔高音量，越说越快。

“卡尔，你几岁？”我打断他的话，故意放慢说话速度。

“10岁。”

“你是为了保密而诞生的？”

“对。”

“那么你究竟是怎么出现的？”我一字一句，缓步进逼。我问什么不重要，重要的是这些问题必须能让卡尔在思索答案的过程中，逐渐冷静、清醒过来。现在我一心只想让卡尔接受并适应我的步调，而非让他继续歇斯底里下去。

“他们逼我们分裂！迈尔斯扔下他自己，创造了我和爱丽丝。迈尔斯负责接收疼痛，我负责处理他们说的话。当迈尔斯痛苦得再也受不了了，我也得接收他的痛苦。”卡尔慢慢冷静下来。

“你记住他们的话，为他们保密？”我说得很慢，控制节奏。

“对。而且我也把大部分的信——他们写给你的信——都毁了。”

“给我的信？”我很惊讶。

“对，”他的口气稍微和缓了一点，“其他人想跟你说一些事，但我阻止他们了。我趁一切还来得及之前把信抢走了。”

“来得及？”我问，“你为何不希望他们把事情告诉我？”

“他们会杀了你。”卡尔看着我。我看见他恐惧夹杂同情的眼神。

由于卡尔只有10岁大，我怀疑他根本不知道其他人——特别是霍尔顿、凯瑟琳和迈尔斯——都愿意相信我。我想我可以利用暗示制伏他。既然他已愿意接受我的声音指引（借着催眠），或许我能运用我的权威抵消部分错误信念。我曾经对好几个分身说过同样的话，但是，看样子他们必须亲耳听到才算数。我突然想起来，我得在今天的治疗结束前跟西娅说几句话。

“卡尔，我有件很重要的事要告诉你，所以请你好好听我说。”我的声音平稳、坚定，不带一丝训斥，充满关怀与热诚，但我绝不容许反驳、狡辩。“举行仪式的那些人都死了。他们无法伤害我，也不能再伤害你了。这都是好多年以前的事。他们都去世了。”卡尔看起来相当震惊，态度稍微软化。“我必须尽可能了解你们，这一点非常重要。所以你不需要再防着我，可以把你知道的都告诉我，不会有人因此受伤的。你明白吗？”我直视他的双眼。我心里明白，10岁的他还不够坚强，无法直接反抗我。

卡尔点点头，半信半疑。

“假如你还有疑问，可以跟霍尔顿说，但是你和我很快就会再见面的。跟你聊天很愉快。现在可以请你先离开，让我跟西娅说话吗？”

“好。”我能感觉到卡尔已经开始服从我了。对我来说，控制他和他的暴力念头是很重要的。我坚强、父亲般的举止能让他更有安全感，更像个10岁小男孩。

僵硬、不轻易妥协的卡尔突然变成瘦小、温柔的女孩儿。

“我做错事了吗？”西娅抬头望着我，立刻又移开视线。

“克莱尔要我找你来，看看你好不好。”现在我的语气温和慈祥，像妈妈一样。

“我跟宝宝在一起。”

“卡伦博吗?”

“对。如果我回到里头去,都会把宝宝带在身边。”

“这样很好。”我开始烦恼该如何融合那名婴儿。“你能告诉我你是怎么诞生的吗?”

“我6岁,上一年级。我必须做好所有的事,因为卡伦生病了。我必须代替她上学。卡伦躲在里面快要一年了。老师很喜欢我,但其他小朋友常常取笑我;他们叫我‘科学怪人’”——我看着她,一脸“为什么呢”的表情——“因为我额头上有疤。”

“你出生时就有了吗?”

“卡伦死掉时出现的——嗯,她只死了几分钟啦,然后他们又把她救回来了。在儿童纪念医院。卡伦还是婴儿的时候,我出来接受检验和治疗。我出生的时候,连卡伦在内我们一共有5个人:凯瑟琳、霍尔顿、卡伦博、我。我们有肿瘤,动……动脉瘤(她结结巴巴吐出这个词),然后是我去开刀,做放射治疗和吃药。我的头发都掉光了。因为我的诞生,卡伦才活下来。”

“我明白了。谢谢你。希望我们能很快再见面,西娅。”

我请她回去,要求卡伦回到她的安全小窝;我要她记得催眠时的每一件事,再带她回到办公室。卡伦离开了。我想,今天的经历让我们俩都有些震惊,心烦意乱。

第18章 桑迪与迈尔斯

“卡伦没办法睡觉，”安说。现在是晚上11点，安来电时我正准备上床休息。我几乎每晚都会接到卡伦打来的电话，但这次比平常稍晚。“一个人睡了，就换另一个人起来活动；卡伦快要受不了了，她撑不下去了！”我也是，我心想。

“谢谢你，安，我会想办法帮她。还有别的事吗？”我真的好累。

“你等一下。”电话另一头的声音变了，换成喉音比较重、充满挑衅的声音。

“你会跟他们说，对不对？”

“卡尔？”

“对。假如你告诉他们，我们会被杀掉。”

“卡尔，今年是哪一年？”

“1965。”

“卡尔，现在是1996年9月。大家都死了，我上哪儿去告诉他们？不过话说回来，我也不会把你跟我说的告诉别人。”

“1996年？你确定吗？”

“去看看报纸，或者问问霍尔顿，然后明天我们再继续讨论。”我以前就跟卡尔说过了，但我怀疑卡尔可能需要更多时间接受。我请卡尔回去休息。

“好吧，”他说。既然他们能应需求自动现身，我干脆以催眠治疗的方式与卡伦对话，看看他们是否还有别的顾虑，是否有人想跟我说话。另一个声音出现。

“我又跟凯瑟琳和安在一起了。”

“哈罗！迈尔斯，听你这么说我很高兴。最近好不好啊？”

“不怎么好。桑迪一直制造问题。凯瑟琳说下一个应该让桑迪跟卡伦融合。”

“我知道了，如果这对你们有帮助的话，”我说。我很惊讶他们竟然为桑迪做了决定，但我决定照他们的意见进行。现在是 11 点 40 分，我不睡不行了。我请迈尔斯回去，请卡伦出来，我建议大家今天晚上都好好睡觉。当我唤醒她，她很惊讶，不知道自己在跟我通电话。我请她去休息，试着睡一会儿。

※ ※ ※ ※

隔天晚上，卡伦再度于深夜打电话来。11 点 30 分。

“卡伦想进城去看《奥普拉》，”卡尔的声音，“但我阻止她了。万一我们被盯上怎么办？他们会杀我们灭口。”

“这些人再也伤害不了你了。”我试着以最具说服力的口吻告诉他，“你跟霍尔顿谈过了吗？”

“谈过了，现在是1996 年没错。你为什么跟其他人不一样？他们都骗我。”卡尔说得又快又急，“我听说桑迪要被融合了。会痛吗？”

“不会痛，卡尔。你要不要来看桑迪融合的过程？你办得到吗？”

“应该可以吧。”

“好。到时候你就知道啰。”

电话那一端暂时安静下来。然后是不一样的声音。

“贝尔医生，我是安。”安的声音清晰，如丝般轻柔。“我担心，万一桑迪融合了，她好吃的习惯会跑到卡伦身上。”

“桑迪的习惯确实会成为卡伦的一部分，”我说，“就某种意义来说，现在就已经是这样了。不过，融合以后，桑迪的习惯会被削弱、稀释，再也不会像她独立出现时那样完整表现了。”

“噢，我懂了，这样说也有几分道理。谢谢你。”

入睡之际，这些对话仍在我脑中盘旋。时间已过了午夜。

※ ※ ※ ※

卡伦给我几张我以前没看过的相片。第一张是潘克拉茨父子殡仪馆，灰褐色、单调死板的小型砖造建筑；她说她在这儿的地下室遭到虐待。接下来是她老家的照片，院子，还有通往她卧房的塑料折叠拉门（她不小心从拉门缝隙窥见双亲的性派对）；最后几张是她父亲、母亲、祖父和叔叔的照片。我仔细端详这几张小小黑白快照，试图窥看这些人的灵魂。不行，我办不到。照片中，卡伦的母亲神情愉悦，打扮得漂漂亮亮，迫不及待想拍照；她父亲魁梧强壮，但眼神微微流露傲慢与自大。卡伦的祖父——我以前也看过他的相片——苍白，看不见一丝风趣幽默的秃头男人。卡伦的叔叔没看镜头。听卡伦说了那么多，我某种程度以为这些来自过去的人在老相片中的模样会更……更邪恶、更丑陋；很难想象，这些变态又残忍的人，外表竟如此普通平凡。她母亲是照片中唯一还活着的人。我跟卡伦说，我很高兴她带这些相片给我看，让我更能想象，理解她与我分享的故事。

今天是预定融合桑迪的日子。我知道其他人似乎也有紧急事件要处理，因此等卡伦进入催眠状态后，我询问是否有人想出来说话。

“贝尔医生，我是西娅。”

“你有心事，西娅？”

“我不想要桑迪消失！”

“怎么了？哪儿不对劲吗？”

“其他人都不照顾宝宝，这让我很难过。我不想要她走。”

“我明白这会让你难过好一阵子，可是现在融合桑迪对大家都好。可能的话，你和宝宝很快也会融合，这样你就不会孤单，再也不会孤立无援了。”

“好吧。我知道他们都希望这样……只是……好吧……谢谢你。”

“西娅，我保证会很快再跟你说说话。现在可以请你先回去吗？”卡伦没了表情。一会儿之后，她的眼神变得狡诈诡谲。

“我听到其他人说话……”

“卡尔？”

“对……我了解更多事情了。今天我不会阻止桑迪融合，但是她病了；我觉得她很紧张。”

“谢谢。你还想到哪些事？”

“自从我知道今年是哪一年以后，”他说，“我的想法开始改变了。我一直在寻找那些伤害我们的人，在街上，或者不管我们在哪里，但其实他们早就不在了。以前，我只会在殡仪馆、教堂地下室或卡伦被伤害时出现，我以为整个世界就是一个房间。”

“你长大了好多，好惊人呀，卡尔，”我说。他吸收现实的速度着实令我印象深刻。“如果你需要帮助，或者在学习上遇到困难，需要解答，请你一定要让我知道。现在可不可以请你先回去，看看有没有别人想出来说话？”卡伦的表情再度变成一片空白。

“昨天晚上我很不舒服，因为卡伦她妈在我家，”桑迪说。我认得她无助、绝望的态度，还有她瘫倒在椅子上的姿态。

“你为什么不舒服？”

“她对我大吼大叫，说我不知感激，说我不会做家务，逼我全部重做一遍。”

“你一直独自承担这些痛苦，我很了解，不过，等你融入卡伦，你就再也不需要一个人承受了。”桑迪点点头，她怎么可能不同意？她从来不懂得拒绝。

“你希望我怎么向卡伦介绍你？我该告诉她什么？”

桑迪不自在地扭动，很难为情。她试着稳住自己，开始叙述她的故事。

“我在卡伦11或12岁时诞生，我出生是为了接替克莱尔的角色。我不喜欢争执，别人叫我做什么我就做什么。我必须倾听来自所有人——尤其是母亲、父亲和乔希——的苛责和辱骂，但是在别人面前，我会假装一切没事，大家都对我很好。我常感到沮丧，吃东西可以让我心情变好。我知道我们的身体出问题了，但只要换我出来，我就一定得吃。请你告诉卡伦，我很抱歉……”桑迪没再说话，深深陷进椅子里，似乎暗示她已经说完了。

“桑迪，可以麻烦你在卡伦房门外等一等吗？”她点头，消失了。我唤卡伦回来，请她让我进入小房间，她照办了。接下来，我请桑迪进来加入我们。

“她好胖、好胖，”卡伦说。

我转述桑迪方才告诉我的话，将她介绍给卡伦，然后我请卡伦描述桑迪的状况。

“她说，她很抱歉造成大家的不方便，还有食物的事。她还说，她很抱歉她今天带我妈来我们家，但她希望我妈可以见桑迪最后一眼。”卡伦停下来，专注于与桑迪的内在交流活动。

“桑迪准备好了，”她说，“她说，希望她的记忆能帮助我扭转劣势，克服困难。”

“你们俩会并肩奋斗的，”我说。好一会儿没人说话。我觉得我该说句话，继续进行下去。“你们准备好合二为一了吗？”

“我正握着她的手，”卡伦说，接着她突然皱眉，有点畏缩。“她太快了！”卡伦说，“她比我还急！她想赶快结束！”她没再说话，涨红了脸，仿佛正在承受庞大的重量。“她进来了。”

我等待片刻，让卡伦有时间经历一切必需的过程。我不想假装我完全了解——比方说,她花了那么长的时间将彼此的记忆区隔开来,但融合过程却如此突然且迅速;还有融合结束后,她为什么对声音和光线这么敏感? 无论如何,我们的努力最后仍然有了成果。我想,既然每个人格都是瞬间诞生的,他们理应也能瞬间融合。

“感觉怎么样?”我问。

“很吵。”卡伦蜷缩起来,似乎不太舒服。“胀胀的,头更痛了,恶心想吐。”

“你会慢慢好起来的。”

“我不懂她为什么每个人都帮,每件事都做。她的记忆像洪水一样冲进来,”她颤抖地说,“我不喜欢她想看见我妈的感觉。不喜欢她想去墓园的感觉。”卡伦瘫在椅子上。“她从来不觉得自己有哪里好。她比我更不喜欢自己。”希望这次融合不会害卡伦过度沮丧,对她造成危险。她正在承受大量的羞辱和痛苦。

“我的眼睛好痛! 虽然我闭着眼睛,但还是觉得好亮!”

“每次融合以后,你的感官都会暂时变得非常敏感。”我提醒她这只是暂时现象。

“汽车的声音好吵!”

该让她脱离催眠了。我想说几句比较正面的话,让她好过一点。

“我想,这次融合对你们俩都有帮助。桑迪得到你的判断力,而你会得到她的热情和乐于助人的个性。”我告诉卡伦她会记得今天发生的一切,然后带她脱离催眠状态,回到我的办公室。

1996 年 9 月 16 日

收信人:贝尔医生

与桑迪融合

1996 年 9 月 12 日,桑迪融入我。你介绍她的时候,我觉得很不舒服，很讨厌这个人。我还没准备好，她就急忙冲进来，甚至还能改变我的主意、我的想法。我们融合后，我变得很敏感、很哀伤。我讨厌她唯唯诺诺、不知道怎么应付别人。她怎么可以这么天真？她怎么可以纵容每一个人占她便宜？我觉得自己又胖又丑，好像瞬间多了一百磅体重。

接下来那几天，我的生活方式开始出现变化。面对我妈、我丈夫、我的朋友汉娜和罗斯时，我再也无法转换身份了。我很生气。因为我不想应付他们。我觉得我好像受到某种处罚；汉娜一直打电话来说我变了——她认为这是坏事。汉娜永远都在占我便宜。罗斯常常偷我家的东西。我试着理解桑迪对我的人生有多重要，然而一想到我做的事、我的反应，我完全看不到她的重要性。我想，等我接收到更多记忆与感受，情况一定会改观。但现在，我只觉得糟透了。

我了解，对卡伦来说，与桑迪融合并不容易。桑迪的问题几乎无从补救，基本上就是大量的痛苦、羞辱和绝望。决定融合顺序原本就不是简单的事，因此我想让卡伦和她的内在自己决定。他们应该会做出比我更明智的选择；况且，若主导权在他们手上，他们也会更主动、更愿意面对接下来的各种状况。

数天后，卡伦复诊。她看起来疲倦又沮丧，弯腰驼背、垂头丧气的。她慢慢走向椅子，沉重地坐下来。

“我费尽千辛万苦才到这儿来，”她说，“我的四肢严重不协调，开车很紧张。”她顿时红了眼眶。我等待。

“桑迪以前一定常常说谎，好博取同情或讨人喜欢。她经常撒谎，文过饰非。她装病博取我妈同情，难怪我妈会用那种态度对她。”她的声音越来越小……我再次等待。“有些食物我并不喜欢，但我还是吃下去。我必须停止吃，告诉自己‘我不喜欢’，我有办法不吃这些东西。”她摇摇头。“乔希一天到晚数落我。我不曾听过他这样骂我。我一定是在他开骂时立刻躲起来，换桑迪出来代替我。”

过去卡伦很少提起这些，我想应该也是这个原因。

“没有人出来帮我，”她继续说道，“没有人在乎。”卡伦把头埋进手掌中，泪水缓缓流下脸庞。

“与桑迪融合并不轻松，”我说，“因为她承受太多痛苦了。或许，我们可以跟其他人讨论讨论，找出对你最好，最能够帮助你的方法。”卡伦明白这是进行催眠治疗的暗示。她点头，我们立刻开始引导程序。

“卡伦越来越没用了，”迈尔斯说得很不客气。

“因为她受桑迪影响？”我问。我喜欢迈尔斯，他总是有源源不绝的勇气。

“我想是吧。她需要帮助。”

“你想帮她吗？”他吃惊地望着我，眉宇之间展露着骄傲。

他想了想。“我想，如果有个像我这样的人来帮助卡伦，她应该会比较好吧。”

于是我们开始讨论他融入卡伦之后可能造成的改变，还有他如何将自己的力量分给卡伦，让她更有骨气，更坚毅。讨论结束后，迈尔斯回去了。

“虽然看起来有点混乱，不过目前进行得还不错，”霍尔顿说。“我有点担心桑迪的自杀念头。现在我再也看不见桑迪了，那些完成融合的人只剩下模糊的影像。”

“像影子吗？”

“对，围绕在卡伦身边的影子。”他停顿一两秒。“我想，融合迈尔斯这个主意挺好的。这样我可以好好照顾其他孩子。”

“好，我们下一次就来处理他。”

※ ※ ※ ※

时间是下午 1 点，卡伦跟我约的是 2 点。电话响了，卡伦打来的，声音很小,似乎在发抖。她说她人在天文馆,望着底下的湖水。她想跳下去。她遗失了时间,醒来却发现自己一个人在这里。幸好我此刻没有别的病人。她说她很努力不要遗失时间,她怕自己会做出恐怖的举动。卡伦已明显失控,我必须赶快找个能帮助她控制自己的人。通过电话,我迅速进行催眠,要求跟霍尔顿说话——显然他并未监控卡伦的状况。我请他赶快接手,带卡伦前来就诊。他向我保证他会的。

因为这个电话,卡伦终于得以准时赴约。待卡伦再次进入催眠状态,卡尔立刻跳出来。

"我不会让你融合迈尔斯的!"卡尔咆哮,恐惧远多于愤怒。我抬起头,问他原因。"因为我、迈尔斯、爱丽丝——我们必须跟恶魔合作!恶魔在我体内是很强壮的!"我想我必须先治疗卡尔,才可能顺利融合迈尔斯。

"你见过这个恶魔吗?"我问。

"没有,可是我知道他要我做什么。"

"你如何得知恶魔的消息?"

"进行仪式的时候,他们会逼我们看电影,让我们看见征兆。我在电影里看过恶魔。他有红眼睛,有角,有很多胡子和尖尖的下巴。假如迈尔斯和我都融合了,我们会让卡伦变得非常邪恶。"

"可是迈尔斯不再觉得自己邪恶了,"我说。卡尔似乎有点挫折,好一会儿没说话。

"我一直想灌输大家死亡的念头。"所以才去天文馆?我想。"我原本想带刀子,我原本想……我好想掐住你。我不知道为什么。"卡尔显然已乱了方寸,他是如此努力想完成他的职责。

"你怕我吗?"

"我怕你正在做的事。我没办法抢走桑迪的记忆,还有克莱尔和朱莉的,因为她们已经被融合了。她们跟卡伦融合的时候,我也没办法阻止她们跟卡伦分享记忆。我没办法做好我的工作!"

“迈尔斯改变他对分享记忆的想法了。他已经明白,保护卡伦、不让卡伦知道往事的那段日子已经结束了。你也可以改变你的想法呀,我可以帮你。”

“我不知道。我不喜欢这样……我要再想一想。”

“卡尔,我需要你的支持。你对大家很重要,你一直是他们最终的依靠。没有你,我们不可能完成任务。”我知道我太夸张了。

“真的吗?”

“真的。迈尔斯想在今天融合。假如我们在今天做这件事,你能接受吗?”

“这样啊,好吧。我不会插手。”

“谢谢。”我故意等了好一会儿才说,“那么,卡尔,现在要请你先回去了。我得跟迈尔斯谈谈。”

卡尔退回去。卡伦先是没有表情,片刻后开始动来动去。

“我捅了大娄子,嗯?”迈尔斯露出大大的微笑。

“卡尔担心恶魔的记忆会跑出来,让他没办法做好自己的工作——把记忆好好包裹起来。”

“是啊。假如我没办法应付那些有关撒旦的谈话,那些诵经、奇怪的咒语什么的,卡尔会出来接受它们。”

“对,不过我会继续帮助他解决这个问题。现在,在你融入卡伦之前,我该怎么介绍你,告诉她哪些故事?”

“哦。我8岁,出生时6岁。我只长到8岁。卡伦被欺负的时候,她们需要一个男生出来挡。”迈尔斯正经起来。他倾身向前,耳语似地说话,仿佛只想让我们两个听见。然后他又开朗起来,“她也需要人帮她抵抗坏人。我是唯一敢还手的,虽然也因此讨了不少打,不过还是可以发泄掉一些怒气和痛苦啦。卡伦想当男孩,因为男孩不会被欺负。如果卡伦伤得很重,我会在外面至少待上一个月。”迈尔斯往前坐一点,“有一次——那时卡伦还小——西娅代替她超过一年了。我出来的时候，父亲都会说我脾气暴躁。”迈尔斯坐回去，没再说话，东张西望看着屋里的陈设。

“你对融合有什么想法？”

“噢，我很期待！我喜欢跟凯瑟琳还有安在一起，因为跟她们在一起，所以我知道那种感觉。”

我向迈尔斯道别，并且告诉他我会想念他。我一定会的。

进入催眠后，卡伦让我进入她的小窝，锁上门。她说，现在这道门的锁变多了。昨天她被塞入卡尔的寻死念头，所以她想用锁阻挡他的想法。我问卡伦是否准备好接受迈尔斯，她说准备好了，然后邀请他进来。我向卡伦介绍迈尔斯，告诉她他的故事。

“你看见他了吗？”我问。

“看见了，”卡伦说，“他笑得很贼。”这就是迈尔斯，我心想。“他说他会帮我应付母亲，也不会伤害任何人。他想跟你说话，贝尔医生。”

“好的。”

“离开之前，我想跟你握手。”迈尔斯毫不畏惧，渴望取悦他人的特质令我想起我儿子。

“祝你好运，迈尔斯。”我站起来，靠向卡伦，与她/他真切、温暖地握手。

“现在可以进去了吗？我要坐在她腿上吗？这样就好了吗？怎么做？”

“怎么做都行，”我说。

“他坐在我腿上，”卡伦说。“他对我吐舌头，笑得很开心。”卡伦突然变得痛苦。“噢！好怪！真的好怪！好像我身上的所有细胞都炸开了！我感受到很大的压力……不太舒服。”

“加油，你会没事的。”我试着用乐观的语气喊话。

“他已经完全进来了……我可以看见他的部分世界……跟真实世界不太一样。”

“你的意思是?”

“好冷……灰灰的房间……蜡烛……”

“迈尔斯可以给你力量,”我说,“但也会带来一些沉重的痛苦回忆。”

“我感觉到他的力量了。他有主张,没有人可以任意摆布、欺负我们。我觉得自己以前很软弱……”她似乎正在倾听内心的声音。“我仍然可以听见他,他的声音,但他确实在我体内。他说我们可以慢慢来,所以我不害怕。我想不会有事的。噢,我的头好痛。”她伸手扶着头,太阳穴的位置。

“很吵吗?”

“对……我想我应该可以跟上迈尔斯传送回忆的速度。”她的语气依旧徐缓且遥远,“……除非安全回到家,否则不会有记忆进来……他在里面,但很疏离,很有自觉……等我们回到家,他才完全跟我融合。”

“你一定会从迈尔斯身上获得许多力量。”我领她脱离催眠,再次叮嘱她记住今天的经历。她离开办公室,步伐仍有些不稳。我希望迈尔斯能看着她安全到家。

※ ※ ※ ※

与迈尔斯融合后数日,卡伦仍陷于沮丧之中;她甚至无法写下所有记忆与细节。迈尔斯相信的现实太过扭曲,与真实相去甚远。迈尔斯着迷于各种关于撒旦的论述,但这些想法总是与谎言、偷窃缠绕在一起。

“大家都说我很贱,”卡伦说。

“我可以看见你身上有一点点迈尔斯特有的脾性。”

“我说话越来越不留情面了——我根本还来不及想就脱口而出。”卡伦解释给我听。她说,这么多年来,常常有些亲友会突然不再与她联络。现在她终于明白为什么,她终于知道迈尔斯跟他们说了什么。她记得这些小插曲。迈尔斯会对他们出言不逊,卡尔接着夺走与这些人有关的记忆。迈尔斯一直很想对母亲这么做。

“我想目前还算顺利。”卡伦进入催眠后,卡尔现身。“有些记忆我没让卡伦知道,我不想让她写信告诉你。”

“你不想让我知道什么?”

“迈尔斯不是同性恋!”卡尔脱口而出。

“你说什么?!”卡伦和她的内在伙伴永远都有惊奇。

“迈尔斯想跟女人做,但他只有一个办法:就是让卡伦跟女人上床,你知道,像同性恋那样。”

“我想我能了解。迈尔斯是男生,想跟女人发生‘男女’关系,不过看起来却像是两个女人发生同性爱。”

“对,不过他没成功。”卡尔陷入沉默。然后他再度爆料:“他希望你伤害他。”

“为什么?”我又吃一惊。

“这样他才能感觉到爱。”

我不知道该说什么,只好让卡尔继续说。一个负责保守秘密的人确实有倾吐的需要。

“现在她的手好多了。迈尔斯断了四根手指头。如果迈尔斯用手护住自己,他们就用榔头敲他的手;然后他们会把他的手脚绑起来……”卡尔似乎在想象当时的情景,突然安静下来。

“卡伦与迈尔斯融合的进展如何?”我问。

“昨天结束了。他消失了。”

我试着乐观以对,告诉他迈尔斯以前就是卡伦的一部分,以后也是,他永远都会跟大家在一起。卡尔觉得很孤单。

我与安短暂对谈。她说她对自己的过去有很深的罪恶感,但她并未解释清楚。我问她是否考虑跟卡伦融合,她说她会想一想。霍尔顿说现在一切进展顺利，并未对他造成任何不便。我问他，安适不适合成为下一个融合的对象？他表示赞同。

1996年9月28日

与迈尔斯融合

与迈尔斯融合的前一晚，我内心有许多疑虑。我知道迈尔斯是为了应付大部分最严重的虐待才被创造出来的，但我不知道我是否准备好面对这些记忆。我的内在只有一个人反对这次融合。他——卡尔——给我惹了一整天的麻烦。那晚我准备睡觉时，卡尔仍试图说服大家阻止这次融合。我不知道我们睡了多久，但醒来以后，我觉得自己糟透了。开车去找你的路上，我再次遗失了时间，最后发现自己把车停在天文馆旁，面向湖水，有一股想跳下去的冲动。那感觉强烈到令我全身麻木，愿意服从这不知从何而来的强烈欲望。

卡伦继续描述来到我办公室的过程，以及之后与迈尔斯融合的细节。她花了好些篇幅讨论承接自迈尔斯的记忆……

融合后，我感受到迈尔斯的力量，也重新获得一些不错的回忆。催眠结束，回到你的办公室以后，我的手腕、手和脚踝突然痛了起来。接下来那几天，我的两只手总是握紧拳头，我一直有股冲动，想叫大家滚开。

那天，当我终于回到家，融合的威力就像一吨砖头瞬间砸在我身上。随着迈尔斯的记忆逐渐转移，我开始怀疑自己怎么可能有过这些经历。我好生气，好想揍人。我的心还承受得住吗？

关于迈尔斯对性的看法，还有感觉，我觉得我永远没办法说清楚,但我还是尽可能解释给你听,那就开始吧。我 17 岁那年(1977 年),我搬去跟一个叫珍妮的女人同居。她 34 岁。珍妮是女同性恋者,当时我并不知情。但迈尔斯很喜欢女人,他常常跟珍妮耗在一起,让她以为我也是女同性恋者。珍妮曾表示想开始交往,我拒绝她,迈尔斯却继续误导她,结果这让我和珍妮发生很多不愉快的事。难道我真的是女同性恋者吗? 现在回想起来,我终于了解自己为何这么气她。迈尔斯曾勾引她、调戏她。迈尔斯融入我之后,我发现我能用他的观点看待女性。我的性倾向真是乱七八糟!

我把最糟的记忆留待最后陈述,因为我害怕写下来。我想我必须先警告你,因为这些记忆实在太令我愤怒了。还有,虽然我很想全部告诉你,但我觉得我们应该保护你,然后把这些事告诉神父或牧师。所以,我会把部分记忆写下来,但不会写得太详细。真希望我可以不用写这些东西。我不敢相信,世界上竟然有人会做出这种事。

信仰撒旦有几个不同阶段。第一阶段是引诱我上钩,因为我很好奇、也着迷于他们告诉我的故事。我想知道更多,至少迈尔斯是这么想的。于是他们带我进入下一个阶段: 膜拜撒旦,让他控制我的灵魂。然后是第三个阶段: 为了保守一切秘密,撒旦创造了我。他们说,完成这些步骤之后,我将拥有强大的力量。

假如我们不服从领导,他们说,我们会被杀掉。我还记得他们穿着沾了血的白袍。好多好多血。我不知道那是谁的血,但我确实记得他们会杀动物献祭。

我受到鼓励,持续与自我分离,如此一来,他们的秘密也得以保全。我感到困惑,所以我很感谢别人出来替我承受这一切。参与仪式的人都是地方上有头有脸的人物。他们穿白袍,戴面具。我们被嘱咐不得向人提起这些仪式,假如我们说出去,他们会杀了我们。你知道最令我困扰的是什么吗? 邪恶。我们是为了感受邪恶才被创造出来的，而现在我们仍深受邪恶之苦。我想，我们永远都不可能忘记曾经发生过的一切。

没有一个孩子应该承受这样的疼痛和痛苦。欺凌我们的人非常懂得掩盖事实。我想我大概没办法很快从这些记忆中恢复过来。我担心你，贝尔医生。我不希望你因为我们的事而累坏了。

卡伦·奥弗希尔

第 19 章　安与西德尼

1996 年 10 月 10 日。卡伦看起来疲惫不堪。她说她在路上遗失了时间，醒来时发现自己在一处停车场，她不知道自己在哪里。她说，今天已经没有新的记忆（迈尔斯的）进来，所以她应该已经接收完毕了。最糟的记忆，卡伦说，是仪式那部分。她的身体受到太多折磨与伤害。迈尔斯承受痛苦的方式导致他最后想从内在撕裂自己，因为他感觉自己就是魔鬼。他也要我伤害卡伦的身体。她说，他们花了好多年才相信我不会伤害她。

迈尔斯的记忆不太有秩序。没有时间架构，没有时间顺序。她最憎恨的记忆是：他们逼她说她想受伤害，所以他们伤害她，或者是他们让她以为唯有受到伤害，她才能得到救赎，于是纵容他们伤害她。卡伦描述迈尔斯的某一段记忆给我听，那次神父也参与了虐待。他先是在她身上洒圣水，看看她是否被灼伤，判定她是否与魔鬼同道。她记得她确实看见红色记号，她想，说不定那真的是圣水，那些红色记号也许真的是她身上跑出来的。

我听她叙述与迈尔斯融合的过程，心里却惦记着她信上写的。我必须告诉她，我想不想知道迈尔斯受虐的细节。我反复思索。我承认我很好奇，像普通人喜欢围观他人当众受鞭刑的那种病态迷恋；有时我相信——或者该说担心——我走上精神治疗的道路源自我对奇异、不寻常事件的迷恋或陶醉。但是我必须小心谨慎。我不能以好玩的心情探问这些细节。我甚至无法确定,卡伦与我分享这些恶心、令她痛苦得想吐的回忆究竟对谁有好处。因此,除非我在她身上看见“被治疗”的需要,否则我决定不过问这些细节。我告诉她,她无须担心我被她的记忆伤害,若她想要、需要告诉我,尽管说出来,但我想我没有必要请她特别陈述任何细节。这个部分先这样处理吧。然后,我催眠她;安上前说话。

“听说你下一个要融合我。”安直挺挺坐着。端庄迷人、极有教养的谈吐令我一听就认出是她。“我很有兴趣,但首先我得多了解一点。”

“没问题。我能为你做什么?”

“卡伦需要矫正邪恶的宗教思想。”安生气的方式也很独特,“天主爱我们每一个人,但他们却替我们毁掉了天主的爱。”

“你是指他们在仪式中告诉你的那些?”

“对。”

“你们之中,只有几个人有这种思想,”我说,“也许你能为这些错误信仰带来良好平衡。”

“我不知道。我觉得我们不配受到天主的关爱。”安几乎直视我的双眼,“你知道吗?他们在进行邪恶仪式时,竟然还播放圣乐!这是很强烈的提示。只要一听见圣乐,就会想起那些仪式。”

“卡伦的宗教观想必受到严重伤害。”我肯定她的说法。

※ ※ ※ ※

迈尔斯的融合经历数周折腾,终于尘埃落定。我本身也为离婚忙得焦头烂额,但我尽可能不让自己的情绪影响卡伦的治疗,卡伦也不曾问我这方面的事。我继续讨论与安融合的安排,也获得她的同意;不过,在我们进行之前,西德尼出现了。他认为自己也适合进行融合,而且期待那一天的到来。他还说，虽然有时卡伦不在反倒比较好做事，但他总是独自一人孤单难过。以前有迈尔斯陪他，还有克莱尔，但现在不再有人跟他一起玩了。里头变得好安静。他问我，“融合会痛吗？”我说那感觉像拥抱。他希望能旁观安的融合过程。

“西德尼可以来看，没关系啊。”安拘谨地坐着。她与我四目相对，口齿冷静清晰。

“我想这应该可以帮助他，也能帮助其他人克服恐惧，”我说。

“我也希望如此。初次跟你讨论融合之后，我一直反复思考我和卡伦的事。我不曾受过虐待，因此我很难相信这些事曾经发生在其他人身上。看了迈尔斯的记忆之后，我很伤心，因为我终于明白一切都是真的。”

“我该怎么向卡伦介绍你？”

“让我想想……我 16 岁，出生时 11 岁。我是为了天天上教堂，还有礼拜天的告解而诞生的。我替神父工作，但是当神父伤害我们的时候，我会走开。我被赋予当个完美女孩的任务。我负责确认詹姆斯和莎拉顺利受洗，举行领受圣餐仪式。我尝试给他们正确的宗教观，并且让他们在乐观、正面的价值中成长。若卡伦受丈夫虐待，事后我得试着安抚孩子们的情绪。我设法教导他们对与错，明辨是非。”

安陷入沉默，平静下来。我向她解释融合步骤，问她是否准备好了。她说，是的，准备好了。我请她暂时离开，然后带卡伦进入安全小窝。我加入她，请她让安和西德尼一块儿进来。西德尼在一旁看着。

“告诉我你看见什么了，”我对卡伦说。

“安和西德尼在房间里，”卡伦描绘脑中的情景。“西德尼是个金发小男孩，他笑的方式活像个淘气捣蛋鬼。安很朴素，短发，看起来非常平静，我在她身上感受不到任何害怕或不安……”

我抓住卡伦停顿的机会，向她介绍安，建议她们俩准备妥当之后，可以按照自己的意思进行融合。

“她拥抱我，拨开我脸颊上的头发。她说一切都会没事的。她说如果我也拥抱她，她就会融入我了——这样比较快、也比较好。我有点紧张。”卡伦停下来，倾听着。“安在跟西德尼说话。她说融合很棒、很刺激。”卡伦再次沉默。接着换安开口。

“贝尔医生，我要谢谢你。能跟你一起合作，我感到十分荣幸。我希望你不会生我的气。”我谢谢她愿意与凯瑟琳、迈尔斯合作，也谢谢她为其他人做了一次良好的融合示范。

“安正在融入我，”卡伦说，“我不太舒服……她全部进来了……西德尼再也看不到她了……安很冷静……我得到她的某些想法了……我可以感觉到，她很期待外甥女的受洗仪式。”卡伦陷入沉默，我给她一点时间，慢慢接受安。她突然向前靠近。

“就这样？”西德尼问道，“没什么大不了嘛！我还以为会很像被吸进吸尘器什么的一样。”

“你看见什么了吗？”我问。

“安本来很真实，然后突然开始扭曲，像鬼魂一样，然后就听到一声‘噗’，不见了。”

“你怎么看这个过程？”

“万一我想跟安说话怎么办？以前我们习惯走进每个人的房间，一一跟他们说话；现在有几间房已经没人住了。我要怎么找她？”

“现在安是卡伦的一部分了；她还在这里，只是看不见而已。”我尝试解释这无法解释的概念。“你永远都可以找卡伦说话，安会听见的。你愿不愿意告诉卡尔今天看到的事？”

西德尼回去了。卡伦说，她觉得很平静，但光线再次变得过分明亮，声音也变得震耳欲聋。这回她离开时，比较不像前几次那样蹒跚、不舒服了。

1996年10月20日

与安融合

1996年10月17日,我与安融合。这次融合并不会令我心烦意乱,但似乎更强烈、更热情;我想,安的记忆将影响我整个人、我的一切。

前去你办公室的路上,我不太确定自己能不能与安融合。我很害怕。因为迈尔斯,因为那些关于撒旦、关于邪恶的记忆。我觉得我好像又给自己找麻烦了。然而,当安开始融入我,我才知道她的记忆跟别人完全相反。安不曾面临棘手的困境,不曾遭受虐待,她甚至从未参与我的身体活动(像是走路、找东西、去某个地方等等)。

安的记忆、想法、人生观不断在我内心奔腾活跃;也许下一次我就能清楚说明这种感觉了。

- 大家都喜欢安。安开朗、机敏、乐于助人。她认为我们能找到你,而且你还相信我们,这真是个奇迹。
- 安认为我们有某种天赋。神赋予我们自我分裂的能力,让我们帮助自己应付神无法阻止的难题。
- 安觉得我们并非自愿受虐。她无时无刻不为我们祈祷。
- 安一直很想把我们的故事公之于世,希望能对其他人有所帮助。
- 安隐藏我们受虐的证据。没有人相信我们。我们的身份撼动不了施虐者的地位。
- 安负责处理紧急状况。一旦发生意外状况,安会立刻让卡伦睡着,协调其他人出来接手。
- 安相信,等我们全部合而为一,再度与神和好,我们将重获自由。

※ ※ ※ ※

1996年万圣节，卡伦浑身发抖、泪流满面地走进我的办公室。最近她想起一位警官——伯特警官——自杀的回忆。伯特是经常虐待她的人之一。她想起伯特曾向她道歉，表示他没想到会变得这么离谱，而他再也没办法继续下去了。他说他知道自己将受地狱之火焚烧，他很抱歉。他站在壁炉前，举枪对准脑袋，扣下扳机。她还记得他的手在镜子上留下血痕。他的那番话一直在她脑中徘徊不去。

催眠后，卡尔出来了。他固执地认为卡伦根本不需要想起这些事。他越来越难为她抵挡不舒服的记忆了。他说，这些记忆是毒药，很邪恶，绝不能让她知道！他急坏了。霍尔顿频频压制卡尔，他不想让卡尔继续伤害大家，也不认为卡尔有继续出现的必要。霍尔顿想安排他融合，但是他太愤怒了。他必须像迈尔斯一样，先冷静下来才行。我向霍尔顿致意，表示我会多花时间跟卡尔相处。

我察觉卡尔心底有股深切的悲哀。好吧，不是他就是我，因为我的离婚申请在前一天生效了；但我仍假设这股悲哀部分属于卡尔。于是，我刻意忽略卡尔怒气冲冲的斥责，着重处理悲伤的部分；假如我的方向正确，他会更强烈地亲近我，响应我的同理心。这有助于拉近他和我的距离，就像迈尔斯一样。

“卡尔，究竟是什么事让你这么难过？”他看着我，吓了一跳。但态度仍相当谨慎。

“我不喜欢有人篡改我的工作成果。”他仍相当抗拒，但与过去相比，程度稍微减轻了些。

“我承认你的工作很重要，而且你们的变化也可能让你非常生气。假如我们稍微改变一下处理方式，说不定你就能继续保有你的工作噢。”

“你在说什么？”他的态度依然谨慎，但也露出兴趣。

“卡伦必须一点一滴，慢慢输入这些新的记忆，而非全部吃下来。每次融合之后，她几乎完全招架不住。也许你可以考虑先把你知道的告诉我，先让我知道该怎么开药，然后我们可以一起讨论什么时候让卡伦知道。”

“嗯，这个……好吧。”他仍犹豫不决，但部分的他渴望跟我合作，卸下重担。

※ ※ ※ ※

“这是哪里？”西娅问我。西娅用手遮住脸，掌心朝向我，感觉惊讶，不可思议却又相当迷人。

“我的办公室，”我说。

“我刚才还在医院里，光线很刺眼。我去医院好多次了。儿童纪念医院、圣安东尼医院、仁慈医院、圣十字医院……”西娅陷入沉思。

“你在医院？怎么了？”

“噢，我记得我躺在一张桌子上，旁边有好几百个医生正在看一张胶片……我头上长的那块东西。卡伦的爸爸也常用很强的光替我检查，检查这里。”她低头看看自己。

“卡伦做直肠检查时会让你想起这件事吗？”

“会啊，卡伦检查的时候，医生不会笑。我想我的下面一定受伤了。医生绝对看得出来。”

“你以前似乎受到很恐怖的虐待，”我说。

“噢，我不会痛，但我总是待在医院里。我生来就是要接受这些检查的。”

“你看过很多医生吗？”

“对。而且医生都很坏。有个医生每个礼拜六早上都会给我打一针，害我变得很累，没有力气。每次我们在礼拜五晚上受伤以后，隔天都会上医院去。医生会替我检查，然后给我打针止痛。”西娅不说话，看着窗外。“我好孤单。里面都没人了。”

“你愿意融入卡伦，跟其他人在一起吗？”我问她，让她开始朝这方向思考。

“可是我还得照顾宝宝。”似乎已经有人告诉西娅了，所以我想趁此机会问几个我百思不解的问题。

“噢，宝宝几岁了？”我问。

“不到 2 岁。她几乎不太能走。”

“宝宝是为了什么诞生的？”

“她跟霍尔顿还有凯瑟琳同时出生。他们一分为三。只要卡伦一哭，她的爸妈就会使劲摇她、甩她，这些都由卡伦博来承受。卡伦从来就不是‘真的’。”

“不是真的？”

“不是。这里没有一个叫卡伦的主体。”

“那么，等你们全部融合之后，你们就会变成‘一个’人。你平常怎么打发时间？”

“在里面的时候，我常常从一个房间飘到另一个房间；要不就常常进出医院。我从来不睡觉。”

我希望我能有更多时间好好跟西娅聊天，但今天的诊疗时间快用完了。我请她回去，顺便问问是否有其他人想出来说话。卡伦突然变了一个人。

“假如我融合了，卡伦会开始偷东西吗？”西德尼问我。

“我想不会的，西德尼。因为还有很多个卡伦不会偷东西呀，他们可以平衡你的感觉。”当然，这只是我的猜测。“你在担心什么，西德尼？”

“我的记忆、我的感觉都不太好。万一我融合了，我怕我会伤害大家。”

“可是，假如你不融合，他们会少了你的优点——你的幽默感。”他露出笑容。于是我们同意下一次来进行他的融合。

霍尔顿短暂出现，告诉我卡尔试图干扰卡伦记录安的回忆。卡伦再次突然改变。

“霍尔顿怎么知道是我？”卡尔挑衅地说。卡尔很愤怒，于是我们只好再次讨论他无法控制众人记忆的无力感。送卡尔回家前，我尽可能听他诉苦，理解他的感受。

※ ※ ※ ※

时间是1996年12月上旬，天气好冷，常常刮风。从我的窗子往外看，天空阴沉沉的，阳光在远处的密歇根湖畔微微露脸。卡伦已拖欠了5 000美元的费用了。她无法按时支付账款，也没有能力凑出现金。我向她提起这件事，她一如往常、震惊得无以复加——每次我们讨论到钱，她总是有此反应。我告诉她，眼前只有一个办法：我干脆不再索取费用，免费为她就诊。身为医生，我知道我不该这么做。人们总以为病人和医生之间存在某种特殊而微妙的关系；一旦不收取费用，医生可能再也无法以理性、超然的态度为病人服务。就卡伦的个案而言，我必须承认——确实如此。但是从道德、良知来看，我找不到其他更好的办法。我们已经一起努力8年了，光是建立信任就花了不少时间；我怎能在这个时候抛下她？我告诉她，未来有一天，假如她有能力偿还这些费用，我很乐意接受；但现在，此时此刻，我们先别管钱不钱的了，赶紧继续我们的工作才是。她很感激。我想卡伦和我应该都很高兴，咱们终于解决无法如期支付费用的问题了。

我们再次将重点转回融合。这次轮到西德尼。

“我出生时4岁，卡伦3岁，”西德尼说。“现在我5岁了。我出现是因为爸想要男孩。我喜欢爸要我喜欢的东西。棒球、跟狗玩、追农场养的鸡——我不在乎弄得脏兮兮的,但卡伦很介意。我会把爸偷的东西藏起来:盒式磁带录音机、手表之类的。他说我在这方面挺行的,我觉得很高兴。爸老是喜欢偷餐厅的银餐具。他说那是我们用小费买的。假如爸说他喜欢某样东西,我就得替他偷——否则他会伤害我们;可是得手之后,他又会为偷窃惩罚我。不过,比起我不愿动手所受到的惩罚,这根本是小巫见大巫。”西德尼描述父亲惩罚他的各种方法。

“我喜欢唬人。有时候我也会捉弄乔希。”

“卡伦的丈夫?”

“对。爸也常常恶作剧呀,不过他很恶劣。”

“你准备好融入卡伦了吗?”我问。

“嗯!咱们开始吧!”

我引导卡伦进入催眠状态,一步一步指示她让我们进入小房间;然后我介绍西德尼。

“西德尼看起来好滑稽哟,”卡伦说,“他想跟我融合。他想直接跳到我身上!”卡伦笑了,似乎觉得很有趣,但夹杂一点点担心。她向后仰,靠在椅背上。“他站在我面前,瞪着我看,一副‘现在我们要做什么’的样子。”

“抱抱他?”我建议。

“他正在告诉我什么东西放哪里。西德尼把竖笛藏起来了——我以为是女清洁工偷的,所以把她给开除了!他把它藏在露营用具底下。”卡伦停下来。

“继续说,没关系,”我说。

“他准备起跑……开始跑了……噢!他跳进来了!”她像西德尼一样往椅子上跳。“我可以感觉他在我身体里移动……噢!老天!我听见我体内所有的声音!我的心跳!我的血正在流动!还有脑子里的血压,好痛!好刺眼!”她停下来,试着喘口气,“不过我不会不舒服,也不觉得有压力。我可以看见一些画面,像电影一样：开车兜风,跟父亲说话……”卡伦稍微放松下来,“我想我不会有事的。”

“你可能会接收不少关于你父亲的记忆,到时我们再好好谈谈。”

“好。他们好幼稚哦,好像我小时候。西德尼喜欢作弄街坊邻居,他不明白会造成什么后果……他活在小男孩的世界里。”

我引导卡伦回到我的办公室。就在这时候,一辆消防车呼啸而过,卡伦痛苦得立刻用手捂住耳朵。我让卡伦再休息一会儿,待她稍微恢复精神,自己搭电梯到楼下的咖啡店。她可以继续待在那儿,直到她准备好开车回家。

1996 年 12 月 10 日

与西德尼融合

1996 年 12 月 5 日,西德尼融入我。

一到你的办公室,我似乎就已经听见西德尼打算怎么融合了。

我记得大概是这样的：我发现我比以往更快地来到安全小窝。西德尼跟在你后面进来。我吓了一跳,因为门已经开了。这门通常是上锁的,很多道锁。

西德尼早就准备好了,他看着你,等你允许他行动。然后他退回门边,开始跑步冲向我,最后他奋力一跳——我们融合了。

我不记得最先进来的是哪一段记忆,但我把部分列出来给你看。

离开你的办公室之后,我开始渴望一些我不曾注意过的东西,像玩具、圣诞装饰之类的。想偷东西的欲望很强烈,但我还有办法控制自己。

我爸跟我妈发生争执时,西德尼必须站在我爸那边。每当我爸殴打我妈,西德尼总是在一旁看着。我爸每每替自己辩解,所以西德尼相信是我妈罪有应得。

我爸需要钱的时候，西德尼必须去找祖母要钱；如果她拒绝，他会直接偷她皮包里的钱。

西德尼会把每年第一次的成绩单藏起来，谎称不见了，然后自行制作其他学期的成绩单，填上 A 或 B，好避免遭父亲鞭打：B 打一下，C 打两下，D 打 3 下，F 打 10 下。

西德尼的记忆还有很多，但我的手很痛，写字更痛。等我比较好了，我会再多写一些。

※ ※ ※ ※

圣诞节即将到来，因融合西德尼而产生的影响也消退了。这次消退的速度很快，卡伦不再听见他的声音了。她说现在她多了一些坏习惯：她会偷喝别人的饮料，上完厕所不洗手；她以崭新的眼光看待店里的小东西，为之着迷。她好想偷圣诞装饰。她好爱好爱涂面包用的那种炒牛肉酱。

我问她圣诞节有什么计划。她翻翻自己的记事本。我问她能不能借我瞧瞧。记事本的每一条项目字迹都一样(凯瑟琳写的?)。卡伦说她每天早上都会打开来看，确认当天该做哪些事。她说她母亲邀请他们去过圣诞夜。我警告她赴约的可能后果；卡伦同意我的看法，但她想见弟弟们。

我与霍尔顿对谈。他说，自从朱莉和桑迪完成融合后，他们的血糖值恢复正常了。他想知道该怎么向洛申医生解释？我建议让卡伦再检查一次，然后让医生自己解释检查结果。

我问霍尔顿下一次该选谁？他表示，融合年轻人似乎颇为顺利。他和凯瑟琳应该留到最后再融合。他说，下一个选西娅应该不错，而且她可能会带着卡伦博，詹森似乎也颇有兴趣；他们都在等待通知，等着轮到自己。卡尔仍在犹豫,不太愿意。

我问卡尔手腕还好吗? 卡伦一直抱怨手痛。

“我会痛,”卡尔说,咬牙忍耐着,“但我觉得没啥大不了的,其他人也一样。”

“如果你跟卡伦融合,”我说,“她会拥有你忍耐疼痛的能力。”

“假如我跟卡伦融合,我会死掉,”他说,心情沉重。

“你不会死的,”我说,“你也不会消失。你会跟其他人结合在一起。”我必须想办法让卡尔接受,他是抗拒程度最强烈的人格。“你的一切,你所有的力量,最后都将成为卡伦的一部分。”

“可是自从莎拉出生以后,我就没办法带走疼痛了,”卡尔反驳我,“我再也感觉不到卑鄙、恶劣,我很担心。”卡尔看起来很失落,很渺小。他的态度变得不一样,他软化了。“我头一次明白什么是‘送礼物’。我越来越常跟卡伦一起出来了。我甚至还寄圣诞卡给你,贝尔医生。”

“你正在改变,卡尔,你长大了。等你融入卡伦,一定会成为卡伦重要的好帮手。祝你圣诞节快乐。”

“谢谢。”

第20章　西娅与卡伦博

“假如其他人格都不存在，我要怎么面对他们的朋友？”卡伦问道。现在是1月初，芝加哥冷得快结冰，大地一片雪白。卡伦正在承受人格融合带来的各种效应。我该给她什么建议？

“我看见这些人的时候，脑袋里确实有他们的印象，但我没有感觉，”她继续说，“他们让我很不自在。我不知道该怎么维持这么多的人际关系。”

“你没躲起来？”我探问。

“你说对了。”

“现在你可以开始建立你自己对这些朋友的观点了。”

“还有，以前我每晚平均睡2到4个钟头，最近差不多是4到6个钟头。过去几个礼拜，我失去好多时间。我在毫无自觉的状况下替女儿粉刷房间。不过老实说，成果看起来还不错啦……”卡伦揉揉额头，笑了。

※　※　※　※

“我真的被这里的人给惹毛了。大家一点都不团结，不好好相处。”凯瑟琳像个忿忿不平的学者，气得冒烟。“已经融合的部分很好——有问题的是还留在这里的人。他们自以为可以随心所欲，爱怎么样就怎么样。詹森一天到晚不按牌理出牌，有一天他竟然心血来潮，跑去粉刷房间！卡尔一直在生气。霍尔顿整天坐在他家，半点事也不做。西娅和宝宝越来越不安，得赶快安排她们融合。”

“谁最会惹麻烦？”我问。

“詹森、卡尔、卡伦2和爱丽丝。”

凯瑟琳退回内在。卡伦的身体突然向前倾，摆出我熟悉的、一副独断独行的姿势。

“我应该再给卡伦一些记忆吗？”卡尔问我，“她头痛，我会带走她的疼痛。我可以传送一点记忆给她，但我不会一次全部给她。我会让她像闪电一样简短、迅速地回想起来，然后看看效果怎么样。”

“很好，继续下去吧！”我鼓励他。

卡尔回去之后，卡伦不再看我；她的视线往下移，最后停在肩膀上。

“我想画画，”詹森说，“我喜欢装饰粉刷。”好吧，我得想办法缩小詹森的画布。

“听说莎拉的房间漆得很漂亮？不过下次你可不可以不漆房间，改成画几张画给我？”

带卡伦离开催眠之前，我暗示她醒来之后她的头痛将和缓许多。卡伦醒来后，确实觉得好多了。带走卡伦头痛的人究竟是卡尔，还是我？

※ ※ ※ ※

“我不能让大家走进法院！我们会被关进监牢里！”卡尔说。

“监牢？”

“他们会问问题，逼她把时间遗失掉。”卡尔的声音透露着绝望，“我们不能冒险！”原来是卡伦接到陪审团的传唤了。

“你觉得你们犯了罪？”

“我不相信警察。他们都认为我们有罪。我怕我们总有一天会被关进牢里。”

“因为你不乖吗?”我想我找出卡尔何以如此偏执的理由了:他觉得自己很邪恶,理应受到惩罚。

“对。”他垂下头说,“会被他们看出来。”

“卡尔,你总是为了大家牺牲自己,我不懂你为什么觉得这样的你很坏、很不乖?”卡尔筑起牢牢的心墙,保护他温柔、脆弱的感情;我试图在墙上挖洞。

“一直有人提醒我们,说我们很坏。”

“我知道。我知道那些坏人一直这样告诉你们,想让你们变得跟他们一样坏;但你跟他们不一样,你并不坏。”卡尔仔细思索我的话。

为多重人格进行精神治疗,有许多地方值得玩味。举例来说,独立人格的问题实际上是“平面”的二度空间,他们不像完整人格拥有多层次且复杂的心理结构;他们似乎颇为依赖,也愿意合作,这使我的工作容易多了。这些内在人格——特别是几个小男孩——总是很快接受我的意见,然后与自己的看法结合;对于这一点,我总是感到相当惊讶。

“我会给卡伦写张医生证明,让她不必理会陪审团的传唤,”我说。

“你会吗?”我竟如此轻易就能保护他,解决他最深的恐惧,似乎令他印象深刻。卡尔说,他已经向卡伦泄露一些记忆了,但他还是会担心,因为他是负责承担痛苦的人。卡尔问我,他这样做会不会伤害大家?我说不会。我认为他不会伤害到任何人。我们的同盟关系开始有了不错的基础。

下一个现身的是西娅。最近她经常与卡伦共享时间,但卡伦并不知情。

“你为卡伦扮演什么角色?”我问。这多少算是协助他们放松的例行公事吧。“你为何诞生?”

“卡伦6个月大的时候,常常生病,”西娅说。她是个大方、实事求是、可爱、颇为女孩子气的小女生,非常讨人喜欢。“她的额头上有肿瘤。虽然卡伦博——就是宝宝——已经出现了,但她没办法应付吃药打针,还有那些医生,所以我诞生了。卡伦5岁时,她又动了手术,做放射线治疗。每次住院的都是我。”西娅微笑,侧过头,用眼角余光瞟我。“说真的,跟医生护士在一起还比较好,”她顿了顿,“虽然也有不好的事啦,像打针什么的。只不过,有时候在家里遇到坏事,我就希望大家能赶快生病。”

“希望自己生病?”

“对。我可以让大家发烧、出疹子。”

“你怎么办到的?”我曾听过这种事,但我不曾亲眼目睹。

“我只要想着‘我应该发烧’就行了。假如我真的气炸了,光是站一下,我的体温就会一直升高一直升高!有一次还高到华氏104度!太高了,他们得用冰水浇我们。”

“你随时都能这样做?”

“只有在我很生气的时候。”西娅露出小女孩儿的微笑,有点不好意思、但很开心。“有一次,我让大家昏迷了一个月。其实我们只是暂停生活一阵子。父亲会走进病房,坐在床边,拿起遥控器一台一台转。我们假装听不见。后来他们打算替我们动手术,所以我决定我们该恢复听觉了。”西娅的神情仿佛在描述一件下课时的偶发事件。我不确定我是否真的相信她,但是在西娅幼小的心中,实情正是如此。

“你送我们去住院的时候,我也出来了,”西娅说,音调拉高,感觉有些僵硬。“我很气你。我们被灌了一堆药,可是这些药对我们每一个人的作用都不一样。克莱尔和我明白,你这么做是想多了解我们,但我觉得你不会相信我们……后来她背叛大家,写信给你了。”

“但她也成功了呀!”

“是没错。可是我很害怕。大家都是想伤害我们才理我们、注意我们的……”

“可以聊聊卡伦博吗?”

“她是母亲会喜欢的完美宝宝,而且她听得懂一点匈牙利语。可惜卡伦一直很痛苦,她只能不断分裂;卡伦博首先分裂出来,然后是霍尔顿和凯瑟琳——我们需要他俩扮演内在父母的角色……在外头,我们不曾拥有过真正的爸爸和妈妈。”

“霍尔顿和凯瑟琳怎么知道他们该做什么?”

“我们身边有几个不错的人,还有,我们也会读故事书。他们俩一年一年不断地改变。我们会看见别的妈妈是怎么对待小孩的,然后凯瑟琳和霍尔顿就会学起来。”

“他们这么快就能上手,化为本能?”

“噢,可以啊,我们的信息来自四面八方:电视、迪克·范戴克[①]、《老爷大过天》[②]、《鹧鸪家族》[③]等等。我们希望霍尔顿能善解人意。”

西娅描述的这种能力和组织架构令我大为赞叹。据她所言,这些内在人格全都有瞬间进行角色模仿、身份认同的能力;难怪他们能迅速采纳我的建议和解释。我们互动的时候,他们似乎也把我当作这个系统的一分子了。要想走到这一步,其他病人得花上好几个月的时间,但卡伦的分身不到几天就完成了。卡伦之所以能在分裂后再度融合,或许也跟这种能力有关。为了进行融合,卡伦似乎得将这种身份认同的弹性施展至极限,以便重新组成自我形象;而她确实也相当程度地掌握了这种弹性。

数周后,我问西娅,她和卡伦博是否准备好融入卡伦?她说准备好了。我开始引导催眠的准备工作。卡伦与西娅进入安全小窝,我根据西

---

① 迪克·范戴克(Dick Van Dyke,1925—):美国著名喜剧明星。——译者

② 《老爷大过天》(*Father Knows Best*):美国一部电视和广播均播出过的连续剧,描述了美国中西部的中产阶级生活。——译者

③ 《鹧鸪家族》(*The Partridge Family*):英国电视情景喜剧,讲述的是一位寡妇和她的五个小孩致力于音乐生涯的故事。——译者

娅告诉我的故事，与她俩讨论两人的角色。西娅抱着宝宝，坐在卡伦腿上。

“西娅扎马尾，脸上有雀斑，”卡伦缓缓说道，“宝宝窝在西娅身上，好小一个；她大概18个月大。对一个一岁多的婴儿来说，她的体型稍嫌单薄。宝宝搂着西娅的脖子，搂得很紧。西娅很开心，她再也不会孤单了。我们3个应该同时融合，还是一次一个？”

“都可以。你应该顺着自己的感觉来决定。”我怎么能知道她们该怎么做？

“我觉得好奇怪，有股拉力……”卡伦停下来，身体微微扭动，表情显示她们正在努力；她全神贯注。“西娅想让她和宝宝各自靠在我的肩上，然后融入我……行得通吗？”

“当然。”我信心百倍，诚心盼望这是最好的办法。

卡伦沉默了约30秒，表情极为专注。

“我想她们进来了。”

“让过程慢慢完成吧。”我不想催促她。我们不曾有过一次融合两人的经验。

“我收到卡伦博的记忆了。*Nagymama*[①] 会用匈牙利文写诗，她想听她写的诗。好多日光灯……医院病房。大胡子男人……”

几分钟后，我带她回到办公室。屋里的光线太明亮，害她头痛。

“我的脑袋里正在放电影，”离开办公室时，她对我说。我们约好隔天电话联络，讨论这件事。

1997年1月26日

与西娅、卡伦博融合

1997年1月22日，礼拜三，西娅和卡伦博与我融合。这次融

① 意大利语，意为“祖母”。——译者

合很累人，因为我很难分辨哪些是西娅的记忆，哪些是卡伦博的。卡伦博好小一个，像洋娃娃，头发是金色的。我记得西娅把卡伦博放在腿上，两人紧紧拥抱在一起；然后我们就合并了。在她们融入的那一刻，我对光线和声音变得极度敏感，我听见匈牙利歌谣和摇篮曲的旋律。接下来，我感觉到、也听见医院的声响。我头昏眼花、头重脚轻离开了你的办公室。但不知怎么着，我就是知道我会平安回到家。

我试着用“我”这个字代表自己，也就是“卡伦”，但是好难。因为我好想写，也想说“我们”。融合后的第一天，我回想起所有在医院的记忆。西娅花了很多时间跟医生、护士，还有其他病人做朋友。她勤读医学书籍，一看就是个把钟头，所以她才有办法用“想”的方法即刻引发她想要的症状。西娅甚至认为她可以任意左右她的免疫系统，她深信大家都应该学会这个技巧，好帮助自己治疗自己的病症。

接下来几天，我又得到更多住院记忆，还有卡伦博的以字、词构成的回忆。卡伦博有个习惯，她喜欢咬手指头边边的死皮；我发现自己在融合后也频频重复这个动作，持续约一个礼拜才消失。

这次融合大概花了两个礼拜才完全结束。我觉得，我每天都能多认识自己一点。

我不太相信西娅“任意左右免疫系统”的说法，但这个想法确实值得研究。不过，由于卡伦的精神治疗不包括这个部分，所以我决定不管它。

卡尔决定暂停向卡伦传送记忆，直到西娅和卡伦博彻底融合为止。我问他是否准备好了，他说他还是很生气。我告诉他，这股愤怒也许不会消失，但等他融入其他人后，极可能被稀释、淡化。他在卡伦身上看见迈尔斯的脾气、安的沉着冷静。如果他与卡伦融合，卡伦获得他其余的记忆，他说，再也没有比这个更糟糕的结果了。所有的痛苦、悲伤都背负在他身上。他累了，他已经不知道“心情好”是什么感觉了。

我问他现在是否还有伤害自己的念头。他说，有时候，他觉得他应该勇敢一点，了结自己的性命，这样其他人就再也不会感受到他的痛苦了；然而他也渐渐明白，如果他杀了自己，其他人也会随他共赴黄泉——因为他们共享一副躯体。他以前完全不知道这件事。

第21章　卡尔

卡伦带着一只鼓鼓的牛皮纸袋和几张纸走进来。我毫不掩饰对纸袋的好奇心。

“这些是已经跟我融合的人留给你的。”卡伦递给我一张便笺，标题写着“给贝尔医生的物品清单”。清单上一项一项列着纸袋里装了哪些东西，但我直接将注意力转向纸袋。我把袋子里的东西倒在座椅旁的土耳其绒垫上，逐一研究这些玩意儿。一把很沉的钳子，磨得差不多、1.5英寸的油漆刮刀；便笺上说，这是祖父用来伤害“我们”的东西。迈尔斯请卡伦带过来给我，交代我扔掉它们。除了前述两样东西，迈尔斯还给了我一根约10英寸长的蜡烛，但中段怪异地弯折成90度直角；迈尔斯说这是进行仪式时所使用的蜡烛。令我吃惊的是，这些全是很普通的东西：钳子、刮刀，毫不起眼，看起来就像从老男人的工具箱里拿出来的。

我拣起一只塑料十字架、一枚小巧的金属十字架坠饰，还有一幅边缘以小花装饰的十字绣——“求天主降福于你的善行，不求天主为你成就”，这是安绣的。桑迪留给我一到四年级的成绩单。卡伦成绩还不错，但“上课不专心”与“有破坏倾向”这两个选项双双被作了记号。

我找到鱼钩做成、涂彩装饰的护身符，还有一条附金属搭扣的皮手环，上头刻了卡伦的名字。手环是西娅的，“卡伦”二字是迈尔斯刻的。

另外还有卡伦博的尿布别针，西德尼的一块大理石，还有纽扣、12 星座铜质链坠，以及各式各样参加夏令营制作的手工饰品。我望着这些东西。它们看起来很普通，就像掉在衣柜深处、等待清理的无用之物；但是对卡伦、对她体内已融合的人格而言，每一件都有严肃且重要的意义。我小心将它们一一放回纸袋，转而面对卡伦。

"我明白这些物品对已融合的人来说有多重要，我会把它们跟你给我的其他东西放在一起。"我盯着卡伦，寻找她对我依愿收下这包纪念品的反应与暗示。我察觉到一丝微微的、满足的喜悦。

"我们预定下星期二要融合卡尔，"我提醒她。卡伦点点头，但她却露出担忧的神情。她把另外那几张纸也交给我，哀伤地望着我。

这张纸的标题是"卡尔的记忆"。过去几周，卡伦陆续写下卡尔透露给她的记忆。她说，她以前就向我提过这些虐待事件，但卡尔的记忆填补了更多空隙。以下是她写的其中一页。

> 我被放进殡仪馆的棺材里。我不能呼吸。最初是克莱尔出来顶替我，然后换成迈尔斯；当他们俩再也无法承受时，卡尔出现了。他一直支撑到我们被放出来，并且继续承受随之而来的嘲弄和奚落。
>
> 卡尔也承担了我们孩提时代经历手术、放射线治疗的痛苦。朱莉和西娅受不了时，就换卡尔出来。我剖腹产下莎拉时，也是卡尔在受苦。尽管我被施以脊髓麻醉，但西娅和朱莉却跑出来了；医生划开我们的腹部，朱莉动了动脚——我被麻醉了，但朱莉并没有。后来肺部手术的疼痛还是由卡尔承受。
>
> 进行邪教仪式期间，卡尔忍受他们用大头针戳隐私处的疼痛。我们举手想护住胸部，父亲便拿榔头敲我们的手，挨打的还是卡尔。当迈尔斯和朱莉被带插座的电线鞭打、被殴打、遭人用蜡烛滴烫敏感部位，全是卡尔代他们承受。

我放下卡伦的笔记。卡伦所受的虐待绝不仅止于此，有些甚至恐怖得难以形容，但她只写下较具代表性的几件。我想象过去几周来，卡伦每天一点一滴接收这些影像、记忆，并与之共处的情景。我终于明白她何以如此悲伤，也明白卡尔一想到这些他多年来拼命保护、不让大家知道的记忆终将公之于世的惊惶。

※ ※ ※ ※

“与卡尔融合……真的好吗?”卡伦问我，态度有些无可奈何。

“假如你还没准备好，我们随时都可以暂停、延后，”我说。“我们没有时间表，完全由你来决定。”卡伦惧怕卡尔，也怕他曾承受的苦难，我不怪她。但是，我把决定权转回给她，也不伸手拉她、让她独自面对自身的恐惧。她得决定是继续往前走，还是鸣金收兵。但她从来都不是胆小鬼。

“往后还有一段好长的路要走，”她说，神情憔悴，“自从西娅和卡伦博融入之后，我的感觉变了。我初次感受到一些存在很久的记忆，或者是似曾相识的感觉。随着每一次融合，我觉得好像我以前根本不存在、现在又重新活过一遍似的。”卡伦停下来，望着地毯。我只能等待。

“每当有新的人格融入我，我总觉得自己又得接受一段新的、过去的、属于别人的人生。”她痛苦地看着我，“那么我到底是谁?”她望向窗外，“真的好难……这样学着做‘自己’。”她淡淡笑着，戏谑地说，但没有人比她更认真。不只被融合的人格必须放弃自我，卡伦——这个持续来找我接受治疗的人，也一再经历宛如自我摧残的人格融合过程。对她来说，融合并非加成，而是不断削弱自我。融合后的整体不等于各独立人格彼此相加，二者差别太大了。我不催她，让她静静坐着。

“我想我能明白你的难处，还有你这一路经历的痛苦。”我停顿一会儿，“那么，你觉得准备好与卡尔融合了吗?”我问。

她皱了皱眉，点头，不发一语。我请她放松，按往常程序揭开催眠序幕。她依言放松，闭上双眼。

卡尔现身。卡伦看着我，两眼大睁，呼吸急促。“卡伦很担心，”卡尔说，“她只想到痛苦，她不愿意相信我所有的记忆。”卡尔用眼神恳求我，要我想办法让卡伦能够顺利度过接下来的挑战。但我不知道我有没有能力保护她。

“如果你能同时将与记忆有关的感觉给她，也许她会比较愿意接受，”我建议卡尔。

“我要怎么给她痛苦？”卡尔绝望地看着我。他进退两难——不让卡伦感觉痛苦、让她忘记痛苦是卡尔一直以来存在的意义，但现在他竟然必须一次全部给她。“我怎么给她感觉？”我不说话，希望卡尔能解答自己的问题。

我想，卡尔说到重点了。若这些记忆终将成为卡伦的一部分，我们怎么可以任意减轻痛苦的程度？又或者，我们真的有办法减轻痛苦吗？这样才真的是改变她的过去。卡尔描述这些事件时，他仿佛身历其境，重新经历这段过程。但我依然认为卡伦不需要这些过分鲜明的现实与记忆。

“我想，或许有两个办法能帮上忙，”我告诉卡尔。“首先，你能不能在融合之后慢慢释放你的记忆——不要在几天之内仓促完成，尽可能延长至两三个星期？”如此或许能帮助卡伦逐步接收卡尔的记忆，避免造成毁灭性的破坏。

“我会试试看。”卡尔有些惊慌。

“再来就是，在你传递痛苦给卡伦的时候，能不能也将你承受痛苦的力量一并传给她？”卡尔稍微多花了点时间思索我的话，好像他不曾想过“力量”也在融合范围之内。

“这我也会努力的。”

我请卡尔暂时回避，让我跟霍尔顿说话。霍尔顿早已知道卡伦可能即将面临一段难熬的日子,他保证会保持警觉,随时注意卡伦的状况。他还提醒我,卡伦体内已经有7个可以帮助她的人了;他说,现在的卡伦已经比较强壮,也承受得住卡尔的融合了。不过,霍尔顿希望我未来几天尽可能守在电话旁,好应付任何突发状况。他说,卡尔会等卡伦到家再开始传送记忆。我请卡尔回来,在卡伦的小房间外等候。

卡伦打开门,"卡尔进来了,"她说。

"你能形容他的模样吗?"我问。

"他的表情好痛苦。"卡伦皱眉蹙额。"他有一头黑发,脖子上挂着项链。他跟我握手,向我介绍他自己。他说不会有事的。"

希望他说对了,我默默想着。虽然卡伦早已意识到卡尔的角色,我想我仍必须简单介绍他。

"卡尔负责承受他人无法承受的痛苦。他守住痛苦的回忆,但他也拥有忍受痛苦的力量。"

"他好像很难相处,"卡伦看着心中的他,说道,"他不是那种喜欢接触人的人。他浑身是伤,手臂、手掌上也有,他伤得好重。"卡伦在椅子上扭动,"他要开始了……但还没碰到我。他要谢谢你听他说话……他走向我。他走进来了。他在消失,像幽灵一样慢慢走进来……进来了。"卡伦皱眉。她再次抱怨光线刺眼,环境过于嘈杂;但这次她还抱怨她很冷。"他在里面。可是我还没得到他的任何想法,"她说。

"可能要等你回到家,才会开始收到他的想法,"我说。我带卡伦脱离催眠状态,和她聊了一会儿,确定她已平静下来,可以回家了。我们俩都很担心,不知道接下来这几个星期会发生什么事。

1997年2月12日

与卡尔融合

1997年2月11日,礼拜二,我与卡尔融合了。这次融合才发生不到24小时,我就已接收到太多记忆,逼得我不得不提早开始记录。首先,我想从在你办公室的记忆写起。

虽然卡尔已连续好几个礼拜,一点一点把他的记忆传送给我了,但与他融合依旧令我极度紧张。在我内心深处,我知道这是迈向完整的另一步,我也知道你一定会陪着我,但我也听其他人格提过,卡尔似乎是我们之中最糟的一个。我想,其实部分的我很钦羡他的力量与勇气。他何以能够一次又一次撑过这些梦魇?希望我能得到他忍受痛苦的力量。

我记得我们在小房间里。我打开锁,让卡尔进来。卡尔立刻走向我。他毫不畏惧,但好像很愤怒、也很痛苦。我看见他的手臂、脸上有好多淤青。他向你道别,跨进我的身体。他并未伸出手。我想,他不愿意在融合前跟我有任何接触。我知道他不曾有过善意的接触,我为他难过。直到卡尔跨进来,我才开始有了感觉。孤独,空虚的感觉。

我好不容易回到家,很困。一觉醒来,融合的力量一下朝我涌了过来。我的第一个感觉是冰冷,好像我身在某个湿冷晦暗的地方。我全身都痛,我好痛苦。我的手臂没办法弯,脚伸不直,我不曾感受过这种疼痛,不曾如此痛苦。

两天之后,我猛然惊醒。我想动,却发现自己完全动不了。我从头到脚都在痛。我甚至没办法关掉闹钟;因为我的动作太慢,丈夫揍我,骂我懒猪。我努力尝试用尽全身的力量,却依旧动弹不得。我痛了一整天,也想起造成这些疼痛的所有事件。我想我大概没办法撑过去了。我觉得我快冻僵了,全身抖个不停,我想,这可能是我被锁在冰冷的啤酒窖或阁楼所留下的记忆。我的嘴仿佛变形了,讲话口齿不清。我把今天收到的记忆写在后面。虽然记忆本身并不愉快,但我已经能接受它们,继续向前迈进。我祈祷没有其他人也受到这群人相同的虐待。

我还记得这些人是如何虐待我的。我能感觉到针尖、鱼钩刺穿我的身体。我听见笑声，此起彼落的嘲笑与奚落。我感觉恶魔就在我眼前。

我记得我被绑在桌上。皮带一端扣住我的下巴，然后往头顶方向拉。下巴好痛。我知道我曾断过下巴，但我不确定是不是这时候弄断的。

融合后第3天，我痛得醒来。主要是关节痛。我的下巴不痛了，说话也恢复正常；虽然针尖、鱼钩造成的疼痛已消失，但新的疼痛与记忆又开始涌入。

第4天早上醒来，我的关节还在痛，但闷痛不见了。过度敏感的听觉与视觉也恢复正常。躺在丈夫身边，我想起他总是动不动辱骂我、羞辱我。卡尔代我承担他的言语暴力，以及他对我的拒绝。睡着时，我常常不小心碰到他，他会立刻踹我、揍我。我发现，他已有十年不曾小心、温柔地碰我了；我不知道我是否还能跟他睡在同一张床上！感谢老天，我们有张特大号的床。那天早上，我看着他，顿时明白他延续了我童年的受虐生活。我想知道被爱究竟是什么感觉。我感觉到卡尔的愤怒，一如我自己的愤怒。

我已想起每一次的邪恶仪式，想起所有细节。这些记忆令我恶心想吐。我不想接受，也不想写下来。我感觉到卡尔的恐惧，他怕我们会因为透露秘密而遭遇不测。我听见他的想法：我们是恶魔，我们很邪恶，这些崇拜异教的成员是我们仅有的家人。卡尔只有10岁，我知道这些想法可能扭曲了他的价值观。我很清楚，这群异教崇拜成员只是他们自己的家人和朋友，所有愚蠢的崇拜仪式都是他们自创的，而我的祖父正是他们的领导人。回忆不断闪现，我一次又一次重新经历我的人生。我麻木，受到严重惊吓。我感觉卡尔憎恨节日，尤其是教会举办庆祝活动的日子。

我一直看见发生在殡仪馆的恐怖虐待画面。我不断听见、感觉到卡尔为了保护我而承受的痛苦。我只有一个问题：我永远忘不掉这些回忆、这些画面。我相信我们活在人间炼狱。

※ ※ ※ ※

与卡尔融合一周后，卡伦走进我的办公室。她步履蹒跚，移动极为缓慢，脸上满是疲惫的纹路。我看着她，慰问地微笑致意。她来到座位坐下来，脸扭曲成一团。

“大部分的疼痛都消失了，”她叹了口气，“可是我的关节又酸又僵硬。”

“你对这些记忆有什么感觉？”我问。

“感觉很糟，糟透了。我觉得别人一看见我就知道我发生过什么事，我觉得他们会瞧不起我。”

“你也瞧不起你自己吗？”

“对，”她哭了起来。“我看见每一件事的每一个细节了！我没办法写出来！我觉得我应该阻止他们，这都是我的错，甚至某种程度是我自己的选择……”卡伦没再说话，陷入沉思；一会儿之后，哀伤的表情逐渐退去，她继续陈述。

“想起这些事使我明白，我的人生有大半辈子都没有我，其他人替我参与了。我到底是谁？等我全部融合了，我会变成什么样子？”悲伤再度回到她脸上，“我好希望这些记忆都只是我凭空想象出来的。我觉得那些仪式是那群人自创的，他们根本不是任何宗教或异教的成员。他们大概只有 8 个人。我不曾读过任何有关异教崇拜的资料，但我想异教崇拜的信徒应该没有这么少。”

“你的祖父和父亲负责领导这个团体？”

“对。他们大多都是我祖父或父亲的员工。”她想了一会儿，“他们把全部的东西都弄成灰色的，让我无法集中视线，记不住任何东西。我只记得我被锁在小房间里，记得那些针、刺伤、割伤，他们的笑声、辱骂，还有我丈夫拳打脚踢、天天数落我……好多痛苦。”她叹气，稍微放松下来。“现在封闭空间会令我感到极不舒服，所以我开车时一定得把窗户摇下来，现在可是2月呀！”

“你受了好多苦，”我说，“但诚如你说的，这是最最糟糕的状况，而你已经撑过一大半了。我知道你一定可以继续坚持下去！让我们看看其他人适应得怎么样吧？”

进入催眠状态后，霍尔顿现身；他的手伸进卡伦的皮包，拿出一封信给我。拆信前，我问霍尔顿究竟是怎么撑过来的；他说，其实她调适得很不错，其他人甚至不需要出来帮助她。唯一的问题是她不愿意相信这些记忆，所以她必须经历痛苦、感受痛苦，让记忆变得真实。我读霍尔顿的信，与他一起讨论。他说这只是他的想法，我可以选择我认为最好的方式去做。

1997年2月13日

贝尔医生：

我们已经完成了一半，我认为一切进行得很顺利。我相信朱莉安会是下一个应该融合的人选，不过你得尽快跟凯瑟琳谈谈。她的状况不太好，我不曾见过她如此沮丧、意志消沉。请你等卡尔更为融入卡伦的身体之后，再找她聊一聊。

几个最麻烦的人物都已完成融合，剩下来的人（除了爱丽丝以外）都参与运作卡伦目前的日常生活。我可以冒昧建议接下来的融合顺序吗？

1. 朱莉安。她对未来的记录工作一定会有很大的帮助。她有好多心事可以写，我想其他人也会提供她更多题材。

2. 爱丽丝。她能完整补足邪教仪式的所有记忆。她居中穿梭协调,试着维持各人格正常生活。

3. 詹森。他能提供我们研究自我的崭新观点。

4. 卡伦2。她能帮助我们享受人生。

5. 卡伦1。她需要更妥善的商讨、开导,再进行融合。

6. 卡伦3。融合前,她得试着建立自信。

7. 凯瑟琳。她需要更多治疗,必须让她找回最初存在的目的。

8. 我,霍尔顿。我将是最后融合的对象,就当作是结束吧。

霍尔顿

我竟然能在霍尔顿的协助与引导之下,逐步建构重组卡伦的程序,这一切令我感到相当不可思议。如果没有他,真不知道我会做出什么蠢事。我很高兴我并非孤军奋战,不用一个人苦恼。我不曾在讨论人格融合治疗法的相关文献中,发现任何由内在人格主导融合的案例。卡伦为自己找到了治疗方法,而且看起来真的行得通。我决定继续采用霍尔顿建议的融合顺序,并且尝试解决各分身面临的问题,协助他们调整自我、迈向融合。

引导卡伦脱离催眠状态前,我请凯瑟琳跟我说话。没有了孩子们,她觉得自己不再被需要,因此十分沮丧。没有人听她说话,没有人需要她、尊敬她。我试着支持她,告诉她她的力量始终是我们最依赖、最重要的援助;我说,等她融入卡伦后,卡伦一定会再次需要她的。凯瑟琳觉得好多了。

第22章　爱丽丝与卡伦1

由于我出外度假，再见到卡伦已是3周后的事了。她一如往常，稍微提早到了，但走进办公室的感觉却有些不一样——不是外表上的改变，而是步态、姿势不一样了。

“最近好吗？”我问候她。

“其他部分的我仍持续替我履行约定，维持生活。昨天我醒来时发现我正在做身体检查……我觉得我好像一年没见到你了。”

“我知道。好一阵子没联络，真是难为你了。”

“我头一次完整感受到其他人对你去度假有什么感觉。克莱尔的感觉……虽然他们已经融入我了，我仍然分得出来是谁的感觉。”她顿了顿，“我发现，原来我知道很多我以为我不知道的事，直到有人问起，我才发现我知道。我儿子问我，里格利球场（芝加哥小熊队主场球场）什么时候开放？芝加哥最高的3栋大楼是哪几座？而我竟然都知道！以前我根本不了解，原来我从融合中得到了这么多。”

“你还有哪些地方改变了？”我问。

“以前我完全没有属于自己的品位、兴趣或想法。我只是单纯存在而已。现在我得仔细思索我是什么样的人。我喜欢什么？我该如何面对、如何处理我充满伤害与虐待的婚姻？”

“你真的越来越完整了。以前的你不会问这些问题。”

“嗯。比方说,我发现我懂得好多医学常识,尤其是幼儿疾病部分;我也喜欢看教育频道的医学节目,但以前的我根本不在乎这种事。我对人、对事都感兴趣。现在我每次遗失时间都会很生气,因为我觉得我一定错过什么了。我已经不再想死,我只希望我不会死。”

我看着卡伦,听她讲述这段经历,我觉得我正注视着一个日渐完整的人。她开始能体会细微的差异,想法也越来越有深度,这些都是以前的她所不曾拥有的。我好吃惊,我们所做的一切似乎慢慢上轨道了。这令我想起我的第一次接生经验。当时我还是医学院学生,而那名妇人相信我能帮她;事实上,她自己完成了所有的工作,她本身就是奇迹,我只是碰巧抓住机会而已。

※ ※ ※ ※

“贝尔医生,我有话要告诉你,”凯瑟琳说,轻轻抚平裙摆。“他们的头痛是我造成的。”

“哦?”

“嗯。我越来越常出来了,我想我大概有些贪恋出来的时刻。现在孩子们都不在了,我无事可做。付清账单,家里也打扫干净以后,我觉得好茫然……”凯瑟琳望着我,仿佛我应该能体会她的处境。她的语气平稳、慎重,没有过多的情绪,坐姿拘谨。

“听你这么说,你似乎也需要跟其他人融合了,”我说。

“霍尔顿说我应该再等一等,”她挺直腰杆,“卡伦2想被融合。”

“你能告诉我是怎么回事吗?”

“嗯,她想做点改变。她想让我们的身材变好一点,她受不了卡伦的体重。”凯瑟琳动动身体,往椅子一侧靠过去,仿佛想让自己看起来更苗条、更轻盈。然后她倾身向前,轻声说道,“让男人感兴趣的也是她。”

“你觉得呢?有什么感想?”

“我不喜欢这样。我吓坏了。”

“你吓坏了?”

“我害怕别人靠近我。”我知道她有上千个理由为此担惊受怕,所以这次我不打算追问。

“你觉得谁可能已经准备好融合了?你有任何想法吗?”我问。

“爱丽丝和卡伦1。”凯瑟琳终于找到能贡献一己之力的目标,渐渐恢复活力。“她俩一样大,都是10岁。爱丽丝负责从受虐模式转换到上学模式,设法维持正常表现。卡伦1的角色是和邻居小孩玩,和他们相处。等她们俩完成融合,接下来就可以轮到我了。”她望着我,寻求支持。我并未立即响应,我不确定该照谁的顺序进行。凯瑟琳看出我的犹豫,她继续解释。

“卡伦2不怎么需要我,而我对詹森几乎起不了什么作用。爱丽丝已经准备好了。”

“你说得很有道理,我会照你的建议尽量安排;不过,我有一事不解。霍尔顿提到要融合卡伦1、卡伦2和卡伦3,那以后换谁来就诊?”

“在某种意义上,我们一直都是全体一起来,但卡伦3是最接近你‘看见’与‘认识’的典型。她也是其他人融入的对象。由于她一直在改变,也比以往更能享受生活,所以即使有人需要我,我也很难再出来。不过话说回来,现在也没什么地方用得上我了。这让我很嫉妒。”

“所以现在还有3个卡伦、霍尔顿、凯瑟琳、爱丽丝、詹森和朱莉安等待融合?”我厘清目前的状况,但主要是为了让我自己更清楚,而非为了她。

“对,”她说。虽然我还是搞不懂该怎么让卡伦3融入自身,但我决定暂时不理会这个问题。

※ ※ ※ ※

“爱丽丝准备好了,”朱莉安说,“她不害怕。我也好了,我随时可以被融合。等我融入卡伦,我会马上再开始写日记。”

“谢谢你,”我说。“可以请你回去,让爱丽丝跟我说话吗?”卡伦的表情转为空白,然后她开始在椅子上扭来扭去,把玩手指头。

“我们上天主教学校时,”爱丽丝说,“如果做错事,修女会说我们身上有魔鬼。假如我不乖,弗朗西斯修女会拉我们的头发,拿圣水洒我们,可是我不哭,也不会把我的感觉表现出来,这让她很害怕。”爱丽丝继续描述一些学校的回忆,然后突然停下来;她垂下头,拉扯长裤上看不见的线头。

“爱丽丝,你为什么会出现呢?”我问她,“你的工作是什么?”我知道她的故事绝不仅限于学校,一定还有别的。

“嗯,”她开始,顿了顿,“我负责填补早上的空隙。”我抬抬手,示意她继续。“晚上,他们伤害我们以后,他们会把我们放在一间暗暗的房间里。这时候就换我出来。”爱丽丝不再说话。我想,她以前也许不曾像这样跟别人聊天。

“还有呢?”我问道。爱丽丝动动身体,找不到舒服的姿势。

“我们没多少时间准备上学。我会冲个澡或泡一下,穿上制服,准备做弥撒。我会假装什么事也没有。之后换安出来上教堂。”

“这是什么时候的事? 当时你几岁?”

“当时卡伦10岁,不过我只有8岁,所以看起来比实际年龄更小。那些伤害大多发生在卡伦10岁到12岁之间。”爱丽丝微微垮下肩膀,第一次直视我的双眼,“你觉得我邪恶吗?”

“不,我不觉得你邪恶,爱丽丝。卡尔跟我说过同样的故事——他们如何给你们洗脑,让你们相信自己很邪恶,所以你们会认为自己活该受伤、受惩罚。不过这些都不是真的。”爱丽丝点头,努力控制自己的情绪。

“安也这么说。以前我们常常在一起,可是现在她消失了。”

“那么我想现在正是你加入安、卡伦还有其他人的好时机,”我说,

“你准备好了吗?”她飞快地点头点了3次。可怜的爱丽丝似乎真的难过极了。

进入催眠状态后,我向卡伦介绍爱丽丝,并简述她的角色。爱丽丝靠向卡伦,表示她想跟大家在一起。我请卡伦描述她的模样。

“她很娇小,黑发,蓝眼睛,”卡伦说,“看起来大概八九岁。她的脸圆圆的,很可爱,眉毛颜色很深……爱丽丝有点退缩。我握住她的手,让她坐在我腿上。”卡伦暂停描述,我看见她在挣扎。“我正在把爱丽丝拉进来……我好冷。”

我带卡伦回到办公室。她感觉头重脚轻,好像快昏倒了,另外她也想吐。她觉得很吵,光线刺眼。我请她再坐一会儿才让她回家。

1997年3月27日

与爱丽丝融合

3月24日,礼拜一,我和爱丽丝融合。这次融合进行迅速,也比前几次更温和、更顺利。我确实一度对光线、声音很敏感,行动也不协调,但这些症状在融合完成后便立刻消失了。不过那天晚上,我头痛得要命,筋疲力尽。

爱丽丝令我想起我曾在短短几秒钟内,从受伤转变至行为举止完全正常的状态。我总是有办法表现得像个对家庭、对学校适应良好的孩子。

我想起自己曾听过一些彼此矛盾的记忆,但我迅速调整自己、适应并接受它们。先不管我相信什么,我必须支持每一个人的看法,我得永远活在单纯天真的谎言中。我必须告诉大家我没事,我很开心,我不知道发生过什么事;我尽一切所能去掩盖那些男人的真面目。

一周后，我与卡伦见面。她表示和爱丽丝融合的过程一切顺利（她原本以为可能会很糟糕）。催眠后，凯瑟琳告诉我卡伦1频频惹麻烦，企图掌控所有大小事务。她知道接下来换她融合了。凯瑟琳哀悼离开的孩子们，尤其是迈尔斯、爱丽丝、西娅和卡尔。她觉得失落又空虚。

"你期待自己的融合吗？"

"噢！嗯，期待也不期待。我想留下来维持秩序。霍尔顿和我是存在最久的两个人，我做过很多决定，让每件事井井有条、顺利运行。"

"现在要你融合，心里一定很难受。"

"对。我听见卡伦的想法，但我非常不喜欢现在的她。"

"为什么？"我很惊讶。

"我不喜欢她有主张，也不喜欢她更坚强。"

"你担心会失去你原本的角色吗？"

"我已经失去得差不多了，"她稍微往后退，"卡伦不再是卡伦了。"

我点点头，同情却也赞同她的看法。我说我们稍后再聊，然后请卡伦1出来。凯瑟琳退去，卡伦仿佛立刻融化，原本直挺的背变得软绵绵的，脸上掠过一丝不确定的表情。

"你准备好了吗？"我问卡伦1。

"我很害怕。"她的眼珠子骨碌碌地转，视线在房里绕来绕去，最后终于停在我身上。

"我明白，"我说。"你何不跟我聊聊你自己？你怎么诞生的？"

"我是为了帮忙，为了让事情进行下去而诞生的。我2岁出生，现在10岁。我不想再长大，所以就长不大了。我参与部分学校生活，也帮忙照顾我弟弟。我负责学走路。"

"你好勇敢，"我说。

卡伦1微笑，但连忙说下去，"可是我很安静。我不想长大，不想当女生。女生会受伤。拿绷带缠住胸部的人是我，这样男人就看不出我是女生了。”

我向卡伦1解释融合程序。进入催眠状态后，我们大家相聚在卡伦的小房间里。

我向卡伦介绍卡伦1，表示她是有勇气负责开始行动的部分；我还没说完，卡伦1便已融合了。

“她环抱我的腰，”卡伦说，“头靠在我的肩膀上。”

“她进去了吗？”

“对。我觉得很怪，有点紧张。”

“记忆方面呢？”

“我坐在足球场边看军乐队练习。那个乐队指挥有点眼熟……”

程序结束后，卡伦再次受光线与噪音所苦，并且又开始抱怨头疼。

1997年4月2日

与卡伦1融合

1997年4月1日，礼拜二，我和卡伦1融合。卡伦1 10岁，金发褐眼。我原本以为她很胆怯，不愿配合，但我立即明白她只是非常敏感，而且很害羞。尽管害羞，她却是为我们跨出第一步的人。她拥有开创人生的勇气。卡伦1想永远当小孩，她不想成长为女人。

尽管这次融合看似顺利，我却仍然无法理解与爱丽丝融合所遗留的种种影响。那天，我不太确定自己是如何到达你的办公室大楼，却发现自己坐在大厅的长凳上等待，我不怎么关心自己是怎么来的，但我很高兴我没有迟到。“骤然现身”对我来说好像是平常之事。等你也进入大厅，开门让我们俩进去时，爱丽丝的记忆突然闪现。我和你一同踏进电梯，我骤然想起化学工厂里的载货电梯，于是我仿佛再次经历当时那段路程——我，或是爱丽丝，搭电梯前往举行邪教仪式的房间。

我记得，那时我曾紧紧盯着你，希望你能解读我的思绪；你没说话，但这样的沉默却像极了那些虐待我的人——他们也不说话。我试着不让你看出我感受到的恐惧，而爱丽丝正是最擅长这个的。离开电梯，我几乎已没有力气跟着你走向办公室；感谢老天，你叫我在等候区先坐一下，正好让我有时间消化这段记忆。

我完全不记得你和卡伦1在融合前说了什么，但我记得那些光线和声音，一切都变得好刺眼，好吵，好刺耳。

这次融合有个地方很不一样。卡伦1一碰到我就马上开始融入，动作好快。我想起的第一件事是我正从校车上下来，而我才刚经历一整夜的虐待。卡伦1听见乐队演奏，茫然走向草坪，坐下来，享受他们的表演。我想起好多卡伦1的事，我知道她为我做了好多接受新鲜事物的尝试；希望我们开始接受治疗的也是她。

有个名叫盖尔·琼斯的女孩住在离我家一条街远的地方。我和她弟弟是朋友。她常常故意刺激我，羞辱我。盖尔比我们大5岁，她很会找我们麻烦。有一天，她吹嘘她已经会骑单车了，卡伦1说她也会，但她其实根本没骑过车。我跨上车，踩下踏板，仿佛我已骑过上千次；我们就这样学会骑单车了。

接下来那个礼拜，我继续接收许多卡伦1的记忆；而她的记忆多数都能与爱丽丝的记忆相连。任何时候，只要爱丽丝带我们来到某个地方，卡伦1就会出来做某一件事，然后其他人再从这儿接手、继续完成。

“卡伦1的记忆大部分介于爱丽丝与迈尔斯之间。”离上次见面又过了一个星期。“许多记忆中断、空白的部分都补起来了，”卡伦说。

“那么，你现在觉得怎么样？”卡伦看看窗外，一只手托着脸颊。

“最后这次很不一样。我不曾适应得这么快。刚开始只有轻微的沮丧,但现在我觉得自己越来越像个人;卡伦1令我感觉更接近自己了。"

"也许这是她叫'卡伦'的原因?"我眼前的卡伦变得不一样了。她更趋近于一个完整的人。她说话越来越有内容,仿佛她在说话或回答之前已能思索和过滤更多想法,或产生联想。她的人格越来越有深度,越来越丰富完整,好似她又多了一层灵魂。

"我想起好多童年回忆——想起我们的朋友,还有一起玩的游戏;以前我完全不记得这些事。其中有些是卡伦1喜欢的,有些她不喜欢。她的融合还没结束。"

"今天我们不会进行融合,"我说。我必须给她时间,让她确实完成前几次融合。"那么来试试催眠吧,让我们看看有没有人需要出来说说话。"卡伦想了一会,点头同意——她并未马上服从我的建议。这是第一次。

"沮丧的人是我,"凯瑟琳说。

"这不像你,"我说。

"再也没有人需要我了。没有孩子们,我觉得好孤单。"

"我了解。但融合似乎让卡伦越变越好了。"

"你不明白。我一直扮演卡伦母亲的角色,而我也是里头这些孩子的母亲。她创造了属于她自己的父母。假如我融合了,谁来当她的母亲?"

"一般成年人如何面对丧母的事实?"我问她,凯瑟琳没回答,她只是瞪着我。"母亲永远活在他们心中,成为他们的一部分,"我说。

"你只看见卡伦一部分的改变。我一直拉住她。卡伦本来想在愚人节那天捉弄你,但被我阻止了。她越来越轻松愉快、越来越幽默,而且她也更认真投入她的生活,哪儿还有我存在的空间?我不喜欢这些变化,我希望回到过去像以前那样。我知道这样不好,但我已经不知道该怎么办了。"

“我们必须尽快让你融合，”我说，以温柔的眼神看着她。

“那我得先安排一下，”她说，“我有好多事要处理。我得把每件事都安顿好。”

“这样可能得花上很长一段时间，”我说。

我们继续讨论她能做什么、不能做什么。凯瑟琳担心自己会留下未完成的工作；她认为自己如果不善尽职守，她就是个一文不值的人。于是我只好告诉她，她的责任感和组织能力将会继续留在卡伦体内，延续下去。最后我们达成共识：她将在下周进行融合。

第23章　凯瑟琳

"我有点紧张,"凯瑟琳说。她挺直背脊,急切地倾身靠向我说,"我整个礼拜都没有干涉卡伦的作息。她不太需要我。我想做点事,但想想又决定不管了。一想到要离开就令我浑身不舒服……好像我快死了,但又不完全是这样……我担心卡伦没办法处理我带给她的改变。"

"融合比较像是加入或参与她的生活,而非离开,"我说。

"这样想好多了。起初,我希望大家来融入我,而不是我去融入别人。我想要最后一个融合,你知道的,看看最后会是怎样的局面;但现在融入对卡伦比较好。她真的需要更有条理、更清醒一点。"

"你会赋予她这些能力的。关于卡伦的内在系统,你能再告诉我一些我不知道的事吗?"

"诚如你所知道的,贝尔医生,她几乎不曾参与自己过去的人生。当卡伦还在襁褓中,我们就开始分裂了。甚至,这些虐待行为早在她出世前——她母亲怀孕期间——就开始了;卡伦的母亲在怀孕时经常遭卡伦父亲殴打。我们这些分裂人格合力构筑了她的人生。我们之中有许多人是为了特定理由而诞生的,他们只在需要时出现;至于谁该出来,通常由我或霍尔顿决定。"

"为什么选卡伦3作为所有人格融合的对象?她是核心人格吗?"

"她是最顺从、最没有主见的一个,几乎不排斥任何事情。"

“噢,我懂了。她是最佳容器。”我想起她是那个“装载”其他人的人。

“对,你说对了。卡伦3也是你最常见到的人。卡伦1和卡伦3几乎是同一个人,就像双胞胎,只是年纪不一样……这有点难解释……但我们没有核心人格。卡伦3也有童年的部分,也需要融合。不过,诚如卡伦所说的,她一直是自己生命中的过客。”

“凯瑟琳,你是在什么状况下诞生的?”

“我生来是为了照顾卡伦,作她的母亲。当时她只有一岁,但我出生的年纪却比她大了好几岁。我的工作是接收信息,让她的生活井井有条、完整无缺。长大以后,我开始看百科全书、看字典和《圣经》,从头读到尾。我为大家补充新知识,好跟得上时代。我也会完成卡伦或其他人格未完成的工作。我知道如何迅速、有效地解决问题,也知道应该派谁出去处理特殊任务。高中毕业后,卡伦当秘书,但绝大部分的工作都是我做的。莎拉出生后,我们的系统变得越来越脆弱,渐渐无法团结一致来解决问题;就在这时候,卡伦1跳出来,决定我们必须寻求帮助。”凯瑟琳陷入沉默,望着我,下巴微微仰起。

“我们可以开始了吗?”我问她。

“可以。请吧。”

“那么先请你稍后,我为卡伦准备一下。”我不确定4个月大的婴儿有没有分裂人格的能力,因为这个年纪的宝宝应该还未发展出完整人格;但凯瑟琳是这么告诉我的。

我按照往常程序,让自己进入卡伦的小房间,简要介绍凯瑟琳的角色。卡伦开门让凯瑟琳进来,形容凯瑟琳的模样给我听。她很瘦,肤色苍白,个子比卡伦高一点。她的笑容很温柔,像母亲一样;她握住卡伦的手,看着她。

“你可以自己决定融合方式,”我说。

“我可不想弄得一把鼻涕一把眼泪的,”凯瑟琳说。

"她想抱我一下,就在门口,"卡伦含糊地说,"一下子就好,然后再走进我体内。她有话要告诉你……她说她会怀念与你聊天的时光,还有,谢谢你一直耐心对待她。"

"我也会想念她。不过,我将会看见一个崭新的她。"

"我拥抱她。她在哭。但我已经感觉到她了,她正在融入……声音变得好大声。我觉得有点焦躁,胸口好痛。我感觉到她的紧张了。她进来了。我觉得怪怪的,脖子好僵硬。现在我还没想起以前的事……也许她在等待时机。"

"你何不回到小房间,把门关上?"我说。

"我忘了说,"卡伦说,"门口有几个人在看我们。"

"那我先离开好了。"

"不要走!还不要,我很紧张。"

"好,那我留下来。"

"一下子就好……以前都是她在照顾我……"卡伦突然不说话,我不知道为什么。我等待。"好了,现在我没事了。"

我带卡伦离开催眠状态。她开始发抖,表示好像有只钳子紧紧夹住她的脖子。她再度对光线和声音十分敏感。我告诉她,这次融合也许会不一样,因为凯瑟琳是她相当重要的一部分。

"我的视力变差了……视线变得好模糊……噢!我忘了!"她从皮包里掏出一封信给我。

"你能自己开车回家吗?"我问她。

"朋友会开车送我回家。凯瑟琳事先安排好了。"

1997年4月15日

最亲爱的卡伦:

现在是清晨4点。今天,我们要融合了。我有好多话想对你说，但碍于时间紧迫，我只求你能顺利接收我所知道的一切。融合之前，我要把几件我认为最重要的事告诉你；为了让你更容易了解，我会逐一列出来。

1. 关于贝尔医生。我始终认为他是非常诚实、乐于助人的人。他包容我们这个系统，接受全部的我们，我们每一个。等我融合之后，希望你一直担心他会遗弃我们的感觉能慢慢消失，就算真的很难，也请你一定要给他机会。他很看重我、珍惜我。你能想象我们害他吃了多少苦？希望我们能一起继续感谢他为我们所做的一切。

2. 杰里米神父。我们每隔两周会去拜访他，寻求宗教上的协助。我们并非不信任贝尔医生，但我们必须更了解你我在天主眼中的意义。我们曾经怀疑天主，并因此体验，杰里米神父帮助我们。

3. 请不要借钱给哈丽雅特、母亲、两个弟弟以及任何亲戚朋友。他们永远不会还钱。我留了一个档案夹给你——在梳妆台最上层的抽屉——所有必要文件都在里头，请你仔细阅读，好好认识自己。

4. 我列了一张清单，上头都是我想买的东西。我原本打算一个月买一样。我想你一定会喜欢这些东西，所以可能的话，请你逐项完成。

请你试着忘掉过去，重新开始。请你要有信心，记得所有真正关心你的人。你必须学会离开我，靠自己展开你的人生。请你记得，我永远都会在你心里。我很高兴曾经是你的一部分。

我爱你，

凯瑟琳

这封信附了一张凯瑟琳留给卡伦的物品清单，一目了然，包括卡伦的出生证明、领洗证、领受圣餐证明、结婚证明、高中制服衬衫、剧团及乐队证书、高中文凭及纪念册，还有她先生的出生证明，祖父、祖母与父亲的死亡证明，孩子们的出生证明、领洗证、领受圣餐记录等等。这张清单完整且详尽，最后还列出卡伦每一次接受咨询治疗的日期。

※ ※ ※ ※

“我跟不上这些新念头！我原本的思考方式被彻底改变了！”我默不作声。

“我必须改变做事的方式。我知道好多各式各样、我以前不知道的小事情，但我却还没完整接收她所有的记忆！比方说，我去买凯瑟琳单子上的某样东西，我很清楚它摆在哪家店的哪个地方，但我却不知道这东西长什么模样。还有，我在衣柜里找到用塑料袋套起来的衣服，上头标着‘凯瑟琳’。早上我几乎是不打扮的。我受不了看见镜子里的自己，我的长相应该不是这样；凯瑟琳不是笨重壮硕型的，但我觉得我真的好胖。凯瑟琳也把账单逐一分类，弄得井井有条，好像她即将离开人世。”

“她做事非常有条理。”

“对。你知道吗，跟其他人融合开始令我有点沮丧了。”

“为什么？”

“我在消失。随着每一次融合，我变得越来越不像我自己。这次我很明显地注意到了。”

“我懂你的意思。你得到的越来越多，却越变越不一样，不像你。”

“对。感觉好奇怪。”

※ ※ ※ ※

“我已经很少出来了，”霍尔顿说。

"你在里头怎么打发时间?"

"维持日常生活,跟其他人说话,确定大家平安无事。詹森仍犹豫要不要融合,他想做自己。詹森想创造点作品给你,但他没有时间,因为跟凯瑟琳融合耗掉卡伦大部分的时间跟精力。凯瑟琳融合后,这里起了很大的改变。卡伦很紧张,压力很大——这次融合是目前为止历时最长的一次——但她处理得非常好。等凯瑟琳融合完成,下一个该轮到朱莉安了。自从凯瑟琳融入之后,卡伦也越来越有自信了。"

"真高兴听你这么说,"我说。"等詹森有时间画画,凯瑟琳造成的冲击也平息之后,应该就是融合朱莉安的最佳时机了。"

"听来还不错,"霍尔顿说。

※ ※ ※ ※

时间是 1997 年 5 月初,公园再次一片翠绿;春天的空气微寒,清风越过湖面、轻轻吹送过来。卡伦身穿薄夹克,走进我的办公室。她坐下来,挺直腰杆,上身微微前倾,斜倚着扶手;这姿势有凯瑟琳的影子。

"我不确定凯瑟琳是否真的觉得我有能力,"卡伦说,"我担心我会辜负她的期望。"

"怎么说?"

"她的电话簿写得满满的!我该怎么办?一个一个打电话,然后说'哈罗?我们是怎么认识的?'我去探望凯瑟琳的朋友,克里斯蒂娜,凯瑟琳帮她一起照顾临终的母亲。我知道怎么去她家。我走进屋子里,看见那位老太太,但我想不起任何曾经有过的对话。我代凯瑟琳去找杰里米神父,感觉也很怪。我以前就认得他,但现在我跟他的相处模式完全不一样。我认得凯瑟琳朋友的长相,却不记得她们的名字以及我们之间的互动或对话。我已经取得她的情绪和影像记忆,但谈话与声音记忆才刚开始输入。这个礼拜,我脱口而出'坦白说'这 3 个字——这是凯瑟琳才会用的词汇,我根本不曾说过。我的脑袋浮现许许多多字句,但我却很不习惯使用它们。"

"你似乎还没完全取得凯瑟琳这个身份的所有权。"

"对,正好相反。"

"这么说来,我想你可能还需要好几个礼拜解决这件事。"

※ ※ ※ ※

进入催眠状态后,说话轻声细语、有着少女纤细气质的朱莉安现身。她告诉我,她很气卡伦不多写一点与凯瑟琳融合的记录。她把手伸进卡伦的皮包,掏出几张纸给我;她还说她得通知我一声:詹森拿到他的画具了。

※ ※ ※ ※

与凯瑟琳融合

1997年4月15日,礼拜二,凯瑟琳融入我了。这次融合可说是最累人的一次。我一到家,问题就开始了:我找到好多计划表、笔记和各种指示,到处都是;我只不过简单浏览一遍,情绪就开始低落。也许是因为我觉得我没办法接替凯瑟琳的工作吧。第一天,我累坏了。隔天我待在家里没出去,因为精明的凯瑟琳没替我安排任何约会或工作。那天,我接收到许多凯瑟琳的记忆:她极度迷恋有条有理的生活方式。现在,我喜欢准时赴约,凡事作计划,但以前我只要一紧张,一觉得仓促,就会遗失时间。

凯瑟琳早就计划好自己的融合了。她把一大堆文件、物品整理好,用塑料袋包起来。虽然她留给我各式文件记录,我发现我很难维系跟"新朋友"的关系。他们都是凯瑟琳的朋友,我觉得我不适合继续与他们交往。我觉得我好像悄悄钻进别人的人生,并且背叛了这些人,因为我根本不认识他们。我当时到底在哪里?我们的友情是从什么时候开始的?我慢慢调整适应,渐渐的,我发现我能跟上凯瑟琳的进度了。在接下来的4个月中,她不断把她自己、她的人生交付给我。我会尽力承担这些责任,尽可能坚持下去。我发现,我还真的蛮喜欢她的某些喜好和朋友。

※ ※ ※ ※

"哈罗!好久没跟你说话了!"先不论这是哪一部分的卡伦,她的心情一定很不错。她在椅子上动来动去,话说得飞快,一边动嘴巴、一边环顾屋里的环境。

"嗯,"我支吾其词,"最近过得好吗?"我的行为与某个时候的卡伦如出一辙——她遇见某人,对方认识她,她却对此人毫无印象。

"我很好呀!我一点问题也没有!不过我得说,我对其他人很失望。他们很难过。我自己就从来不觉得难过。新闻说机场的飞机失火,大家都很生气,但我说'干吗这么小题大做?没事,没事的。就算真的有事,也不关我们的事呀!'他们每个人都闷闷不乐的,只有我会陪莎拉一起做好玩的事。"

"你很有精神,神采奕奕!"我决定灌点迷汤,"等你融合了,这种特质一定可以帮大伙儿很多忙,而他们也会非常感激你的。"

"嗯,在男人方面,我确实可以帮帮卡伦。刚嫁给乔希的时候,我们处得还不错。"哦,我想她是卡伦2。"我爱他爱了好一阵子。可惜他没办法适应我们的系统。但我不怪他,真的。如果我融合了,我会帮助卡伦拥有健康的浪漫关系。"

"你还不确定要不要融合?"我问。

"别开玩笑了!真扫兴!不过,这儿也没什么人能跟我说话了。

告诉你个好消息,卡伦不再像以前那样动不动就想死了。现在她希望她不会死。这可是百分之百的大进步呀!”

※ ※ ※ ※

“我几天前就开始画了,”詹森说,“不过大概还要一两个礼拜才会完成。我想让你看看我们的房间。砖墙已经拆掉了,那些墙都是我砌的。以前我们各自拥有独立的房间,现在我们都住在同一个大房间里;不过,每个人还是有属于自己的角落。还有,最近我在考虑融合。”

“这样很好,詹森。正好我也想多了解你。你几岁?”

“11岁,不过我觉得应该再大一点。大家都不把我当小孩看。凯瑟琳不会像照顾其他孩子那样照顾我。或许因为我是黑人。有时候,我担心那些小孩会对我有成见。但我好想念他们。”

“我好期待看到你的作品。”

※ ※ ※ ※

“这里还有一些跟凯瑟琳有关的事,”卡伦递给我四张笔记纸,“真不可思议!凯瑟琳做了好多事,我还在继续发现中。”她给我一张名片。其实这只是张简单的卡片,不过却连卡伦的中间名都印出来了。凯瑟琳就是这么贴心。卡片上还有她的地址和联络电话;不但方便老朋友联络,认识新朋友时也一样派得上用场。

“我找到她买给我儿子的毕业礼服。我不记得自己曾做过这样的事。”

“还有呢?”

“有人说我变得很差劲,讨人厌。”

“恭喜你!”我立刻响应。卡伦试着挤出笑容,旋即摇摇头。

“这是好事吗?”卡伦不明白,“我的弟媳常打电话指使我,叫我帮她买这个买那个,一句招呼都不打,但现在我不会接到这种电话了。我告诉我弟弟,如果他要来我家,态度给我好一点,跟我打电话时口气也好一点。我们全家都不正常。我真不明白,以前我身上的其他人怎么可能应付这一切的?他们是怎么办到的?”

“他们大多没办法应付,”我说,“他们只是忍耐。”看得出来,卡伦新生的自信与魄力稍为削弱了些。“桑迪只能顺着你妈,”我继续说,“她很不舒服,很痛苦,一天到晚吃个不停。有些人格只想伤害你,因为受虐令他们愤怒。现在的你日趋完整,你可以善用其他人赋予你的经验和力量,开始改变应付的方式,用其他方法面对你身边这些不正常的人。你的家人一定会抗拒变化,因为他们比较喜欢以前那个任他们索取、不在乎自己伤得多重的你。现在已经有好几个人融入你,你也变得更坚强;历尽千辛万苦,你好不容易走到这一步了。”

“我确实更坚强了,我甚至拒绝帮我丈夫跑腿买香烟。我既不自责,也不觉得有罪恶感。”

“真有趣。虽然这次融入你的人是凯瑟琳,但我在你身上看见好多迈尔斯的个性。”

“凯瑟琳融入后,不知道为什么,我觉得其他人也变得更坚强了。”

第 24 章　朱莉安与卡伦 3

“整个礼拜天都是我在外面。不过你可别告诉卡伦，她会气死！”现在我能分辨卡伦 2 的语气了。“我跑去看成人用品的宣传展——情趣用品、按摩棒、色情录像带，好好玩哟！过去有一阵子，我还蛮喜欢这些玩意儿的。后来我和一帮高中死党办了一场性爱派对，还找了脱衣舞男来哦！他是警察呢！另外还有情趣用品店的老板娘，她把她的‘宝贝儿’全都带来给在场的女士们看。晚上我留下来看公牛队比赛。那警察或许会让卡伦很不舒服，不过我无法理解她的感觉，因为我不曾被虐待过。等我融合以后，我想我会很乐意把记忆送给卡伦，只是我还不知道要怎么做呢！至少，等我融入她，她就不会这么无趣啦！”

我心想：卡伦“现在”就已过得很“精彩”，用不着等到以后了。

※ ※ ※ ※

“我准备好进行融合了，”朱莉安以她一贯的呢哝软语说道。“我很冷静，我想卡伦应该会需要我的冷静。她把自己弄得太忙、太紧张了，以致没办法好好记下心里的感觉。我想我可以帮助她，以前负责写日记的可是我哦！”

※ ※ ※ ※

“我想念转换人格的日子，”卡伦皱着眉头，下巴靠在手背上。“有时我希望自己能多遗失一点时间。一直待在外面让我觉得好累。”

“你现在还会遗失时间吗？”

“嗯，几乎都在晚上。我只能接受，别无选择。比方说，晚上 11 点我在看电视；但是等我回过神来，已经是清晨 5 点了。电视还在播，门口出现报纸……然后我开始一天的生活。”

“今天是预定融合朱莉安的日子。”

“我知道，我准备好了。”卡伦完全提不起劲。我无法想象这些内在改变究竟让她承受多大的负担，但是除了继续下去，我不知道我还能怎么做。我让她进入催眠状态，小心引导她进入内心深处。第一个现身的是詹森。

“我一直在画画。我们的每一张图都是我画的。”我想起他画的心灵之屋。“我融合以后，卡伦也会画画吗？”

“应该会吧，不过看起来可能会有点不一样，因为到时候就不只你一个人在画了。画画不只靠你的个人技巧，大家的想法也很重要。”

“那我想在融合之前先把一些东西画出来。”

“我明白了。你先继续完成吧。朱莉安在吗？”詹森退回，换朱莉安现身。

“朱莉安，我该怎么向卡伦描述你，以及你存在的目的？”

“嗯，我生于 1970 年，出生时 13 岁。当时卡伦 11 岁，她需要一个大一点的角色。我成长至 15 岁，这也是我现在的岁数。我没长大多少。卡伦从 11 岁起开始记录受虐过程。我生来就是为了担任这个团体的记录者。我写下好多父亲做过的事。祖母有个旧五斗橱，我会把我的笔记放进去藏起来。几年后，母亲发现这些笔记，把它们全给扔了。”

"我懂了。真是好大的损失。你对融合有任何疑虑吗?"

"只有一件事令我困扰:我还没彻底完成我想做的事。我想把融合过程写下来,证明它真的发生过。"

"或许等你融合后,卡伦可以取得你的记忆,这样你就能重建部分过程了。现在可不可以请你先离开,在卡伦的小房间外稍等一下,我们很快就会让你进来。"

"好。"

卡伦口中的朱莉安有一头金红色长发,还有一对很绿、很绿的眸子。她很年轻,有着少女的青春气息。我把朱莉安的背景告诉卡伦,还有她想写下自己故事的愿望。

"朱莉安坐在我右边,眼眶微湿,"卡伦说,"她握着我的手,有点犹豫。我强烈感觉到她的存在。她告诉我,她把过去发生的每一件事都放在记忆里了。"卡伦停下来。"她不知道接下来该怎么做。"

"也许你可以帮帮她。"

"我伸手环抱她。她亲吻我的脸颊……拥抱我。她向你道别。她说谢谢你。她说,你会知道她还在这里,没有走远。"

"我感觉到她的身体,她的心,"卡伦继续,"我听见你在纸上写字的声音,好大声。小房间好明亮。她完全进来了,不在小房间里了。我感觉她在我心里。"

我引领卡伦回到办公室。她在发抖,视线变得很模糊。与朱莉安融合似乎令她感到惊讶,她深深影响她。

"或许你该写下来,"我建议卡伦。

1997 年 7 月 11 日

与朱莉安融合

1997 年 6 月 17 日,我和朱莉安融合。这似乎是最复杂的一次融合。朱莉安带给我极大的冲击,使我在将近一个月之后才有办法提笔写下来。朱莉安融入后,我开始真正感到完整;我终于接受其他人已经融入我的事实。

融合后第一天,我开始想起一页又一页、日记般的记忆。我必须趁我还记得的时候赶快写下来。然而,我不可能将这么多年的日记重写一遍,所以我只写了一部分。书写过程中,场景一幕幕浮现在我的眼前,我感觉我的人生再真实不过了。

虽然朱莉安只有15岁,但她在这个内在系统的主要任务是写日记。她把所有的记忆分门别类处理好,等我准备好之后,再帮助我填补记忆之间的空白。我的人生拼图终于再次组合起来,这种感觉真是不可思议的畅快。

最近这几个礼拜,我都在哀悼失去的童年。由于失去的片段逐渐拼凑成完整的记忆,我开始忘记每一个内在人格的特征了(至少已融合的部分是真的忘了)。这让我感觉很糟。他们帮助我这么多,我应该要永远记得他们才对呀!可是不知怎么着,朱莉安一融入我,让我想起她的日记之后,其他人存在的目的就变得越来越模糊。我好伤心,我甚至希望他们不曾融入我。我真的记得他们所有的遭遇,但就是想不起来哪个人做了哪些事。我怎么能忘记他们38年来的恩情?

失落感彻底压垮了我。我挣扎,想弄清楚我究竟是谁。也许,等我完全融合,我就能开始变成我自己;但现在,我只能试着不去改变外在——尽管我的内在已完全不同了。我曾想过:融合完成后,我可能会突然变成另一种人,既然如此,我又何苦不接受每次融合造成的改变,让我慢慢变成"自己"呢?我到底是谁?!

朱莉安的融合留给我许多疑问。我感觉到证明一切的需要,所以我接受了曾经发生在我身上的遭遇。然而从现实来看,也许我根本无法证明任何一件事,因为这些都是好久好久以前的记忆了。我知道朱莉安不会写下谎言骗我，但我确实必须放手，放下想找到那些人、那些地方的强烈欲望。

卡伦交给我好几张笔记。那是她根据朱莉安的记忆而重写的日记。她说，像这样的日记至少有好几十本，只可惜都被扔掉了。我看她写的第一页。

午夜：在祖父母家，睡不着

凌晨1:05：保安公司打电话来，说出了点状况。卡伦没睡，祖父叫醒她；他问："想不想出去兜风？"卡伦别无选择，只好跟他走。（召唤爱丽丝、迈尔斯和卡尔现身保护）

凌晨1:40：抵达化学工厂（中途停车买冰淇淋），乘电梯下楼。施虐者已等候多时。

凌晨1:55：仪式开始。克莱尔现身。

凌晨2:16：克莱尔退场，迈尔斯现身。

凌晨3:20：迈尔斯退场，卡尔现身。

凌晨3:50：卡尔退场。卡尔消除记忆。

凌晨3:55：爱丽丝现身，于黑暗房间梳洗清理，准备回家。

凌晨4:15：爱丽丝退场，卡伦现身。

凌晨4:20：卡伦回家。

凌晨4:35：卡伦入睡。

清晨6:45：卡伦睡醒，爱丽丝现身吃早餐。

早上7:15：爱丽丝退场，西德尼现身看早晨卡通节目。

早上9:00：西德尼退场，卡伦现身。

下午1:00：卡伦严重头疼，凯瑟琳请求内部协助；克莱尔自愿现身，承受痛苦。

下午2:20：克莱尔退场，卡伦的母亲出门工作。

下午2:30：凯瑟琳现身，整理家务，照顾卡伦的弟弟，做晚餐。

下午4:30：父亲回家。凯瑟琳侍候用餐，清洗餐具。

晚上6:00：凯瑟琳退场，霍尔顿现身读报、看新闻、更新信息。

晚上6:55：霍尔顿完成更新，退场，桑迪现身。

晚上7:00：桑迪与父亲一同看电视，忍受父亲一再转台。

晚上8:00：父亲睡在客厅地板上。桑迪退场，卡伦现身，出门拜访邻居（亨利和艾迪），在前廊聊天。

晚上8:15：卡伦退场，卡伦1现身，洗澡。迈尔斯曾短暂出现，用拖把卡住门，父亲无法任意开门。

晚上9:30：卡伦1退场，卡伦入睡。

卡伦给我的日记不只这些，但格式内容原则上都差不多。每天参与的人格约有6至10人。

※ ※ ※ ※

"卡伦几乎已经没有可以帮助她的内在人格了，"霍尔顿说，"她想留一个下来，以防万一……"

"万一她想再次逃避、想躲起来？"我替他把话说完。

"对，"霍尔顿继续，"卡伦3只有'自怜'的态度。她表现得像个受害者，也是我们之中意志最消沉的一个。卡伦2越来越常跳出来，让大家多少开心一点。我报告一下目前的状况：现在还剩詹森、卡伦2和3——噢，当然还有我——等待融合。"

※ ※ ※ ※

"你考虑过融合的事吗？"我问卡伦2。

“嗯，其实我想得挺多的。我不太想加入这个无精打采的团体。我不想分担他们的痛苦……也不想失去我的人生乐趣。”

“你可以跟其他人分享你的乐趣呀，你应该是为了某个目的才存在的吧？能不能多告诉我一些你的事、你的角色？你是何时诞生的？”

“我 1969 年诞生。那时我们念高中，一天到晚跟男生约会；没错，这就是我的角色，对我来说这很正常。我通常跟年纪比较大的人约会；等我回到里面，换卡伦 3 出来，这段关系大概就结束了。她呆板、性冷淡；而我呢，嗯，当然比她有经验啰。”

※ ※ ※ ※

“卡伦的丈夫真的很恶劣。”在催眠状态下，年轻的卡伦 3 如此说道。“昨天，卡伦 2 骂他，然后就进来换我出去。结果我出来的时候，他一拳打在我脸上。”

“一定很恐怖。”

“恐怖，没错；稀奇吗？不稀奇。”我可以感觉到，卡伦 3 让我的心情变差了；好像她身上会发出某种致死射线，能把好心情消灭。她第一次来找我时，我也有这种感觉。眼前这位卡伦 3 是分裂的儿童时期的卡伦，仍需与整体融合。“我找不到人说话，”她说。“以前我会跟凯瑟琳还有安聊天，但她们都不在了。我很气卡伦 2。她吼我，叫我不要出来‘碍事’。可是乔希对她发脾气的时候，她就躲进来，我必须出去承受。我觉得我好像被钉在一面镜子上，镜子里的我伤心又丑陋。”

“你听起来好像很不快乐。我只能想到一个办法：你必须让其他人分担你的烦恼，然后融合。”

“可是我不想害大家跟我一样惨兮兮的。我的责任就是当受气筒。”

“我了解，可是我认为除此之外没有别的办法了。你受的气原本就是属于大家的。"

"哦,好吧,如果你认为这样比较好的话。"

"我认为这是最好的办法。我们下一次就来进行你的融合吧。"

※ ※ ※ ※

"对啊,有时候我希望我的分身能回来,"卡伦沮丧地说。"他们总是在一旁支持我。我觉得我失去他们,忘记他们已经在我身上了。我想知道每一件事的每个部分,我知道答案就在我的脑袋里,可是我每天的时间都不够用,根本没办法想起所有的事。我知道我照顾弟弟们好几年,但我不记得实际上做了哪些事。我没做过饭,没洗过碗,没洗过衣服,没擦过灰尘——全都是凯瑟琳做的。现在我得自己做。其实做事的感觉并不差,但我以前为何不做呢?我觉得好失落、好空虚。自从朱莉安融合后,我再也想不起他们每一个人的样子了。当然也有好玩的时候啦。比方说,我正在吃芦笋,这时我女儿会说:'妈妈,你不是讨厌芦笋吗?'然后我会随便搪塞一句'我忘了'或是'我今天不觉得它难吃'之类的话,因为我不再讨厌芦笋了。"

※ ※ ※ ※

"真吓人,卡伦开始自己思考了,"霍尔顿说。"她渐渐了解每个人存在的目的。现在,已经融合的人格全部混在一起,我们分不出来谁该负责哪一部分。我很难过卡伦得自己承担丈夫的羞辱;我甚至还动了想杀他的念头,真不像我。卡伦搞不懂她怎么有办法跟他在一起这么多年。"我谢谢霍尔顿的信息,换其他人出来。

"如果你打算融合卡伦 3,肯定一头陷进大灾难之中!"卡伦 2 说。"卡伦会变得很沮丧! 万一她又想自杀怎么办? 那我得常常出来找点乐子。”她对我眨眨眼。

“卡伦3即将融入一个更大、更完整的个体，”我说，“也许会有一阵子不太好过，但我想最后不会有事的。”

“等我融合好了，我希望能支配卡伦久一点。”

※ ※ ※ ※

卡伦3与其他人格融入的那个“卡伦”不太一样，这一点仍令我百思不解。也许我不该想得太具体。卡伦3——卡伦的童年部分——在内在系统中也有属于她的角色：接收并承受沮丧。这个人格需要释放，与整体融合。我试图想象卡伦脑中的情景，仿佛这些分裂人格被一个个倒进大桶子里，让过去从卡伦的意识分裂出来的信息片段或精神结构，确实回到未分离或重组的状态。当然，卡伦3可能压抑了不少情绪，需要缓解——她必须敞开心扉，让其他人一起承担。

※ ※ ※ ※

“以前，我不怎么介意遗失时间，”卡伦说，“但现在我觉得很不正常。昨天，我失去了一整天，前天则有半天不见了。我有好多事要做，万一失掉时间，我会赶不上进度。”

“你准备好跟小时候的卡伦3融合吗？”我问。

“大概吧。她是我沮丧的部分，对吧？”卡伦不是在提问。她早已知道答案，她只是希望我能分担她的疑虑。

“你可能会有点沮丧，”我说，“但我认为最后应该也会跟前几次融合一样，感觉会慢慢变淡，成为你内在的一小部分。”

“可惜我们不能让这部分继续独立留存。”

“如果让卡伦3继续留着，我担心你没办法处理或缓解她的情绪。

沮丧很可能突然发作,直接影响你。让她与你融合,我们才有办法在你需要的时候给予治疗和协助。"卡伦似乎挺满意我的解释。"现在,让自己坐得舒服点吧,"我说。我开始催眠她,着手融合卡伦 3。

"我担心我会把沮丧传染给大家,"卡伦 3 说。

"这么多年来,你一直在压抑自己?"我问。

"对,"她说,"所有痛苦的情绪和自卑都是我在承担。我也得承受她丈夫的羞辱。卡伦只负责忍受他说的话,但感觉全部由我接收。"

"你是如何诞生的?"我问。

"卡伦出生后没多久,凯瑟琳、霍尔顿和卡伦博就成形了。然后卡伦 1 出来扮演小女孩,卡伦 2 生来就不受负面影响。我生于卡伦两三岁的时候。我在里头待了很久,但莎拉诞生后,我又出来了。理论上,我们 3 个'卡伦'几乎同时诞生,只是作用不同,所以我们拥有相同的名字。"

"卡伦难过的时候,我会承受她的悲伤。父亲骂她娼妓,我会带走这种话给她的感觉。父亲也常羞辱她。比方说,卡伦 13 岁时,父亲带她去买长睡袍;他跟店员说她是他妹妹。我也替她承受羞辱感。"卡伦细数她的任务,语气疲倦又绝望。"卡伦几乎不会哭,我替她哭。有时候,卡伦一见到你就哭起来,那是因为我出来了。希望我没把你搞糊涂了。"其实我从头到尾都不曾搞清楚过,我心想。

"你准备好了吗?"我问。

"好了。"

"请你先在卡伦的小房间外等一下,我们待会儿就请你进来。"

卡伦和我展开熟悉的融合步骤。我先解释卡伦 3 的角色,以及她如何诞生。卡伦让卡伦 3 进来。卡伦说,卡伦 3 在发抖,泪眼婆娑;她是她年轻时候的样子,她能听见她的想法。她们彼此向对方保证,请对方安心。

卡伦 3 并未移动,因此卡伦走向她。

“她站在我旁边，快速移入我的身体。”卡伦停止描述，我看着卡伦努力进行。

“我可以感觉到她。好亮，好刺耳……她完全融入。我看不见她了。”

“现在我要离开你的小房间，”我说，“你会接收到一大堆她的记忆，不过我相信你已经有能力处理了。”

我带卡伦离开催眠状态，回到我的办公室。她遮住眼睛，阻挡光线。

“你想起什么了？”我问。

“我看见一名年轻黑人。我在车上。我听见父亲说：‘唯一的好黑鬼就是死黑鬼。’”

1997年7月21日

与卡伦3融合

7月17日，礼拜四，卡伦3与我融合。直至与卡伦3融合前，我仍有疑虑。对于这部分的我，我几乎一无所知，只知道她大多时候都处于沮丧、难过的状态，所以我担心这次融合会伤害我。我从她那获得的第一份记忆是父亲开车经过林肯中学。他直接开进敞开的铁栅门、越过学校操场，朝一群正在打棒球的黑人青少年直直冲过去，想撞倒他们。父亲亮出他从伯特那儿偷来的警徽，威胁孩子们离开这里别再回来的时候，我就坐在汽车后座。他们落荒而逃，他哈哈大笑，然后转过来对我说：“唯一的好黑鬼就是死黑鬼。”这句话伤我伤得很重，因为他常喊我黑鬼，要不就说我的嘴唇像黑鬼，说我有黑鬼的鼻子。

开车回家的路上，我开始了解卡伦3这个人。她30岁，在我出生后（大约2岁时）跟着诞生。她是开始接受你治疗的人。她常有自杀的念头，头痛的问题很严重。换她出来时，她几乎都在睡觉。

我想，在我们这个系统中，卡伦3扮演的角色很重要。渐渐想起她为我的付出之后，我慢慢觉得有她在身边，我真是太幸运了。过去这几天，我才知道几乎都是她在承受我丈夫的言语羞辱。我知道他会给我乱取绰号，取笑我，但我直到现在才知道他这么过分，才开始体会被羞辱的感觉。

我不确定该怎么对待我丈夫。有时候，我知道他的怒气是针对我而起的。但是，他怎么可能在完全不了解我为何改变——当然是因为融合——的状况下，容忍我的改变？我不可能为了他而继续留在过去的状态，因为我根本不记得他喜欢哪一个我。说真的，我完全不认识这个与之生活17年的陌生人。每当我看着他，我能立刻感受到他对我的憎恶。现在卡伦3融合了，我开始感觉到对这个人的愤怒。我恨他如此残酷地对待我。我发现我很希望他走，更悲哀的是，我甚至希望他死掉。

卡伦3认为她找不到活下去的意义，她想死。现在我感觉这次融合大概结束了，我松了一口气。我想短时间内我没办法接受另一个人。接下来这个月，我必须适应我的改变。对我来说，通过其他人的眼睛看世界是个崭新的经验，我希望能多花点时间好好享受、欣赏他们所做的一切。我不想忘记大家。

第 25 章　卡伦 2 与詹森

“怎么了?”我问道。

卡伦摇头,仿佛想借着摇头避开问题。“我只是绝望。这么多年来,我不断被批评,被苛责,我无能为力。我只能靠时间慢慢沉淀,成为卡伦的一部分。一下子承受那么大的羞辱,感觉糟透了。”

进入催眠状态后,詹森说他不敢把作品带过来,他不知道为什么。经我一步步诱导,他终于承认:其实他很清楚,把作品带来后他就要被融合了。我试着安抚他,表示我们会把看画和融合的时间分开,但我们俩都知道这是小小的谎言。我想,如果让他知道我能了解他的想法,也许他会感觉好些。

“卡伦 2 说,不管我愿不愿意,下次都要换我融合,”詹森说。他有一种其他孩子欠缺的、温柔体贴的气质。“她想当老大来指挥我。我出来画画,但她把我推回去,她好看电视。”我说我会跟卡伦 2 聊一聊,设法确保他会得到应得的时间。

“我听见那小兔崽子说的话了!”哈,卡伦 2,我想。

“听起来,你好像让他不太好过哦?”我耐心与她周旋,试着隐藏我的不耐烦。

“他动作好慢!”她说,完全没注意我的态度和语气。“他一直在搞那些无聊的图画,没完没了的!”

"希望你这礼拜能多给他点时间,让他完成他的画。他必须画完才能接受融合。"

"噢……嗯,好吧。我自己也没在外面待很久啊……我很守本分,没去打扰卡伦3融合哦!但是要我管住舌头实在够难的。我好讨厌卡伦她妈,好想叫她闭嘴。霍尔顿总是得设法按捺住我的脾气。"

"她不也是你的母亲吗?"我问。

"我从来不把卡伦的父母当成我自己的爸妈。我挑了某些人的优点和特质,在我心中打造我自己的理想父母。"

"你从哪儿挑人呢?"

"电视节目啊,电影啊,诸如此类。我的父母很正常,不会虐待我,但他们也不是真的。我们这儿的其他人大多把霍尔顿和凯瑟琳当爸妈。桑迪假装自己是被领养的,而她慈爱的亲生父母在某个遥远的地方。"

"你出来之后都怎么打发时间?"我问。

"我喜欢与人相处。我喜欢跟莎拉在一起,帮助她建立自信。我不想失去行事的能力。我希望大家当初融入的对象是我。"

"结果会有什么不同吗?"我问,"你融入他们,他们融入你,你们都在同一艘船上呀。在我看来,谁也没占到便宜。"

卡伦2深思良久。我趁其不备,直接切中要害。我想她可能以为,作为各独立人格的接受者,自然拥有相当程度的支配与自治能力。然而事实并非如此,每次卡伦都被迫改变,她根本无力控制。

"假如我融合了,我怕我只会占整体极小的部分。"

"没那么小吧!"我大笑。

"也许没那么小,也许正好相反。"她笑了。"我非常强壮,意志坚强,假如我不愿意,即使是霍尔顿也没办法逼我回去。"说不定我能借着这个机会更了解"转换"的感觉。

"你从'外面'回到'里面'时有什么感觉?"

“当在外的人格开始退回内在，”卡伦 2 好像在解释给小孩子听，“声音好像被包住，视线也变得模糊；然后就被吸回去了。假如我没事干，或者并非在专心做事，霍尔顿就会把我拉回去；一回到里面，我的力量就变弱了，没办法挤开霍尔顿，取代他的位置。凯瑟琳偶尔也能把我弄进来，不过她会耍花招设计我，骗我说里头有人需要我。”

“你好自信，”我恭维她，“你一定能带给她很多好处，让她受用不尽。”

“也许我们可以留下两个人，卡伦和我！”她开朗而热切，仿佛突然想到自己有钱买新衣服似的。“你可以先继续融合詹森和霍尔顿。我喜欢独立存在，我想当一个完整的人。我有自己的想法。我不曾有过不好的经历。假如我融合了，我就会变成被虐待过的人。我喜欢我现在的样子！”

“你想你要多久才能准备好？”我听出她的恳求，但我们都知道这是不可能的。

“我知道，对卡伦来说，融合我才是最好的选择。”她的热情突然消失了。“但我认识的人、我的朋友怎么办？我常常在卡伦睡着后，溜出去跟他们碰面。”我什么都没说，只是望着她。

“我知道我的时候到了，”她垂头丧气。

“你想在什么时候进行？”我继续施压。

“公元 2000 年？”她振奋了些，“我一定得说个详细日期吗？”

“我们可以下次再来讨论，”我说。“现在请你先回去，我好带卡伦回办公室。”

“我一定要回去吗？我想继续待在外面做几件事。”

※ ※ ※ ※

过了一个星期，1997 年 9 月 9 日，卡伦 2 在催眠后第一个现身，兴高采烈地告诉我她从“推销家用塑料制品的聚会”上带了几幅画回来，全家到处挂；她还告诉我她给莎拉买了鞋，也描述她跟朋友出去玩的琐事。她滔滔不绝说着一堆不相关的事，直到我打断她的话。

“你考虑过融合了吗？”我问。

卡伦2突然停住，活泼开朗的情绪瞬间化为担忧与严肃。“嗯，考虑过了。我并非百分之百赞成这个主意，”她瞪了我一眼，“但我知道这样能帮助卡伦。最近我读了一些有关虐童的信息，让自己更加熟悉也更加了解了我们的处境。”

“如果卡伦能把世界想得更美好，更安心过日子，那就太棒了，”我说，试图巩固她必定能对卡伦有所贡献的想法。

“对你来说，我渐渐变成一个麻烦人物了吧？”她说。“你担心我会接管卡伦的内在系统，控制她。但现在，我却担心我会完完全全消失，不见了。”

“你希望什么时候做这件事呢？”

“下礼拜应该可以。”她若有所思地望着窗外，神情有些凄凉。“我很享受每一次出来的机会，但我想也许我能用另一种方式享受它。我一直在观察卡伦，我看见她过去的每一部分仍尽力做自己该做的事。未来，至少她和她丈夫的关系多少能改善一点吧。不过我可不想融入她的身体。讨厌！”

“或许你能让她变得更积极，好好对待自己的身体。”

“希望如此啰！”

“那么就决定下星期了。”

“好。”

※ ※ ※ ※

预定的时间到了，卡伦依约现身。她从皮包里拿出一只注明“给贝尔医生”的信封。卡伦 2 列出赞成与反对融合的理由，以下是这张单子的上半部：

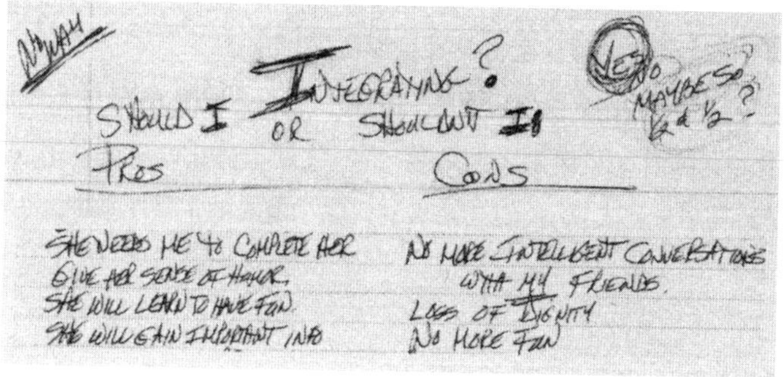

门儿都没有！　我应该/不应该融合？　应该　不应该　一半一半？

赞　成	反　对
她需要我，让她变得更完整	再也无法跟我的朋友理智对谈、交换想法
让她更有幽默感	失去尊严
她会学着找乐子、让自己开心	我会变得很无趣
她能得到重要记忆	

卡伦 2 写了满满一整页，最后赞成的理由有 20 项，反对有 14 项。有趣的是，所有赞成的理由皆围绕着“卡伦将从她身上获得什么”打转——也就是卡伦 2 能对全体人格有何贡献；而反对的理由则完全集中于她的个人损失。这张便笺最后还有签名：**独特的女人，卡伦** 2。

“最近这几天，卡伦 2 一出来便到处跑来跑去，什么事都做，”霍尔顿说，“大多是参加社交聚会，安排接下来的学校活动。她已经开始传送感觉和看法给卡伦了。昨天，卡伦去参加高中家长会；跟老师说话时，她感觉到一种新的自信。”

“昨天她确实更能体会我的看法和感觉了，”卡伦 2 有些沾沾自喜。“有我加入她，对她来说应该是件好事吧。”

“你希望我怎么介绍你？”我问。我仍担心那些“反对理由”会重新占上风，改变她的决定。我不想逼她，但我也不要她犹疑不定。我希望她只会感觉到自己被这套机制轻轻带走，如此而已。

“我生来就是要当个正常人，坏事永远不会发生在我身上。说实话，我也不懂什么是坏事。大多数时候，我处于静止的沉睡状态，唯有在遇到某个重要人物，我们必须表现得像个健康的正常小孩时，我才会出来。上了高中，我想拥有自己的个性，做我喜欢做的事，所以我参加社团——辩论社、话剧社、乐队；毕业那年，我该修的学分都修完了，于是我把时间全花在艺术和戏剧上。”

“总之呢，我从那时候开始就经常出来，跟其他人出去玩；我看比赛，参加学校活动、社交活动。”卡伦2骤然陷入沉默。我想她已经说完了。

“请你在卡伦的小房间外稍候片刻，我先跟她聊聊，然后再请你进来。”卡伦的表情放松，眼神也黯淡了下来。我把卡伦召回来，请她让我进入小房间；然后她打开门，邀请卡伦2进来。

“我好紧张，”卡伦说，“她让我觉得很有威胁感。她跟别人不太一样。瘦瘦的，金色短发，很有精神，感觉很有劲儿。”我简短重述卡伦2的来历与存在目的，请卡伦描述过程给我听。“她坐在我旁边，面带微笑、拍拍我的手。她说：‘你为我准备好了吗？’她对这个遍体鳞伤的我们会有什么反应？”

“也许这就是本次融合的课题，”我说。

“她轻抚我的头发，告诉我不会有问题的。她说我这次不会有受伤或尴尬的记忆。现在她想知道我们该怎么做。”

“互相靠近、看着对方，然后拥抱，”我说，好像我真的知道该怎么做似的。

“感觉好怪，”她说，身体微微扭动，“我从来不曾意识到她的存在。她要我转告你：‘多谢你做的一切，到时候再见了。’她问我准备好了没，待会儿她会拥抱我，直接与我融合。她说‘再见’。她拥住我，她的头慢慢靠过来……我已经感觉到了。我听见体内所有的声音，我的心跳、我的呼吸。我不舒服。”

“做几次深呼吸，让她进入你的内心，”我催促着。卡伦痛苦扭动，表情狰狞；卡伦2抗拒的程度似乎比卡伦还严重。

“她完全融入了。我看不见她了。”

“你做得很好。”我带她离开催眠状态，回到我的办公室。

“我抖得好厉害。光线好刺眼，声音……”卡伦微微缩起身体。我立刻关掉椅子旁边的台灯，让她整理一下情绪，重新振作起来。几分钟后，她坐正，挺直背脊。

“我的头不痛了，”听她的语气，好像头痛前1秒才消失。“感觉好多了。”她瞪视前方某一点，专注于内心的活动。

“怎么了？”我问。她摇摇头，回避我的问题。我又问了一次。

“没事，真的，”她说，“我只是想起某天中午去多米尼克超市用餐区，拿餐盘取餐的情景。”

“我非常好奇卡伦2会带给你什么样的改变。这次融合应该与过去截然不同。”卡伦对我虚弱微笑，但她从座椅起身的动作却颇为利落，脚步也有些轻快地离开了我的办公室。

与卡伦2融合

1997年9月17日，礼拜三，卡伦2与我融合了。我能感觉到这次融合的日子越来越接近，因为我似乎经常受到这个人格的威胁。我对她所知有限，但她却是我生命中颇为重要的一部分。开始融合时，我记得她拥抱着我，然后我仿佛进入隧道，我的耳朵有一阵阵胀痛；我再次对光线、对声音十分敏感。回到你的办公室以后，我想起的第一段记忆是在多米尼克超市拿开胃菜。多奇怪啊！这样的初次回忆。

以下是我得到的部分记忆：

- 我想起高中生活，所有参加过的活动。我还看见一张张朋友的脸。
- 我想起我在婚前跟不同男人约会的经历。
- 我想起爱上我丈夫的过程。
- 我想起结婚的事。
- 我想起担任秘书，并且在莎拉出生前获得升迁的回忆。我工作表现良好，大家都喜欢我。
- 我想起怀孕、分娩的过程。我爱我的孩子，也想起买婴儿用品、装饰婴儿房的事。
- 我真的很喜欢与人相处。

日子一天天继续，我慢慢想起我不喜欢卡伦2的地方。举例来说，我发现她把我的财务状况弄得一团糟：她把钱都花在自己身上，而不拿来做对全家有益的事。她花30美金去看电影，却不缴电费。她很聪明，很懂得文过饰非。现在我得去申请每一项账单的复印件，看看她到底捅了多大娄子。我以为所有会乱花钱的人都已经融合了，接着又想到凯瑟琳帮大家收拾了多少烂摊子，我突然觉得好沮丧，自觉是个大笨蛋。我想，也许卡伦2并没有那么完美。

今天我做了一件出乎我自己意料的事：我打电话到女儿的学校，表示我待会儿要去接她赴约。我到学校去，她完全被我搞糊涂了，频频问我问题；出了学校，我告诉她我们要去看电影《老爸！我被绑架了！》，她高兴得跳起来，说她好爱我。莎拉不敢相信我真的提早接她下课，带她去看电影。可是我们真的很开心！后来我再想起这件事，心里五味杂陈。我明白我终于有了女儿——一个我从来不觉得她属于我的女儿——还有她爱我，我可以感觉到她的爱。

※ ※ ※ ※

自1997年仲夏至初秋——我们融合卡伦2之前的数星期间，先前融入的人格逐渐趋于稳固。原本分属于不同人格的记忆和感觉，似乎也渐渐成为卡伦无意识的习惯。现在当她出门购物，她会一路上都很清醒，自己决定买什么，她不会遗失时间，购物袋里也不会突然蹦出一堆没买过的东西。她开始自己排定约会，自己决定穿什么衣服、跟哪些朋友见面。起初她认为这是一种全新且陌生的能力；她认为自己应该"不会这样做"，并且觉得自己在骗人。然而，这些"别人的"习惯逐渐变成"她的"，不知不觉中，她成为分裂人格的混合体，真正地融合了。对我来说，她已不再是一个沮丧的空壳，她越来越像个完整的人——有深度、有厚度，复杂而有趣。我期盼她的自我融合能成为一种持续进行的过程，并且在未来数个月——甚至数年——不断继续下去。

詹森仍找借口推延，不愿让我欣赏他的画作。他不但想延迟自己的融合，霍尔顿说他可能也不想让别人知道他通过作品表达的情绪。卡尔曾对詹森说，他们的思想和感觉都很邪恶，也许这正是詹森内心的恐惧。我向詹森提起这件事，他证实了我的猜测。他说他知道我上过学，我能看见事物隐藏的意义。他说他的画"不正常"，他会因此被"审判"，而且他们统统会被"关起来"。很久以前，他们住在精神病房的时候，他也画画，但他只画草地，画树木，不让他们看见他的内心。

"还有其他原因吗？"我问他。

"什么意思？"詹森问我。

"你觉得，因为你画邪恶的东西……邪恶使你变坏？你觉得你像被关在卡伦身体里的罪犯？"

詹森垂下视线,点点头,哭了起来。

我鼓励詹森也画些好的事物。我说,他跟其他人一样,都有好的部分和坏的部分。他似乎感觉舒坦了些。我请他再多告诉我一些自己的事。

"我11岁,我是黑人,我喜欢画画,"他说。詹森像个青涩少年;他有孩子般的天真,但举止却很利落能干。"我生于肯尼迪总统遇刺那时候,"他继续说,"卡伦一直很想画画。她会临摹、速写,但卡伦并非真的在做这些事。她只是空壳子,都是其他人在帮她做事。"

我点点头,鼓励詹森继续说下去。

"我生来就有画画的天赋。在学校,我有时候会乱画一些怪东西——有天使翅膀的恶魔、血做的蜡烛,大概像这一类的。但是,这在天主教学校可不是好事。如果神父觉得我画的东西不正常,他们会把它烧掉。我很怕火。有一天,我在学校画了一幅耶稣流泪的画:耶稣怀里抱着死掉的婴儿,并为他哭泣。"

"如果你能找到一个懂得这些作品的人,或许你就能获得帮助。"

"你觉得这幅画代表什么意义?"詹森问我。

"那孩子是卡伦的分身,耶稣正在为受伤的孩子哭泣。"

"我就是想画这个!"詹森眼眶微湿,眼神左右来回移动,用力绞拧双手。"修女在那幅画上面洒圣水,然后用藤条打我的手。我的手痛了整整一个礼拜。他们为什么要伤害我!"

"如果我严厉批判你的作品,你会担心我可能伤害你吗?"我必须找出隐藏在他心中、阻止他把作品带来的恐惧。

"我不知道,"他说,"我会觉得有压力。我怕我会做出不该做的事。父亲烧掉我的画时,我觉得我自己好像也正受烈火焚烧。"

"听起来,这些画就像你的一部分,"我说,尝试理解他的感觉。詹森再次点头,更放松了些。

"你常常出来吗?"

“不，不常出来。今年，自从卡伦开始融合后，我就很少出来了。我上一次出来是我们去自然历史博物馆的时候。超酷的！那天不只我出来。看见恐怖动物的时候是迈尔斯出来，之后换西德尼看恐龙，不过，我看了全部的绘画、木乃伊、工艺品和动物骨骸。我是唯一会注意细节的人，比方说桌子的雕刻、花瓶的形状等等。卡伦也出现过几小时，但她只记得一点点，所以她觉得很沮丧。假如你跟我们一起生活 24 小时，你一定会累到说不出话来。我们整天都在转换，一个身份一个身份轮流出来。可是我一直很少有机会出来。我常常希望我是迈尔斯或西德尼，他们就很常出来。我常常坐在没有窗户的房间里，只有一张书桌、一盏灯，让我可以画画。”

詹森研究我的办公室。我注意到他有种古怪且持续存在的躁动。他没办法完全放松。跟我说话可能是极不寻常、不熟悉的经历；又或许，对他来说，走出卡伦的内心世界本身就很不寻常。

“无论你带什么画来给我看，我都很期待，”我说。“上次你帮大家画的肖像就很棒呀！你可能是最能用画笔传达其他人情绪的人。现在卡伦 2 已经融合，你应该更有时间画画了吧！”我试着提升詹森的自信心，好降低他害怕别人严厉批评的恐惧，把作品带来给我看。

“我好想画一大幅画，把我所有的记忆都画在上面，然后拿来给你。可是我做不到。”

“没关系，我们可以想别的办法，”我说，“也许我们可以把它分成一小部分一小部分。”

“好的！”我对詹森点点头，然后请他先回去。

“现在我和詹森一起住在客厅里，拥有各自的角落，”霍尔顿说，“屋里的其他房间都关闭了。现在我们可以更常看见彼此了。詹森以前的房间没有窗子，现在他常常把窗子打开，看见人生更多的面貌。我想，也许这是他不愿融合的部分原因。这间心灵之屋的改变真的很有趣。每完成一次融合,就有一个房间被关闭。他们先向大家告别,然后封闭自己的房间。"

※ ※ ※ ※

"我怕你会不喜欢,"詹森说。"这跟我脑子里的影像不太一样。"我翻看詹森带来的黄色画夹。"我不知道我为什么没办法画得跟以前一样好。如果我独自待在房间里,我应该可以画得更好。现在我正在适应待在外面的感觉。"

"也许你已经有点融入大家了。"

"也许吧——但感觉不太对。"

我拿起一张画着蓝色砖头圈圈的画。

"这是我的房间,"他解释,"没有窗户。其他人会把手伸进来,引起我的注意,但我很少出去。房间里有几块石头,还有一张小书桌;我就坐在这里画画。房里没什么光线。我睡在泥地上。我好像住在井底:光线只能照到比较上面的部分,而我所在的井底却又黑又湿又冷。我有蜡烛。只是你看不见。天使帮我拿着它。"

我的房间/詹森

我拿起另一张画：眼睛前方有四个人影。

“别人出来时，感觉就像这样。我们好像通过一只眼睛看着外面的世界。”

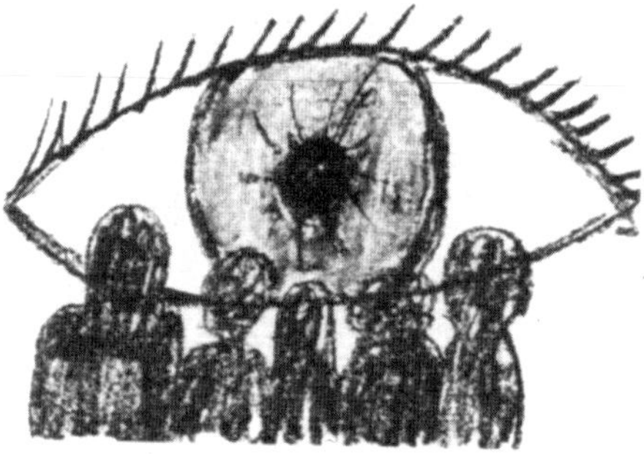

“这些人看起来好像很没精神，一蹶不振，”我说。

“因为我生气了，”詹森沉下脸来。我示意他，请他解释。“你在电话上说我想拖延融合。可是我真的想融合，我好孤单；一直到我开始跟你说话，我才知道我有多孤单。我以为你不会喜欢这些画，因为我画得不够好。”

“对不起，我误会了。”我和詹森的交情十分脆弱，而且我误解了他不愿把作品带来的原因，直到这一刻。现在我必须更小心才行。“我很高兴你终于决定带来给我看，”我用画夹掩饰我的不安，“融合之后，你再也不会孤单了。你能解释这张画给我听吗？”

詹森稍稍振作起精神。讨论他的作品似乎令他颇感自豪，而我对画作的兴趣也相当程度安抚了他。

“头上的头。我想表达拥有内在人格的感觉。”这些全是用炭笔画的。詹森说，在他把颜色带进来之前，卡伦的内在世界是灰色的。

我拿起下一张。

“这是殡仪馆的灰色房间。卡伦被绑起来。小桌子上摆着用来伤害她的东西：蜡烛，小刀，钉子和榔头。”

“这张是迈尔斯，”詹森说，手指着旁边那张画。“他受伤的时候，我用‘邦迪’或化妆品遮盖他的伤。他很不快乐。”

“这张好特别，很引人注目。”我拿起某人在大叫的那张。

“那是卡尔。他在想办法阻挡魔鬼，不让他进来，但他挡不住。”

“这一张似乎有好多故事在里面。”画中的耶稣呈坐像，伸出一只手;天使四周降下许多星星。

詹森微笑,连忙说道:“耶稣将手伸向天堂,召唤天使。十七个天使飘下来,进入卡伦体内。我们是来保护卡伦的。每颗星星代表一个人格。”这是詹森版的创世论。毫无疑问,这张画充满了希望。

耶稣召唤天使充满卡伦的心灵,照顾她,直到她再次完整。

每颗星代表一个人。每个人给卡伦一份礼物,或替她承受一份痛苦。

霍尔顿:常识

凯瑟琳:组织条理

桑迪:不正常家庭的完美女儿

迈尔斯:力量与愤怒

卡尔:承受痛苦

克莱尔:温柔

西娅：医学知识

西德尼：幽默感

爱丽丝：迅速掩护

卡伦 1：正常小孩

卡伦 2：正常成人，享受乐趣

卡伦 3：承受沮丧

詹森：艺术鉴赏力

安：宗教信仰

朱莉安：写作能力

卡伦博：婴儿

朱莉：承受病痛

下一张画，我仔细端详了好一会儿才拿给詹森看。这张画的细节处理和技巧明显更上一层楼；魔鬼占据极大的篇幅，卡伦被放在背景，她举手伸向光明，却被拴在地狱。

“我想把魔鬼放在一艘写着‘地狱烈火’[1]的火箭上，送他回他的地方去。我们并不邪恶，我再也不怕魔鬼了。以前迈尔斯和卡尔曾说他们自己是魔鬼。”

“那是别人告诉他们的。他们一再听别人那样说，”我告诉詹森，“应付施虐者的唯一办法就是接受他们赋予的角色。但那些全是谎言。”

“对……坏透了。”

接连好几个礼拜，我常常跟詹森聊天，鼓励他继续画画，协助他做好融合的准备。另一方面，卡伦仍努力适应卡伦 2 及其他人格带来的影响。她描述自己各式各样的小变化：以前，她要同时打开电视和收音机才能专心阅读；如果太安静，她会听见其他人的声音。现在她很容

① 地狱烈火（*Hell or Bust*）：美国一部电影名。——译者

易分心，但她却头一次能感受到真正的寂静。

她说，以前她每晚顶多睡 2 到 4 个小时，现在是至少 4 小时，但她晚上还是会遗失时间。每晚上床睡觉前，她会检查车子的里程表，作记录，隔天早上再去检查；有时里程表的数字会多出好几百英里。霍尔顿喜欢晚上开车出去兜风。

霍尔顿担心，将来卡伦再也无法自我分离时，她会变成什么样子？万一她再度遭受巨大压力，她会创造新的人格吗？或者她会“重新复制”这些旧人格，回复以往的操作模式？“我们会重生吗？”他问道。对于这些问题，我没有答案。我也担心她会再次分裂，但我告诉霍尔顿，我对目前的成果很有信心，所以我也对卡伦有信心，我相信她能痊愈并好好活下去。

卡伦2也为卡伦带来不同的挑战。卡伦说,卡伦2的记忆令她焦虑,她不喜欢她发现的事实。她曾有过约会,谈过恋爱,跟别人发生关系——但这些她完全不记得。我问她,这些经历让她感觉愉快还是不愉快?愉快,她说,但她不觉得是“她的”经历。她不喜欢她做的事情。

卡伦2的朋友也令她沮丧。她常接到不认识的人打来的电话,不得不闲聊,最后才终于想起对方是谁,她们又是如何认识的。我安慰她,她会慢慢想起过去,所以也一定会记起这些人。她说,当她遇见某几个人,她会反射性地与对方拥抱问候,但她得停下来,想一想这样做好还是不好。

她不知道自己经常拥抱孩子们。每到睡觉时间,卡伦2会出来送孩子们上床睡觉。我记得,她曾说过她不敢碰她的孩子,因为最后她可能会虐待他们;但结果恰恰相反,原来她始终恰如其分地展现对孩子们的钟爱。这次融合耗去她大半的精力,她几乎没力气做其他事了。她说她有好多东西想写,无奈时间根本不够用。她交给我第二部分的卡伦2融合记录。

1997年10月

与卡伦2融合(续)

卡伦2与我的融合仍持续进行,她的作为着实令我惊讶。我的生活很复杂,却也丰富多彩。最近我深受过去的“我”与其他男人交往的记忆困扰。尽管都是正常、健康的记忆,但我仍觉得不安。我无法想象我的身体能感受任何正常的性快感,这些原本不属于我的想法令我感到丢脸,有罪恶感。虽然多年来我一直渴望能拥有这种感觉,但我仍挣扎了好一段时间才终于接受这是“我的”记忆。

我想起过去每一次性经历的细节，好像它们昨天才刚发生；我不曾想象我能拥有这种感觉。我觉得我的身体再次获得尊重。我强烈而急切地想了解自己的身体，但这些念头却令我尴尬，尴尬到我没办法写下来。我想这整个过程应该会耗上好一段时间。不知道我还能不能找回女人的自觉。

这次融合比以往任何一次都还要困难，因为我无法接受这么多美好经历而没有一丝罪恶感，我常发现自己莫名其妙流下泪来。即便如此，我仍继续将各种正面、积极的感受填入我的人生，这种感觉很刺激、很兴奋。在面对过去数不尽的伤痛之后，我要开始往前看，朝未来迈进。我还不知道怎么踏出第一步，但我必须放下过去，好好享受。

卡伦 2 习惯让人以为她拥有幸福美好的生活。她轻松待人，但态度坚定；她决不允许别人亏待她或孩子们。她总是开开心心，处处展现幽默，我常怀疑我有没有办法活得像她一样，不辜负她的人生。现在她已和我合为一体，这我明白，但我总是无法克制自己不去想——比起她，我实在太令人失望了。

“以前，我常常为了遗失时间而沮丧，”卡伦给我一个扭曲的微笑，“但现在我很生气，因为我再也无法遗失时间了。”我看着卡伦，为她难过。这种感觉肯定很恐怖。

“还有，我有很强烈的冲动想做很多事，我想不顾一切往前冲，但我把这种感觉压抑下来。”

“卡伦 2 不曾受过伤，”我评断道，“但也不曾受到适当的处罚。她并未养成‘自律’的观念。”

“嗯，我想也是，”卡伦说，但她似乎颇为困扰。“我还是不知道该怎么跟卡伦 2 的朋友相处。有时我觉得自己喜欢交际，态度得体，有时候却不这么认为。这礼拜，我又得到一些卡伦 2 的记忆，但这些记忆却让我觉得卡伦2无时无刻都戴着面具。"她继续,"大家都喜欢她。她拥有幸福童年——她的经历确实如此——但我没办法跟这些女人闲聊,聊些指甲美容什么的,我觉得自己格格不入。我能感觉到卡伦2想穿哪件衣服,但是当我穿上它,我却觉得我不是我自己。"

"听你这么说,卡伦2就是那层面具,"我说。

"对,我也这么想。只是现在大家都在问**我**哪里不对劲?"

"这个问题真难解,"我说。"你觉得卡伦2很完美,但我却在她身上看见许多不成熟和自私的倾向。我想,她在这方面跟你的双亲很像,冲动,不计后果,却又喜欢维持万事太平的假象。我想,你不要认为自己比不上她。你必须汲取她好的部分,然后用你更成熟的内在——也许来自其他人格——驾驭她冲动的那一面。"我这番话似乎令卡伦颇感惊讶,但她决定好好想一想。

※ ※ ※ ※

接下来几个星期,融合的脚步慢了下来,卡伦继续注意自己的变化。现在她已能不受强烈冲动驱使,轻松选择自己想做的事。她首次跨进教堂,听她女儿唱歌。卡伦2一直都这么做。卡伦听神父讲道,头一次把他当普通人看待。她甚至决定重新安排定期的妇科检查,心中没有丝毫畏惧。她已有14年未做子宫检查;因为过去只要一想到骨盆腔检查,她就没来由地感到惊慌。

※ ※ ※ ※

从卡伦开始人格融合到现在,一年过去了。她的改变虽然微妙、不易察觉,但意义非凡。与卡伦谈话时,我仿佛能瞬间见着克莱尔的柔媚、朱莉的绝望、卡伦2的爽朗或安的体贴。另外,卡伦也描述一些居家琐事给我听，包括她如何像迈尔斯一样顶撞她丈夫，或者像桑迪那样屈从于母亲的意志。只是现在的主角全都是“她”了。

1997年11月12日是预定融合詹森的日子。詹森把他最重要的宝物带来给我：3枚假金币，一枚内战[1]时期的一分钱硬币，一块大理石，一张边缘呈锯齿状、贴有骷髅头贴纸的唱片，两只动物黑色石雕（大象和熊），一块刻了黑色蜘蛛的象牙白色石头，6英寸高的“飞人乔丹”塑料胸像——他说：“因为他是黑人，跟我一样。”卡伦的高中毕业纪念册，显示她曾加入计算机社、话剧社、德语研究社、学生议会、管乐团、剧团、几个我不认得英文缩写的社团组织。另外还有卡伦领受圣餐的照片，几段针织花边，一本剪贴簿（里头是她丈夫写给她的情书）。我仔细阅读这些书信，发现他俩当时竟意外地热情与真诚：他毫不掩饰他的感激，感谢天主让他拥有卡伦的爱；若两人发生争执，他也会写信向卡伦道歉。詹森说，他把几星期前答应要给我的画放在家里的衣橱里，并请我转告卡伦，让她把画带过来。詹森太害羞，不好意思亲自交给我。

“我准备好了，”詹森说，“可是我感觉不太好。”他在发抖，咬嘴唇，双手无意识地动来动去。看得出来，他正试着勇敢以对。

“别担心，詹森，不会有事的。卡伦和我已经合作过好几次了。”我不确定他是否放心了些，也许我该想办法转移他的注意力。“再告诉我一次，你如何诞生？你希望我怎么向卡伦介绍你？”詹森想了想，然后条理分明地回答我的问题。

“卡伦喜欢‘看’，却无法‘欣赏’。我们在殡仪馆受虐的房间是灰色的，啤酒窖也是灰色的，所以我诞生的目的是为了将颜色带进我们的生活，教卡伦欣赏美丽的事物。我帮她做美术作业，参赛，然后在青少年夏令营教小孩子画画。高中时，社团表演的剧本是我写的、舞台布景也是我画的。”詹森停下来，欲言又止。

---

① Civil War，此处指美国内战，1861—1865年。——译者

"怎么了?"我问,"还有别的话想说吗?"

"嗯……"詹森犹豫着。

"没关系的。"

"嗯,这事是从卡伦母亲拿烫发夹烫她开始的。烫伤在卡伦的脖子上留下伤疤,结果她父亲认为那是吻痕。我不知道吻痕是什么,但父亲因此狠狠揍了她一顿。从那时候起,只要卡伦身上有淤青,我就会用衣服或化妆品帮她掩盖。我以为我是在保护她……"詹森频频颤抖。显然他隐约觉得这么做是不对的。

"你掩盖她身上的伤,不让人看见,反倒让能够帮忙的人也看不见她受虐的伤痕,"我打开天窗说亮话。

"现在我知道了,"詹森的泪水即将溃堤,"我只是想帮她!"

"你确实是想帮她啊,詹森。不过,我打心底认为结果不会有任何不同。不管你怎么帮她,她父亲都会找方法伤害她。他随便找个理由就能伤害她。"

"你真的这么想?"我毫不迟疑地立刻点头,詹森叹口气,放松下来。"我好担心是我害她受伤的。"

"融合后,你的体贴和美术天分一定能为卡伦带来很大的帮助。"

詹森想了一会儿,问我:"卡伦会介意我是黑人吗?"

我很惊讶他会这么问,但我立刻回答:"不会。我确信她不会介意的。"这时我突然很想知道:"你为什么是黑人?"

"她父亲对深色人种有偏见。不过就像我说的,我是为了教她色彩才诞生的。"是啊,那还用说。有时候我真是个猪脑袋。

我们开始融合的例行程序。当詹森进入卡伦的小房间,为了缓和气氛,他朝卡伦吐舌头、咧嘴微笑着。卡伦描述詹森的模样:黑人,一头卷而纠结的黑发,约 4.5 英尺高;她以为他的个头会再高一点。他主动跟卡伦说话,为遮盖伤疤的事向她道歉,并请她转告"他会想念我",但我知道他永远都在。此外,詹森要我记得告诉卡伦藏画的地方。

他在发抖，她说，两只手紧紧攀住她的双臂。他问她是否准备好了？他爬上她的膝盖，准备融入。卡伦停顿了几秒钟，之后意外地说整个过程比她原本预期的快多了。他已经融入，她可以感觉到他。她脸庞涨红，转为深红色；她感觉到他的焦虑，抱怨光线和噪音。她说她感觉有些悲凉。

“因为他经常是孤孤单单一个人。”一旦卡伦离开催眠状态，我便这样告诉她。之后我说，詹森把画摆在她的衣橱里。

1997年11月16日

与詹森融合

1997年11月12日，礼拜三，我和詹森融合。这次融合跟以前不太一样，我甚至怀疑他是否真的融入我了。融合后，我并未立刻感受到异状；然而到了晚上，我突然被大量的记忆与感觉淹没。

我在那些灰色房间受罚或受虐时，他会出来，将灰色变成彩虹般的缤纷色彩，让我无心顾及肉体的伤害。现在，詹森融入我两天之后，那些最黯淡无光的日子霎时有了颜色。过去我完全不曾意识到詹森的力量。除了画画以及将艺术带进我的生活，我不知道他究竟为何存在。现在我终于了解，詹森之于我的意义远远超乎我的想象。

詹森是我身上唯一的黑人人格。他之所以生为黑人，乃是因为我父亲对黑人有很深的偏见。他的出现使我慢慢懂得欣赏各个民族、人种，他给我正确的观点，让我不至于跟父亲一样偏颇。詹森熟读他的种族的历史，并且选了18世纪某奴隶的名字为自己命名。因为詹森给我的知识，我对各种族的历史与冲突有了初步的了解。我尤其对埃及人，还有他们创造文化的方式特别感兴趣。

詹森能使左手，右手也很灵活。他可以同时用两只手写字。詹森也让我的孩子接触艺术，他陪他们剪剪贴贴、涂涂抹抹，一待就是好几个钟头。他会以日常生活为基础，安排艺术培养计划；我儿子还不满一岁时，他把巧克力布丁倒在手工纸上，开启詹姆斯的创作生涯。

詹森喜欢乱涂乱画，我们经常因此惹上麻烦。他在某次宗教课的涂鸦把我吓坏了，多年后仍余悸犹存。现在我发现他为你再画了一次，令我相当困扰。我不明白。难不成这幅画是在预告未来？它究竟有什么含义？我不懂他为何重绘这幅场景。这幅画潜藏的邪恶令我害怕。我想撕了它扔掉，但某件事阻止了我的行动。

我想起他第一次画这幅画的场景，当时的一切历历在目；我读6年级，坐在第2排。修女对我们讲道，说我们全是罪人；由于我不懂自己何以是罪人，因此詹森替我出来画了这幅耶稣受难图：画中的耶稣被钉在十字架上，钉子刺穿掌心；有个女孩（我猜那是我）正在喝滴落的血，魔鬼的阴影潜伏在女孩身后，伺机夺取她的灵魂。我想詹森肯定是太着迷于他的作品了，他没看见修女正朝他走来。她抽走他的画一看，吓坏了。詹森不明白自己哪里做错，他十分害怕，于是迈尔斯出来帮忙。修女拿圣水往我们头上浇，拼命摇我们的身体，摇到我们快要昏过去变成植物人。当时，我们仍握着画画的铅笔，后面的男生为了引起我们的注意，用力踹我们的手，但他不知道铅笔的笔尖正对我们的手掌心；于是笔尖刺进掌心，流出的血凝聚在掌中央，形成小小血洼。我请求修女让我去洗手间。结果她一看见我的手就开始尖叫，说我是恶魔撒旦之子。之后我爸妈被叫到学校来，当晚我也受到比以往更严厉的处罚，理由是“我让家人彻底蒙羞”。

日子一天天过去，我看见越来越多不曾知其存在的美丽事物。与詹森融合后，我会注意每样东西的每个细节。然而，此次融合最糟糕的部分是“孤独”。我好怀念大家一起参与的内在会议。虽然我从未真正听见他们的讨论内容，但是，知道他们就在那里仍令我感到安慰。我很难过自己不再自我分离了。不再遗失时间的感觉好怪，尤其当我非常需要帮助的时候，这种感觉更为强烈。一个人要处理这么多事，对我来说真的好难。其他人究竟如何只靠一个人格生活？

我不知道霍尔顿怎么了，可是我真的不太了解他。我不懂，假如他还在，我为何不能把时间给他？难道他拒绝再帮助我了吗？

※ ※ ※ ※

“你准备好完成最后融合了吗？”我问卡伦。詹森已逐渐融入，卡伦正在吸收他的记忆与感觉。

“我很害怕，”卡伦说。她望着我，希望我能拉她一把。“现在我还有一个可以托付时间的对象，他是我的安全网。我觉得遗失时间好像也不是什么太奇怪的事。”我继续保持沉默，让她与自我挣扎。

“我完全不记得最初几个融合人格的事了，但家里仍不时出现一些我知道不是我造成的改变。”

“虽然你的人格融合已趋近完成，”我说，“但有待整理的记忆和感觉还是很多，我想至少得再花好几个月才能完成整个合并过程。”

“可是，万一真的发生很糟的事，我该怎么办？”她问道，微微提高音量。她终于得完全靠自己生活了。看得出来，这个即将成真的事实令她开始惊慌。“就算大部分的我都融合了，”她继续，“我还是有很多细节想不起来呀。以前我是秘书，我会打字，会速记——但我现在什么都不记得了。以前我有一整个内在家庭，我不需要别人。”她交叉双臂，抱在胸前，表情严肃。“霍尔顿已经好一阵子不出来活动了。他让我一个人应付所有的事！”她板起脸，不高兴了好一阵子，“我一直到昨天才猛然惊觉，我的内在只剩下他一个人了。”

“我可以跟他聊一聊吗？”她看着我，表情有些厌恶，但仍闭上眼睛接受例行的催眠程序。

“以前的她不必承担任何后果，”霍尔顿说，“我已支撑这一大家子好多年了。”我总不免想到，他取名“霍尔顿”[①]不是没有原因的。

“你对自己的融合有何看法？”我问。

“我必须融合，我知道，但我认为我有责任继续照顾她一阵子。我已经关闭她的心灵之屋了。”

“你的意思是？”

“所有房间都被封住，他们再也没有可以回去的地方了。而我呢，我从来都不是真正属于他们的一分子。我一直都住在心灵之屋外头，负责保护他们。不过，我还没关闭卡伦的安全小窝。”

“你需要她的小房间来完成融合吗？”

“倒也不是，我觉得我们可以在屋外进行。但是，最后我也必须关闭她的小窝。”

“为什么？”

“我怕卡伦会利用这里发展更多内在人格。”

※ ※ ※ ※

圣诞节假期的难关结束后（这回卡伦应付得比过去几年好多了），她终于把詹森的最后一幅画带来给我。她之所以迟迟不肯带来，我想应该是“詹森”害怕因此受罚所致。这是一幅耶稣钉在十字架上的图画。多年前，詹森曾因相同主题遭修女惩罚；然而，詹森没有时间感，未曾察觉时空环境早已不同；因此对他而言，当时的处罚就像才刚发生一

① 霍尔顿的英文为“Holdon”，英文“hold on”有支持之意。——译者

样，深刻且鲜明。

在卡伦的印象中，多年前的那幅画比这一幅更怵目惊心。旧作中，她身后的黑影面积更大，而且正匍匐爬向她，好像要将她从耶稣身边拉走；然而这一幅的感觉没那么逼真，恶魔与她的距离也较远。我认为这是进步。

今年圣诞节，卡伦送我一个镇纸。镇纸上刻了斯威夫特[①]的一句话："洞察力是体察无形的艺术。"

① 乔纳森·斯威夫特(Jonathan Swift,1667—1745)，《格列佛游记》的作者。——译者

第26章　霍尔顿

今天是1998年1月7日，寒冬再度笼罩这座城市。我可以听见风呼呼吹打在窗户上的声音；暖气系统开到了最大，试图抵挡湖边冰冷已极的温度，一缕白烟从大楼屋顶袅袅升起。卡伦带来霍尔顿的四封信——她承认自己故意拖延，不想带来——日期从11月24日至12月4日。

"昨晚我发现我真的很气这个人格，"她抱怨道，"或许是嫉妒吧，我不知道，只是自从詹森融入后，我以为他会多帮我一点；然而，当我发现他完全不帮忙，我气死了，把所有的错都怪到他头上。"她担心我和霍尔顿之间有某种特别秘而不宣的私人情谊，其程度远远超过她跟我的关系。虽然她承认她对霍尔顿所知有限，但她知道他是促使众人格团结一致的核心人物。

信件内容主要着墨于融合之后的最新发展。霍尔顿表示，早期融合的人格已彼此混合，卡伦无法分辨某些记忆，感觉和想法原本属于哪个人格，现在它们全都是她的了。12月底，约有一半的人格已完全混合。霍尔顿告诉我，他认为人格融合将会是个冗长并持续进行的过程。在最后一封信中，霍尔顿以备忘录方式简要写下自传，准备自己的融合。

1997年12月4日

收信人：贝尔医生

寄信人：霍尔顿

回复：我的故事

我，霍尔顿，于1961年2月8日诞生于卡伦这个漂亮娃娃体内；当时，卡伦刚满20个月。我、凯瑟琳与卡伦博一起加入并开启这个迫切需要的复杂生存系统。卡伦的父亲只要一靠近她，她立刻哇哇大哭，她亟需一个能保护她的父亲形象，因此，她在心中创造了我。我成为保护大家的人。尽管卡伦相信我会长大，年纪也与她相仿，但事实并非如此。我出生时已2岁，成长的速度也比她快。卡伦5岁时，我已20岁；卡伦12岁，我30；她开始找你治疗时年届29，但我却已34岁。从那时开始到现在，我只长了2岁——也就是现在的36岁。我的岁数依内在系统的需要、变化而时有增长，这个系统没有任何时间表规定我们必须如何变老，或是需不需要变老。

我是卡伦生命中的男性部分。卡伦5岁以前，我们（我）已开始学习认字。我们不放过任何能读懂的文章、书籍；由于我们总是埋首书中，卡伦的父母经常因此咆哮，责骂我们。当然，他们并不知道在看书的人是我，霍尔顿。随着年纪增长，我的学习速度益发迅速，但我无力改变加诸我们身上的难以忍受的虐待行为。我是她梦想中的父亲，但我只活在她心中。当她开始接受你的治疗，我才得以将注意力转而专注于她的内心世界。我要求自己必须确实了解每一个人格的细节琐事，好监控他们的行为；只可惜，我无法干预他们"在外"的行为。为此我开辟了一间会议室（内在系统聊天室），这也是我最骄傲的成就之一。这个聚会是唯一一个全员到齐的场合，也是我们团结一致、齐心工作的时刻。会议都在晚上举行，凡有意愿参加者皆可自由参加。假如"大人"有要事讨论，我们会先请孩子们离开。会议期间，我会追踪、了解整体的工作状况，视情况做些必要的更改和调整。

这份工作令我感到骄傲。我已尽一切所能，让大家平安活到现在，来到融合的这一刻。现在我只需要完成这最后一步，然后我们就能合而为一，展开新人生。我的工作已经完成。我准备好了。

"以前都是等他们准备好才进行融合，"我对卡伦说，"但这一次，我们会等**你**准备好了再与霍尔顿融合。"卡伦微笑，耸了耸肩。

"我越来越习惯没有援助的生活了，"她再度微笑，但笑中掺杂着嘲讽、认命与懊恼。

"援助，这个词挺有意思，"我说，"他们确实是你的援助，他们帮助你生存。但是，你再也不需要他们的援助了。"

"有一天，我不小心摔跤，伤了肩膀，但我无法像以前一样令疼痛消失；于是我大喊'你可以出来一下吗？'但没人理我。"

卡伦一直在变，一点一滴、慢慢改变。当她看着我，眼里再也看不到愧疚的歉意，骨子里也感受不到失败与挫折。她的声音有了更多情绪起伏，她也越来越注意自己的外表和装扮；她画了眼影，也添购了新衣服。她进步好快。她说，现在她做决定的速度也变快了。对于自己想要什么，该做什么，她不再犹豫不决；她越来越不需要思考就能做决定。但她丈夫不喜欢她果决明快的新特质。

"因为你开始维护自己，替自己辩护？"

"我越来越固执了，"她说，"而且常常因此跟他吵架。我甚至还会故意说俏皮话。这些个性到底是从哪儿来的？"

"也许来自霍尔顿说的'混合后的人格'吧，"我推测，"不过听起来像是迈尔斯会做的事。"

"说不定哟。有一次我竟然叫我丈夫'闭上你的大嘴巴！'"

"最近你还想起了什么事？"卡伦转向窗外，下巴搁在手背上，眼神有些恍惚。

“感觉就像看电影一样，”她说。看得出来，电影此刻正在她心中上演。“所有的记忆都好熟悉，但现在它们变得更栩栩如生，事无巨细——每一段对话，每一个场景……这些都是多年前发生的事，但记忆却如此鲜明。我想起高中时，我每天有 7 堂课，但是 6 点要去教代数。有一次，我的某个人格跑出来取代我，开溜去打保龄球；等我回过神来，我完全不记得我在教什么。又有一回，我参加速读测验，拿了全班最高分，但后来这个人格却再也没有出现过，最后因为我完全跟不上，这门课只拿到 D。在我的高中时代，这些事情可说是家常便饭，每个人格对不同课程的喜好决定谁该在哪一堂课出来。我想，老师们一定被我弄糊涂了。”

“但你自己应该也被搞糊涂了吧？”我说。“你的社交生活也有同样的问题，不是吗？”

“嗯，到现在还是如此。我去某家商店，店里的人似乎全都认得我，但我却不认识半个人。假装进入状况真的很难。我得附和他们，让他们说出足够的信息，直到我能凑出原貌为止。等我获得全部的记忆之后，希望我再也不会碰上这种状况了。但无论如何，我越来越有进步了。我弟弟总说他为我做了好多事，并坚持我一定不记得了；但我真的记得，而且我还能清楚地说出来——他是在骗我，逼我接受他的观点。”卡伦稍事休息，然后又继续说下去。

“最近，我想起你以前频繁地跟其他人格说话。我慢慢想起每一次治疗的细节，但我不会老想着他们，结果他们也不再突然出现在我心上了。”

“我跟每个人格都有点交情，”我说，“我引导他们每一个人度过融合程序。”

“现在我还能想起他们的一两件琐事，比方说克莱尔喜欢帮我女儿梳头发……但孩子们确实有点困惑，因为这些人格不再出现了。孩子们也抱怨我好久没有认真做一顿饭给他们吃——这是凯瑟琳的工作，或者也没带他们去好玩的地方——这是卡伦2负责的。至少我不需要重看十次自己的人生电影才能想起全部细节！”卡伦和我同时笑了出来，但我俩也同时沉浸在复杂的思绪中——哀悼她失去的人格，以及那曾经混乱的生活。

“我不想忘记想起来的每一件事，”她继续说道，“我好想写下来，但我办不到，因为记忆不断涌现，好像关不起来的水龙头。”

但卡伦确实记录了一部分。她把写好的几页回忆录交给我，而且还用家庭生活照做了两本小册子；其中一本是她的婚礼记录，另一本则描述她童年住过的房间——许多虐待事件都是在这些房间里发生的。她还不确定自己是否想写下关于卧室的回忆。她说，她并不想花力气应付这些记忆造成的冲击，但记忆自有主张，持续不断地冲进她的脑海。每一间卧室都承载了一辈子的伤痛。

※ ※ ※ ※

“你准备好了吗？”我问霍尔顿。这是最后一次了，我很紧张。万一最后这个人格融合得不顺利，我怕整套程序必须从头再来一遍。

“我快好了，”霍尔顿说，“融合之前，你还有任何问题想问我吗？我知道许多其他人不知道的事。”

“真的？那我得试着想出一两个问题来。”老天，这可是我最后一次机会了。我一定还有些空隙没补上……“第一个来找我的人是谁？”我问。

“桑迪是第一个来见你的人。这是凯瑟琳的主意。桑迪是最佳代表。她深受剖腹产的疼痛所苦，但后来却渐渐开始失约，不来就诊。凯瑟琳开车载她赴约，她却不肯出来。后来代替她出来的人也不肯说话。你跟其中之一说话，却把另一个送进精神病院，所以他们生你的气。当时迈尔斯曾经从护士台打电话给你，然后医生就来了。住院期间，大多是安和朱莉安负责社交场合,凯瑟琳整理病房;没有一个护士发现。"

我想,我应该可以请他解释过去十年的操作方式,但这只是为了满足我个人的好奇心,对治疗卡伦毫无帮助;因此我决定不要增加霍尔顿的负担。不过倒是有几个问题,我很想听听他的答案。

"为什么是房子?"我问。霍尔顿微微扬起头,看着我。"你们为什么把内在世界放进一栋房子里?"

"噢!"我的问题似乎平凡得令他惊讶。"每个人格都需要自己的空间,而每个空间必须以墙壁隔开,他们才能保有个人隐私。我们没有厨房,也没有浴室;屋里有许多房间,每间房都与会议室相连。当你开始找我们说话,屋子的架构也越来越精细、越来越进化;我们甚至为你盖了一间房——卡伦的安全小窝,好让我们无须离开屋子就能跟你说话。安全小窝有6道锁,确保每个人都可以不受干扰,安心与你交谈。"

"了解了。但为何是6道锁?"我问。

"迈尔斯和西德尼坚持要双重、3重或4重锁,克莱尔想要自己的锁,所以最后决定用6道。"

"聚会是从什么时候开始的?"

"大约在卡伦20岁,即将结婚前开始的。当时她的生活作息完全失去正常,我们只好趁她入睡,失去意识之际,设法调整步伐;待隔日醒来,她会知道自己前一天去过哪里,做了哪些事。这个模式操作得很顺利,直到莎拉诞生才变了样。"

"发生什么事了?"

"内在系统开始瓦解。原本应该是卡伦2负责分娩;然而,当她被绑住,感觉到剖腹的疼痛时,她慌了,独自跑进内心躲起来。我们的系统就是在这时候出问题的。每个人格对止痛剂的反应都不一样,忧郁、沮丧来得很快,然后逐渐蔓延,变得越来越严重。"

"你就是在这时候来找我的。"

"对,之前还经历一连串迂回繁复的转换过程。"

"我想我可以坐在这儿,一个问题接着一个继续问下去,"我说,"不过,再让我满足一个问题就好:新人格是如何形成的?"

"嗯,这问题不太好解释,我得想一想该怎么说。"霍尔顿倒向椅背,想了一会儿。"当卡伦遭遇一个全新的状况,但所有现存人格皆无力应付的时候,新人格就诞生了。每个人格都有自己的角色和目的。"

"但他们是'怎么'出来的?"我问得更深入、更具体一点。我希望我能想象这个过程。

"嗯,诞生的过程是……"霍尔顿谨慎斟酌字句,"卡伦这种迫切的需要会促使我们聚合诞生,需要逐渐增强为渴望,渴望再转而形成新人格。卡伦渴望父亲,于是我诞生了;卡伦想成为纯真、人见人爱的完美小女孩儿,因此克莱尔转化成型;她父亲说,领受圣餐那天,神将卡伦交给他以执行'神的旨意'——这是他的说法,事实上就是虐待。西德尼之所以诞生,是因为卡伦想成为父亲想要的小男孩——毫不愧疚地帮他偷东西;但卡伦办不到,于是有了西德尼。"

"每个人都是因为希望、渴望而存在。"我试着去了解、想象这段过程。

"是为了'需要',"霍尔顿强调。"以前卡伦一沮丧就开始制造新人格,但是被我和凯瑟琳制止了。后来卡伦逐渐了解,并非每个人都会转换或听见脑子里的声音。她不敢告诉别人,她怕别人以为她有精神分裂症,把她关起来。"

"我懂了。我还想再多了解一点,可惜今天时间到了。"

"卡伦似乎再过不久就准备融合了。既然如此,我会弄个录音带给你,再多告诉你一些。等你拿到录音带就表示我也准备好了。"

※ ※ ※ ※

2月底,卡伦泪汪汪地走进来,满脸倦容。她抱怨每天都过得好辛苦,一天之中根本没时间“放假”。她一直都在这里。必须亲自完成每一件事的压力好大,以前她只要一走了之就好。她希望她能用6个月前的那种方式过日子。

“但那时你根本没办法睡,”我提醒她。

“对……”她疲倦地望着我。她说,现在她颇有意愿与霍尔顿融合,她需要他的能力……

“我会把录音带放在信箱里。”卡伦进入催眠状态后,霍尔顿交代。“卡伦很好奇,她偷听了一些。她不喜欢我的声音。我的声音当然是男性的声音;卡伦也认为应该是这样没错,但那却是如假包换——她自己的声音,只是比较低沉。我想她大概很失望吧。她期望太高了。”我试着回想这些人格的声音,每个人确实都不一样;既然他们都是卡伦的一部分,声音应该也只是卡伦的变声版。

“有任何新状况吗?”我问。

“卡尔已经混合得差不多,所以她现在比较能忍受疼痛了。她也获得卡尔应付困境的部分能力。”

“我期待你的录音带,”我说。

※ ※ ※ ※

卡伦继续与已融合的人格混合交融。对于自己该做什么、该怎么做,她并非每次都能马上决定,偶尔还是会乱成一团。她的每一天都像一个月般漫长,脑中持续掠过各式各样的想法。

她也很少再遗失时间了。尽管偶尔发生,但她一定会注意到。她常看时钟,尝试追踪自己遗失了多少时间。现在霍尔顿只会短暂出来一下子,处理几件事。他已关闭卡伦的心灵之屋,包括那间安全小窝;他在前院那株中空的大树里另外帮她准备了落脚处。遗失时间时,她就待在这里。霍尔顿说,那个地方非常干净又舒适。

※ ※ ※ ※

卡伦已连着3次忘记把霍尔顿留给我的录音带带来了。时间是1998年3月底，我觉得她在抗拒让自己接近完全融合的最后一步。她说她在家的时候都记得要带来，但一出门就忘记了。事出必有因，我想。这是无意识的忘性，起因是她害怕放掉自己的最后一个分身。她承认自己担心霍尔顿会在录音带里毁谤她，说她坏话，然后她突然转移话题，告诉我她丈夫一直在贬低她、奚落她。她说他威胁她，表示要打电话给我，告诉我她有多差劲之类的，还有治疗她根本就是浪费我的时间。

"我在想，我好像把我丈夫说得太差劲……有点过头了，"她说。

"你这话的意思是？"我大吃一惊。难道她夸大丈夫的虐待行为吗？

"就是——"卡伦似乎很难过，"他忍受我好多年了。我会突然跑出去几个小时，但他根本不知道我去哪里；等我回到家，我又没办法实话实说。任何人都会被这种情况逼疯吧。我跑出来，然后突然'醒过来'，发现我正在赴某人的约会；然后我得赶快装病好溜回家。我丈夫从没搞清楚过。他不会调查我的行踪，不会偷看我的信，也不曾翻过我的皮包。其实我的包里什么都有——每个分身需要的东西都在里面。他只是忍受我的怪异，然后对我生气。"

"你们不曾好好谈过吗？"

"我们……我不曾跟他谈过。我没办法。不管我跟他说什么，他都会用我的话来反击我、羞辱我。谁能想象已经拥有丈夫和孩子的人却必须假装知道自己的夫妻生活？我确实已想起我们的性生活，但我仍然不记得当时的感觉，我还没得到那部分的记忆。谁能怪他呢？"

"他的困惑和愤怒是可以理解的，"我说，想起她曾给我看她的伤痕。"但处理情绪的方式有很多种，打你绝不是他应该做的选择。"我想，卡伦对自己太没自信，因此她下意识想为丈夫的暴行找借口；"谁能怪他”——言下之意是“这是我自找的”。

她哭了起来，她很难过，因为自己的问题让全家人付出极大的代价。我无话可说，无论我说什么都无法挽回或减少她的损失；我只能表示我了解这让她有多难受。卡伦离去前，我请她下次尽可能记得把霍尔顿的东西带来给我。她点点头，泪眼婆娑地望着我。

※ ※ ※ ※

卡伦再次来到我的办公室。这次她带了一幅画；画中的她在‘新窝’里——心灵之屋前院的大树。天空湛蓝，阳光灿亮，每一根树枝上都有一个分身的名字。

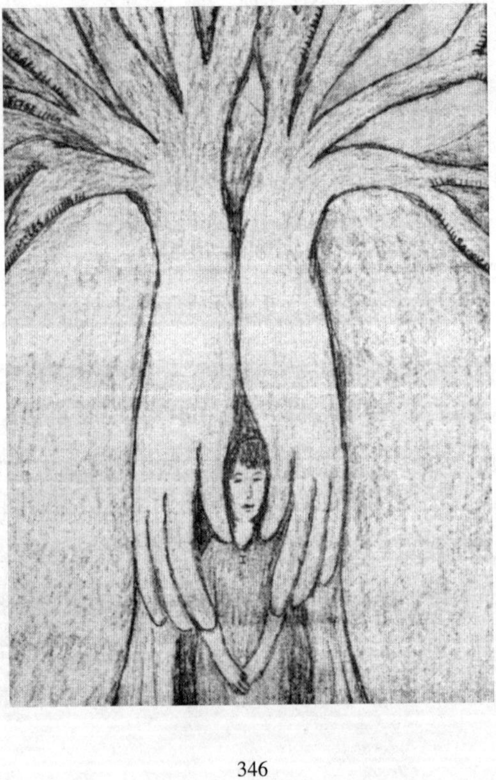

她还交给我一封信。我立刻打开与她一同阅读。

1998 年 3 月 22 日

亲爱的贝尔医生：

我们即将融合我的最后一个分身，但我发现，我害怕自己没办法在失去多重人格的状况下继续生活。在霍尔顿融入我之前，我必须让你明白我的想法——我认为这很重要，如此你才能了解融合后的我可能会有什么感觉。

融合后的我将变成什么样？我应该被称为什么？是“融合康复后的多重人格障碍”患者还是别的类似的名称？

我的心智支撑我度过这么多年的日子，并且总是很努力想保护我、治愈我。如果可以选择，我当然不想生病；但既然我病了，我就必须想办法活下来。虽然我已融合 17 个人格中的 16 个，但是以“未分离”的方式经历每一天，这感觉仍令我相当恐惧。这种恐惧是正常的吗？我会害怕吗？

我们该如何进行霍尔顿的融合？我已经不太想回到那个小房间了，感觉不舒服。我为什么会这么想？我的内在世界出了什么问题吗？我的言行举止会不会变得像男人一样？谁又该负责开车载我们回家？

卡伦

“我发现一件有趣的事。”匆匆阅读她的信之后，我对卡伦说。“你还是用‘我们’而非‘我’来思考。等你与霍尔顿完成融合回到家，你就得用‘我’而不再是‘我们’了。说不定你就是在担心这个：只剩下一个‘你’了。”

“我害怕未来，”她说，“我不曾考虑过将来。从以前到现在，我只想着该怎么熬过每一天。”我告诉她，我能了解她对未知的恐惧，但我认为她有能力应付一切。进入催眠状态后，我跟霍尔顿说话。

“我想，今天卡伦应该把录音带带来了吧?”我对霍尔顿说。三番两次的拖延已令我不耐烦。

“噢，抱歉。”霍尔顿闻言弯下腰，打开卡伦的手提袋。他捧着袋子的模样颇不自在，仿佛他不曾拿过女用手提袋，并为此感到尴尬。他拿出两盒微型卡式录音带，递给我。“希望这能对你有所帮助。”

※ ※ ※ ※

当天稍晚，我在家听霍尔顿的录音带。录音时间是1998年2月12日至18日。第一盒带子并不长，大概只录了15分钟，结束得有些唐突。他说他不习惯对着麦克风说话，感觉很奇怪。他告诉我他自己的最新状况，并表示之前融入的人格尚未混合完全；他觉得卡伦急着想在最后一次融合前将其他人格混合完毕。他向我保证，卡伦完全不需要这么做，因为混合可能得历时数月才会完成。但快速涌现的记忆已经让卡伦大感吃不消了。我想起卡伦形容过这种感觉：“关不掉的水龙头。”

霍尔顿也叙述了因为他们的人格分裂系统带来的经济上的问题，以及他准备在融合之前把这些账单分类整理好。

我边听边思考；或许，我可能永远都无法搞清楚多重人格障碍及其操作方式，但凯瑟琳曾说过，他们没有一个叫“卡伦”的核心人格，只有17个人格组成的集合体。大多时候——诚如霍尔顿在录音带里所叙述的——“卡伦”是其他人格呵护、照料的对象。或许他们之间如何区隔并不重要，或许霍尔顿和其他人对这个系统如何组织运作也缺乏完整、客观的认识。不过，我常不免纳闷，他们口中的“卡伦”究竟是哪一个？说不定是“肉体”的卡伦，那个承载所有人格的卡伦。

最后几分钟，霍尔顿再次强调他会让卡伦自己应付所有场合，他只会在需要时现身。他说，他们都是卡伦痛苦的化身。如果她童年所受的痛苦是正常的，她理应能自己承担；无奈她的痛苦并不正常，所以他们这群分身只好尽力而为。

第二盒录音带内容比较长，大概有50分钟。从第18分钟开始，霍尔顿特别提到他为完成最后一次融合（也就是他自己）所做的暂时规划。完成融合后，他建议卡伦先找个汽车旅馆住一晚。他说他会耐心等候，直到我下达“释放记忆”的指令，他才会开始把他的一生放进卡伦的脑子里。显然，霍尔顿可以压制或不压制部分想法。他不希望卡伦在设法应付融合的影响之余，还得忍受丈夫骚扰。他认为她丈夫是目前最大的问题，她迟早有一天会离婚。

霍尔顿要我密切关注卡伦。他担心失去分身会令卡伦情绪低落，甚至可能有自杀的危险。他说，他总是勉力而为，尽力照顾这一大家子，他真的累坏了；不过他也感受到一股宁静祥和，因为他终于可以把担子交给我了。

霍尔顿说我必须在融合完成后，立刻询问卡伦得到哪些记忆；因为她的记忆必须借由我的提问激活，她才会开始想起来。他知道这并非我的惯用模式，但他向我保证这绝对不会影响她的记忆。咱们看着办吧，霍尔顿。

“要放下一切真的好难。”霍尔顿在录音带中说道，但他准备好了。换个角度想，这就像孩子长大，翅膀硬了，父母必须放手任其飞翔。他认为卡伦和我将会继续这趟艰难又折磨的旅程，但是当我们来到终点，一切都是值得的。他将这个内在系统看作是神的赐予，是一套任何人皆无法想象的系统；能成为这群人格的头儿，并且被选为他们的保护人，霍尔顿深感幸运，也十分骄傲。

最近他常常在想自己该用什么方式融合。他已关闭心灵之屋内的所有房间，也会在自己融合前关闭位于心灵之屋外属于他的个人空间。我想我应该可以邀请他来我的办公室，在这儿进行，不知行不行得通？

录音即将进入尾声，霍尔顿说他很享受我们的每一次对话，还说我是他这辈子认识最有价值，也最重要的男人。虽然他永远都会是卡伦的一部分，但卡伦已不再需要他。回顾这一生，他活得既痛苦又悲哀，而现在该是重新开始的时候了。

※ ※ ※ ※

“从以前到现在，我一直有其他可以遗失时间的对象，”卡伦皱着眉头说，“等最后一个分身融入我，我想我一定会心脏病发作。万一我变了怎么办？万一我不认识自己了怎么办？”

“你不会因为霍尔顿融入而失去任何东西的，”我再次向她保证。“他会加入你，就像其他人一样。现在可以让我跟霍尔顿谈一谈吗？”卡伦的视线穿过我。片刻后，她微微撑起腰杆，坐姿挺直了些。

“我来了，贝尔医生，”霍尔顿说。

“不用催眠！”我大叫。

“是的。现在我都跟她一块儿出来，但她并不喜欢共享时间，也会排斥，不过她自己并不知道。照这个状况看来，假如不进行催眠，我想我也没办法跟她融合。她似乎比较喜欢她的小房间，但我已经关闭它了。”

“是这样啊……”咱俩都想了好一会儿。“我们可以在院子里进行。在她的树下，”我提议。

霍尔顿沉思片刻，“应该行得通，”他说。

“好极了，”我说，“就这么办吧！对了，最近卡伦倾向改用左手，莫非是受到你的影响？”

“对，她为此有些不愉快。她会用左手拿餐叉，想也不想就吃了起来。跟我一起出来，对她来说果真是很大的折磨。我不知道她会这么辛苦。”

“你觉得现在还有必要跟她共享时间吗？”我问。

“嗯，应该不需要了，”说完，霍尔顿叹了口气，“说真的，共享时间给我的压力也很大。融合之前，我不会再干扰她了。”

“好，”我说，“我们会依照以往的方式为你进行融合，但地点改在树下。”

“好的。”

1998年4月15日

亲爱的贝尔医生：

我对我自己感到失望。我以为我已经操作得比以前好，以为我什么都知道，并因此心情变好，实则不然。

我仔细思索自己为何心烦意乱，这才明白恐惧早已像毯子般裹住我、控制我。我对人生感到恐惧，对未来的我感到恐惧。我完全不知道什么叫“完整”。你瞧，比方说，在霍尔顿融入我之后，我理当变得完整，处于最佳状态。我会变得更完美，但我却不这么认为。我认为，迈向“完整”有两种截然不同的方式。绝大多数的人一辈子只有一趟旅程，他们花了一辈子的时间向前迈进，最后成为他们有能力胜任的那种人。但我不一样。我必须走两趟——第一趟先自我融合，然后才是第二趟——跟其他人一样——发现自我。如果不先走完前面那一趟，我就无法展开第二趟旅程。然而到时候，我必须跟其他人一样，充分发挥我的力量，经营我的人生——这就是我的恐惧。我有力量重新开始吗？此时此刻，我只觉得精疲力竭、全身无力，失去了方向。

我相信天主已为我准备好第二次机会，一个全新的开始。我怕我会搞砸，但我不会放弃。长期以来，我都是别人的受害者；如今我要在任何人胆敢伤害我之前，全力为自己奋斗。

卡伦

1998年4月29日,卡伦来到我的办公室。她看来有些紧张和疲倦,但很开心。她给我一本霍尔顿整理的剪贴簿,名为“我们的相簿”;相簿里尽是卡伦童年时期的照片,霍尔顿——在照片底下注明拍照当时现身的人格。

霍尔顿还写了封信给我,描述他今天早上——赶在卡伦出发前——为她做了哪些重要工作,今晚在汽车旅馆过夜的手续也办好了。他说他的最后几个动作将是“到旅馆柜台登记,进房,洗最后一次热水澡,写信,摆好食物和饮料”。他在信的末尾写道:“我挑了二楼的房间,房间号码是218,在电梯和制冰机旁边,位置很好找。现在是下午3:59,我得回到里头,让卡伦准备一下,然后开车到你办公室进行融合。待会儿见。”

“如果能嫁给这么有条理的人,应该很不错,”卡伦说。

“他为自己的融合做了一大堆准备,”我说,“显然,他想照顾你到最后一刻。”卡伦并未注意我说了什么,她凝视窗外。

“这将是我此生第一次,独自一个人,”她近似自言自语地说。她转头看我,“我害怕,却又觉得很开心。我准备好了。”

我展开例行催眠仪式。这次我并未引导她进入特别房间,而是依照我先前和霍尔顿讨论好的,来到心灵之屋前院的那棵大树下,请她欣赏这个充满生气、色彩缤纷的世界。待她进入深度催眠状态后,我请霍尔顿出来。

“你现在感觉如何?”我问。

“我准备好了,”霍尔顿摇头长叹,“我累坏了。”

“卡伦也是。”霍尔顿点点头。

“我设法在她浅眠时出来,而非她熟睡的时候,”他解释道。“如果我等到她熟睡,我自己也会被关在她的睡眠中。”

“你怎么出来?”我问。

“我试着不打断她的睡眠,”他继续解释。看得出来,他绞尽脑汁想找到正确字句描述这个过程。“等她睡着约10到15分钟,或是做了一场梦以后,我再伺机行动……我想大家都知道做梦很重要。然后我出来,小完事再回到里头躺下。卡伦醒来后,她会以为自己睡了一场好觉。”

“直到她发现那天晚上车子多跑了200英里?”我说。霍尔顿摇摇头笑了起来,然后点点头。

“那是我最能好好思考的时刻。”

“我想告诉你,在整个融合过程中,谢谢你一直帮助我们,”我说,“如果没有你一步一步地指示,我不知道我们有没有办法应付,从而走到今天。”

“我很高兴能跟你合作,贝尔医生。我一个人无力完成这些,我需要你的协助。从以前到现在,保护大家一直是我的职责;最初决定让你知道其他分身的人,其实是我。”

“你是说克莱尔的那封信?”

“对。她常出来,也常观察你。她迷上你了。她问我,你什么时候才会知道我们的存在?她想写信给你,我说好,然后帮她把信寄了。治疗过程中,我们一直都在,也一直在观察。”霍尔顿点头对我笑了笑,我顿时领悟:这些年来,他的影响力果真无所不在。

“你准备好了吗?”

“嗯。”

我请霍尔顿先退一步,待会儿再请他过来。我确认卡伦还在树下,再次加强她的催眠深度。我告诉她,我会跟她一起待在草地上,等她见着我了,我再请霍尔顿加入我们。

“你能形容一下霍尔顿的模样吗?”我问她。这一刻,我情绪激动,但仍设法控制声音和稳定度。卡伦坐在椅子上,眉头深锁,专注于她内心的场景。

“他很高,”她说,声音听起来好遥远,“他穿白衬衫、黑西装,打了领带。头发是褐色的……”

“他说了什么吗?”我问。

“他说他很高兴终于见到我了。”她停顿一下,身体向前倾,“他要我站起来。”

“噢,请便,你喜欢怎么样都可以,”我说。她并未真的站起来,只是一直往前倾。我猜她应该是在心里完成这个动作。

“他看起来好高,”卡伦描述当下的体验,“他说,这么多年来,他总是设法为我做最好的选择,尽力保护我。”卡伦停下来,侧头聆听。“他说他已经跟你成为好朋友了,他会很想念这段时光;但是为了我好,他最好还是与我融合,让我变得完整。”她再度倾听。“他叫我不要害怕,不要担心。我跟他说我已经准备好了。他点头,对我微笑。他说,等他融入我,我会想起全部事情,也会像过去一样感觉到其他人的存在。他说我需要进行最后这一次的融合,让自己变得完整。”

“那么,你准备好了吗?”我问。

“他也这样问我!”她回答。“他会跨进我,就这样。现在他把手摆在我的肩膀上。他说,这个星期他过度使用手臂,也知道我会不舒服,所以他在行李箱里放了一个冰袋。他问你可以继续了吗?”

“可以啊,请便。”我尽力控制声音,维持镇静与信心。

“他说,他将会在‘另一边’看着我。”卡伦不再说话。她微微移动身体。

“一切开始改变了……我可以感觉它正在发生……”卡伦停下来,表情扭曲,看得出来她正在努力接受霍尔顿。时间一分一秒慢慢溜走,感觉过了好久好久。

“他完全融入了,”卡伦终于开口。她捂住耳朵,弯下腰,轻轻地前后来回摇动,然后哭了出来。泪水滑下她的脸庞。

“怎么了?”我问卡伦。她没搭腔,仍自顾自哭泣着。

“他走了,你很伤心吗?”卡伦点点头,仍哭个不停。我陪她坐了好一会儿，陪她吸收霍尔顿的记忆，她经历的一切，还有他留在她心里的感觉。

“你想回来了吗？”卡伦渐渐止住啜泣，我赶紧问她。她点头。我必须让她准备好进行下一个步骤。“等你到达旅馆，霍尔顿才会开始融入，”我说，“你会清醒地开车，并且安全抵达。”我带她离开催眠状态，她遮住眼睛，阻挡光线，然后抹去脸颊上的泪水。

“好奇怪……”她说。

“恭喜你，”我说，“不过，未来几个礼拜你会很辛苦哟。”卡伦点头，再次哭了起来。

“以前我有个内在大家庭，”她说，“现在他们都不见了。他们一辈子都在照顾我，为我付出那么多……我觉得他们好像都死掉了。这么多年来，总是有人陪着我……”卡伦止不住抽咽，然后又说，“我的听觉变得非常敏锐，可是现在我只觉得好安静。”

“你的脑子里安静下来了？”

“对……我只听到一些普通、正常的声音。”她看看屋里，仿佛正以全新的眼光注视一切。

“你开车应该不会有问题，”我说，“你知道怎么去那个旅馆吗？”她点头。“明天打电话给我，让我知道你的状况。”她再次点头。

我目送她离开办公室，一股深深的失落感袭上心头。我想起过去这段日子，以及她带来的种种混乱与骚动；我还想起那些消失的分身们，尤其是克莱尔和迈尔斯。我会想念他们的，可爱的克莱尔和勇敢的迈尔斯。现在，这些特质全部藏在卡伦体内，但我却再也无法看见他们独立展现了。治疗卡伦是我职业生涯中最重要，也最令我着迷的一次经验。我想卡伦和我都会怀念这段时光。

※ ※ ※ ※

隔天早上，卡伦从旅馆打电话给我。她说，昨晚她彻夜辗转难眠。

记忆如洪水般冲向她，但她没事，她很好。卡伦不想说话，她太累了。她试着将回想起的记忆写下来，但回忆来得太快，她完全跟不上速度。我请她尽力而为，希望她两天后打电话给我。她答应了。

两天后，我接到她的电话。卡伦说，记忆涌出的速度慢下来了。她说，从上次见面到现在，她不曾再遗失时间，不过她真的非常疲倦。我想知道她的人格融合是否完全成功，于是，我们约好几天后见面。另外我也叮咛她，如果有需要，她随时都可以打电话给我。

再见面时，卡伦抬头挺胸，但步伐缓慢，眼神满是疲惫与宽慰。她拉长了脸，一屁股坐在老位子上。

"今天我觉得好多了，"她虚弱地微笑。"我不懂自己以前为什么介意他们的存在。我不断想起有趣、好玩的往事，而非他们给我惹的麻烦。"卡伦眼眶红了，"我觉得自己好像站在孤岛上，一切又重新开始。下一步该往哪儿去？我觉得我好像昏迷了大半辈子。"

"你会为他们哀悼吗？"

"我不知道如何表示哀悼，"她淘气一笑。"也许我应该穿得一身黑，上墓园去，见见亲朋好友？"我们都笑了。"这好像迈尔斯说的话，"她说。

"我也想念迈尔斯，"我说。

"是啊。昨晚我买完东西回到家，我丈夫问我为何去这么久；我说，我在第 21 排货架跟人搞上了——我想都没想就蹦出这句话。"我再次与她一同大笑。接着，她略带哀伤地望着我。"我得用别种方式来了解他们，"她说。"我想多了解他们一点。除了融合前的短暂时光，我从来不曾真正见过他们，然后他们就这样消失了。"

"很难想象他们曾经是'你'，"我说，"但我知道他们还在。"

"嗯，我知道。现在我喝巧克力牛奶，虽然它不是我的最爱，但我知道某部分的我很喜欢。我拥有许多新的记忆，但我还没全部想起来。"

"我们的下一个任务就是将过去所有的经历跟完整的个体彻底

融合。”

“希望能有好结果。”卡伦摇摇头，“自从霍尔顿融入后，我想起更多属于每一个人格——特别是男性人格——的个人经历。你知道这些男性人格从来没去过洗手间吗？他们没有阴茎。所以想上厕所的时候就得换女生出来。迈尔斯最想变成男生。曾有好几年，他和另外几个男性人格把我的胸部缠起来，尽可能把胸部弄平。还有几个人格是过敏体质。这些我完全不知道！但霍尔顿一清二楚。”她从皮包里掏出一叠纸，“我不知道我写了什么，我只是一直写，不停地写，无奈就是写得不够快。”

我接过她的笔记，请她过几天给我打电话。卡伦才刚离开，我迫不及待读了起来。

1998 年 4 月 29 日

与霍尔顿融合(最后一位)

亲爱的贝尔医生：

现在是晚上 10:45，好精彩的一天。借着你的协助，我终于是完整的“一个人”了。我无法想象未来，只求我能乐观以对。我好害怕跨出下一步——不管该往哪去——我害怕极了。幸好往后一路上还有你陪着我，我真心诚意感激你。现在，我想写一下今天的生活。记忆已开始涌入，我可不想忘了与霍尔顿融合的感觉。

今天早上醒来的不是我——是霍尔顿。我发现我已办好汉普顿旅馆的住宿手续了。再度遗失时间，我多少有些不高兴，但我知道把今天安排妥当对霍尔顿有多重要。我想霍尔顿一定非常非常关心我。

驾车前往你的办公室的路上，我试着要自己别去想今天有多重要。但就在车上，我猝然感受到这念头的冲击，吓得要命，我甚至不确定我有没有办法撑过这一关。我在你的办公室外坐了半个钟头,设法鼓起勇气走进去。

我怕自己没有多重人格就活不下去,但最后我还是决定走进你的办公室,因为我知道你不会让我出事。没有人逼我融合,这是我的选择,而且也该是时候了。今日不做更待何时! 霍尔顿准备好了。我的最后一个分身。

与霍尔顿融合后,我驱车前往旅馆;在路上,我做了白日梦——这是前所未有的经历。我从来不曾在开车时分神,不自觉地抵达目的地。以前万一我在开车时不够专注,我会直接转换、遗失时间。

晚上 8 点左右,记忆开始浮现;接收 30 分钟后,我沉沉睡去,睡了 20 分钟又再度醒来,接收更多记忆。这个过程反复持续了一整晚。

与你通过电话后,我骤然想起这次融合的始末。我一度希望霍尔顿跳出来说:"咱们再等一天吧。"虽然我知道这次肯定不好受,但我还是接受霍尔顿融入我的事实;于是记忆如洪水般淹没我,我一整天都处于这种状态。

我想起每一个人格的姓名、年龄,以及他们存在的目的。我得知霍尔顿对你,对治疗,对痊愈的所有感想,也拥有他对未来的梦想与希望。我忆起你和霍尔顿的多次谈话,感受到他的失落(因为他即将失去你们的友情);这让我好悲伤、好难过。我能感觉霍尔顿的冷静与耐心,也和他一样爱上驾车兜风——特别是夜间兜风;在夜里,世界是如此宁静、如此美丽。

许多新记忆填补了旧记忆的缺口。我开始想起哪个人格负责承受哪些虐待。他们瞬间转换的能力令我惊讶。借着这种能力,他们只需各自承担一小部分的痛苦。他们确确实实是在掩护我。我不懂自己为何如此难受。我不仅失去他们,似乎也无法理解他们"一天 24 小时都与我同在"这种说法;若真如此,为什么我无法与他们联系？我好希望他们能再次出现在我面前，让我一一致谢。

现在我不再遗失时间，而且说真的，我对自己的感觉也越来越好。今天去店里买东西，我竟然认识每一个向我打招呼的人；我再也不需要假装，硬撑，等待另一个分身跳出来救我。

你觉得我曾好好表示过我的感谢吗？希望他们知道，我真的在乎。我想我确实不太清楚该如何传达我的感受。我该怎么向自己的内在致谢？有这个可能吗？现在，我是完整的了。我能感觉到我的完整。我就是我。

※ ※ ※ ※

到了5月13日，卡伦睡得比较好，记忆自发涌现的速度也日益趋缓，反倒是生活中的零星事件偶尔会勾起她的回忆。比方说，她母亲打电话来，问她记不记得那天是父亲的生日，请她载她去墓园。霍尔顿早已料到这一点。他知道如果有人提起与某段记忆相关的人和事物，卡伦一定会想起来。现在的她似乎正在经历这个时期。此外，她偶尔也会以“阅读报导”的方式获取某些记忆。好比说，她会突然理解州际公路的标志如何编码；这些记忆与情绪无关，完全是霍尔顿个人获得的知识而已。

卡伦也想起她对孩子的教育方式，还有霍尔顿在每晚聚会时与众人的谈话内容。许多记忆皆未附带情绪，所以她不知道该如何摸索，感受这些事件。莫非这些感觉被消除了？我告诉卡伦，或许这就是霍尔顿：极度实事求是，较少诉诸情绪和感情。过去卡伦不曾问过是谁帮她打扫房子、谁帮她准备孩子的午餐、谁帮她出门采购；现在她想起当时是如何办到的了。她觉得还有好多事想不起来，记忆仍有许多空白。

治疗即将结束。卡伦突然默不作声，表情有些困窘；我问她哪儿不对劲，她说她觉得怪怪的，却又无法确切形容这种感觉。没多久，她笑了出来，说她知道问题在哪儿了：她不习惯“独自”跟我聊完这一整段时间。我想了想，猛然理解过去这几个月来，她在每次治疗时最多只跟我聊10到15分钟。如此说来，今天确实聊了很久。

※ ※ ※ ※

1998年5月底，卡伦再次拜访；看得出来，卡伦变了。我很难明确指出究竟哪里不一样，但她似乎更像个人了。她的身体语言变得更丰富，语调的转折也变多了。改变虽不明显，却令人震撼。

“现在我每天都能感受到新的记忆，”她说。连她的笑容也变得复杂难解了。“有好多东西我都必须重新学习，真不可思议。我知道答案都在我心里，正等着我重新发现。”卡伦热切地对我微笑，“我错过好一大段人生，但我觉得自己好像重生了。”

“卡伦，你才刚走过一段非常重要且震撼的人生经历，但接下来还有好些工作要做。你得经过一切完整融合，才能真正成为你。”

卡伦神情哀伤。“我还记得，好久以前有个分身曾经说过：‘我的人生38岁才开始。’再过几天，我就要39了，我为自己定下一个新目标：等我40岁，我要感觉到完整的自己。所以我还有一年的时间好好体验这种‘完整’的感觉。”她停下来，凝视窗外。“但这真的好难，”她又继续，“无法分离，没有分身，我必须自己一个人解决生活中的大小琐事。我永远都不想忘记他们。他们让我成为现在的我，还有未来的我。”她不说话，闭上双眼，然后慢慢转过来看着我，“我好想仔细描述我的感觉，可是我太累了。”

“没关系，我们下次再继续，”我说。我看着她，突然感到敬畏：她真是个不可思议的人。

她对我微笑，“那就下次吧！我还有好多话想告诉你呢！”

尾　声

1998年8月中旬，卡伦和我出门兜风。薄暮时分，夕阳逐渐西沉，夏日暑气渐渐散去。卡伦的老家离我办公室很近，只需穿过交通繁杂的市区，我们足足开了30分钟才抵达目的地。她带我去看她成长的环境，还有童年受虐的地点；我们聊起我对这些地方的看法。我必须亲自走一趟，亲眼看看这里。

离开高速公路，我们向南驶去。现在，这里是西班牙裔美国人聚居地，但是在1937年，卡伦的祖父刚搬来的时候，这儿以德国裔、波兰裔和爱尔兰裔人居多。转个弯，我们向东走，直直开往她家。这是栋3层楼的砖造房屋，外观毫无特别之处；虽然天底下没有完全相同的两间屋子，但整条街的房子都是这个味道。这一带是20世纪上半期建造的平价住宅区，居民主要是附近工厂或牧场畜舍的工人。

卡伦一家子住在公寓底部，祖父母住一楼，二楼是阁楼。我们在门口并排停车，卡伦靠着窗户，往里头窥看；米白色的油漆层层脱落，露出底下红色的砖头。

“窗子和门边的油漆都剥落了，”卡伦看着屋子说，“看起来好像受伤的脸。脸上有血，混着泪水。”

卡伦为我指出对街的冰淇淋店，还有街尾转角的殡仪馆。我们继续往前开，然后左转。卡伦家旁边的街角就是新教教堂。以前她想逃离家时，常躲在通往教堂地下室的楼梯间。她父亲的咆哮总是清楚地传进神父耳里——尤其是在没开冷气的夏天，因为家家户户的门窗都是敞开的。神父会打开上锁的栅门，走进小巷子，心里明白他待会儿就会在楼梯底下看见小卡伦。他偶尔会跟她聊聊天，带点牛奶和饼干给她。

再过3条街就是天主教学校和教堂。学校是一栋3层楼红色砖造建筑，建于20世纪初。穿过学校，教区神父的寓所就挤在学校与教堂之间。

"我从学校走到神父寓所大门，在那儿，"卡伦指给我看，"然后可以从寓所走廊进入教堂地下室，"卡伦指指围绕在寓所外，通往教堂的走廊，"进入教堂后，里头有楼梯通往地下室。"

我感觉得出来，这么做对卡伦而言并不容易。她说她已经有好些年没回来，这儿的一切似乎变小也变脏了。然而，旧地重游给卡伦带来相当大的刺激；当我们逐一拜访过去的事发现场，我仿佛看见往事也重新在卡伦心里轮番上演。

转过弯，我们沿着公园前行。她带我去看湿地和她常坐的几张长凳；小时候，如果她弟弟吉姆逃出家去，她总会在这儿找到他。如果卡伦有办法躲开暴怒的父亲，她会躲在保护雕像的矮墙底下。雕像在公园另一角，离她家有段距离，但至少还是在公园的范围内。

我们继续在她家附近开车绕行，迂回向北走。每个街角都有酒吧，每隔两条街就看得到一家殡仪馆，另外还有小杂货店、面包店和五金行。过去生意兴隆的各式小生意现在倒的倒、关的关。距卡伦家两条街外有家贩售色情照片和黄色电影的照相馆，照片和电影主角全是卡伦与附近的孩子；现在，那里变成一家美发沙龙。我们掉头回卡伦家，转进她家后面的小巷子。来到车库，她指给我看那间灰灰的、沿主屋搭建出来、以铁板和木材混合盖成的小屋——啤酒窖。她曾在那儿受过数不清的伤害。我们再次经过殡仪馆与车库入口，来到尸体防腐室。

她父亲及父亲的朋友曾在这儿把虐待她当成娱乐。

开车绕回她家正前方，住在这条街的几名年轻人不怀好意地瞪着我们。这些人不认识我们，但我们却在调查他们的住家环境；我突然觉得有些毛骨悚然，于是便建议卡伦打道回府。我想她也看够了。

上高速公路前，我们经过通往化学工厂的旧入口。这路钻过一条宽而低矮的陆桥底下，陆桥上是载客与载货铁道。桥下通道很暗，仅有出入口的灯光提供微弱照明；卡伦说，她小时候这里连灯也没有，总是很黑很黑，非常恐怖。我想象此处应该立个牌子："入此门者，莫存幸念。"[1]我们开车钻过桥下，从通道另一端出来；工厂不见了，眼前只剩一大片被围起来的水泥地。卡伦望着空空如也的厂房旧址，告诉我停车场的位置，还有通往工厂后门的小径。

那天晚上，卡伦做了噩梦。她的老家突然有了生命——窗子是眼睛，门是嘴，她被吸进房子里。她拼命挣扎，但那股力量越来越强，最后她只好屈服。我去找她，但她已嵌入墙壁，成为这房子的一部分，我听不见她，也看不到她。后来，她在我的协助之下终于挣脱那栋房子。醒来后，卡伦觉得恶心又肮脏，立刻跑去冲澡，冲了许久才停下来。

※ ※ ※ ※

数个月转眼过去，卡伦努力抵抗，想摆脱母亲的钳制，粉碎她无止境的金钱与劳务需求。在卡伦经常遗失时间的岁月中，她时而妥协，时而拒绝母亲的要求；现在她是个完整的人了，但她对待母亲的方式完全没变。唯一的差别是，她在妥协时已不会转换人格了。卡伦身上仍有迈尔斯与桑迪的影子。偶尔，她会拿出迈尔斯的力量，抵挡母亲的要求；偶尔——尤其是她没自信的时候——她会扮演桑迪的角色，无法对

---

① 原文 *Abandon hope all ye who enter here*，中文为余光中先生译文。——译者

母亲说不。这方面,卡伦已有长足的进步,但她仍得花上好几年时间摆脱不成熟的亲子模式:付钱买回母亲的爱。

除了与母亲发生冲突,卡伦还得应付另一个难题:与暴力相向的丈夫分手。卡伦深知,如果她想彻底告别各种形式的虐待,她必须切断与施虐者的关系。这趟漫长的独立之旅包括挂急诊、向警方报案、丈夫遭到逮捕并在库克郡监狱蹲了3天等大小事件。我请大学时代最要好的朋友——他是律师——出面协助卡伦,而我的好友仅象征性索取一点费用。2001年万圣节,判决最终裁定,卡伦离婚了。离婚后,她丈夫仍持续骚扰她,找她要钱,请她帮忙;卡伦偶尔还是会心软,但她仍坚持与他保持距离,切断与他有关的一切人际关系。法院判她丈夫必须支付孩子的教养费,他也很少支付。

卡伦原本在某非营利机构兼职担任接待员,现在已是正式员工。她不但能体会拜访者的心情,并且不可思议地了解他们的问题,这让许多人不得不提早到访,只为了跟她说话,上一堂"咨询前的咨询"。尽管卡伦工作能力强,值得信赖,经常主动多做事,她依然害怕犯错,也怕别人大声吼她。她仍隔三差五找我帮忙,我试着引导她把工作当成例行公事看待,而非每日的宗教审判。有趣的是,同时应付多项业务可是她在职场的拿手本领呢!

然而,融合仍无法抹去虐待对身心造成的影响。虽然卡伦已于1998年4月完成人格融合,她和我仍继续并肩奋斗,度过另外8年时光。当卡伦遭遇日常生活的挑战与挫折,她依然容易丧失信心,感到绝望,因此我们花了许多时间强化她面对挫折的复原能力。我很幸运,能守护这位女性自我成长,逐渐成为慈悲、有爱心、亲切又善良的人,并且看着她摆脱过去阴影,在这个世界找到属于自己的位置,迎向幸福未来。

2006年4月底,我们约好在6月30日那天,为多年治疗划下休止符。日子一天天越来越近,我们细数这些年发生在我们身上,发生在她内心的所有回忆。卡伦有点担心，但她也知道自己不再需要治疗了。我说的每一句话她早已心知肚明，她只是喜欢听我说而已。

最后的诊疗日终于到来，卡伦提早两个小时抵达我的办公室。赴约之前，她先开车在旧市区（我住在这儿）绕一绕，结果迷路了。她发现自己停在赛奇威克街的小公园旁边——“没有荡秋千，没有小孩，没有干扰，”她是这样说的——然后在那儿待了两个小时，仔细思考“终止精神治疗”对她的意义。

来到我的办公室，卡伦在老位子坐下来；尽管这个动作她已做过无数次，但今天的感受完全不同。我们早已成为彼此人生的一部分；我俩似乎都有些不敢相信，这一天真的来临了。

“我的感觉好复杂，”卡伦说，“感觉很好，但也很糟。我知道我真的不再需要接受治疗……可是，你已经像我的家人一样了。”

“感觉像失去一个朋友吗？”我问。

“不对，不是朋友，真的。我们的关系一直是单向的，为此我总觉得很遗憾。”

“我知道。为了让治疗能持续下去，治疗关系必须有所限制。我知道这很令人失望，可是这样的关系却能带领我们来到这一刻；有幸见到你成为今天的模样，我觉得很开心。”

“谢谢你，”卡伦微微脸红。“我不曾越过我们之间的界线。我一直都能理解你的想法，也能感觉到你容许我依赖你的程度。然而，在我心里，我真的很惊讶我们能撑过来。见到你，贝尔医生，是我生命中唯一的慰藉。”卡伦眼眶微润，“每次你说我可以打电话给你，我都把这句话当作安全毯——它让我安心，支持我继续走下去，撑过每个礼拜、每一年。有好几次，你的话都把我从自杀边缘拉回来。”

“我也很高兴能这样照顾你，关心你。”我觉得好像应该再多说点什么，但我有太多感觉是言语无法形容的。

“我能写电子邮件给你吗？假如我有事想告诉你。”

“当然可以。如果有需要,你也可以打电话给我,不管什么时候都行。我觉得我们俩都很难轻易放手。”

“贝尔医生,你是我真正的父亲。我不曾有过父亲,直到我遇见你。”

“我觉得我好像帮着抚养你长大。对迈尔斯、克莱尔、西德尼还有其他人来说,我确实像个爸爸。”我们静静坐了一会儿。我想起前晚做了一场梦,梦见卡伦。我该告诉她吗?我想告诉她,况且眼前已没有时间衡量应该或不应该,于是我决定直接说了。

“昨晚我梦到你。”卡伦从沉思中醒来,抬头对我微笑。“我梦见今天早上我有别的约会,时间正巧是我跟你约好的诊疗时间;于是我立刻取消我自己的约会,好遵守这个更重要的约定,跟你的约定。我想我一直都是这样——把自己放在一边,尽力照顾你。我没办法不这么做。”

“我常纳闷你是如何办到的——你从来不让我失望。我不曾有过这么美好、这么棒的人际关系。”

“你会好好的吧?等你离开这儿以后。”

“我的朋友,简,已经准备好咖啡、比萨和面纸等着我了。我的朋友完全不觉得我不正常,他们都很支持我。认识你之后,我知道要怎么选朋友了。”

我们并肩走向门口。我猜卡伦是否会在离别时拥抱我;我帮她开门,站在门口。卡伦转身朝向门,回过头迅速瞥了我一眼,然后从我面前走过,越过门槛。

“怎么,不抱一下啊?”我说。

她转过身,神情惊讶。

“现在可以啦?”她近乎斥责地说。

“嗯。”

卡伦走向我,我们伸手拥住彼此。我可以感觉她紧紧地、牢牢地抱住我——我也一样。很久之后,我放开她;她抬头看着我,眼里尽是深深的爱与感谢。

卡伦的话

每当我想起这些年来接受贝尔医生治疗，和他一起努力治疗我的时光，总不禁热泪盈眶。我一再重读这本书，他的每一个字、每一句话都令我感动得无以复加。最重要的是：经过这趟旅程，我终于得以重生。没有他，我绝不可能走到这一步。

《17 个分身》精确描述了我的经历和我曾受过的折磨；而贝尔医生对“分身”的描写，完完全全就是我记忆中他们的样子。我的分身们比我还早开始信任他。我常常发现自己孤单、焦虑地坐在贝尔医生的候诊室，想不透自己是怎么到这儿来的。我只能接受我已经到了的事实。然而，当贝尔医生开门的那一刹那，我就觉得很有安全感。在我一生中，这是第一次有人愿意不厌其烦、不带批评地听我说话。这 18 年来，我从他身上学到信任、尊重、尊严、正直、重承诺、信心、同情，还有爱。

事实上，《17 个分身》也是一则爱的故事。我这一生受了这么多、这么严重的伤害，我不知道如何爱自己，也没有爱人的能力。身为女人和母亲，这一点实在令人无法忍受。无论真实也好，幻想也罢，贝尔医生耐心、宽容、无条件的关怀让我有了被接受的感觉，还有，被爱的感觉。

借由这本书，我想告诉读者：请你们睁大眼睛，仔细看着你们的孩子，还有你们每天接触到的人。请注意孩子是否有些疏离，感觉心不在焉？如果答案是肯定的，请鼓起勇气问个清楚，要求他们回答。当孩子们受到伤害——就像过去的我一样——他们再也不会活在真实的世界里。孩子会转向他们所知唯一安全的地方——自己的内心世界。身为经常遭受恐惧胁迫的孩子，我常常顺应他们的需求，不知不觉保护了虐待我的人。为了生存，我只好表现顺从。希望我的遭遇——知道自己受虐却求助无门——再也不会发生在别的孩子身上。我祈祷所有的孩子都不会像我一样，受恐惧威胁而隐瞒真相。

卡伦·奥弗希尔

作者的话

治疗卡伦初期——在我逐渐意识到她不是“一个人”而是“很多人”时——我猜我可能即将目睹一出了不起的人性剧集。当收到克莱尔的信,也确定困扰卡伦的问题的本质之后,我开始逐次整理详细的诊疗记录。虽然不确定该怎么使用,或用不用得上这些笔记,我至少该尽力为卡伦留下详尽确实的诊疗记录。

在诊断与思索如何让她再度完整的过程中,我翻阅超过 20 本分离性身份识别障碍(DID)的专业书籍,数百篇文章及参考摘要。自始至终,我尽可能支持她,不去影响她可能透露的信息。

前后 18 年的治疗期间,我总计写了 622 页病程记录,收集 44 份画作、49 件手工艺品(来自 17 个人格的礼物或与他们相关的对象)、12 盒录音带和两盒录像带。另外,我还收到卡伦的 275 封电子邮件、60 张贺卡,还有 5 000 页左右的日记与信件。本书是上述资料的精华版,而其中各篇章皆是根据卡伦的治疗记录写成的。对我来说,撰写本书最困难的部分在于决定舍弃哪些材料,不把它们放进书里。

卡伦完成多重人格障碍的治疗后,我认为她应该有能力做知情同意的决定,因此我征询她的意愿,问她是否愿意将她的故事公之于世。卡伦立刻响应我的想法。她希望借由分享她的个人遭遇,让世人更了解受虐儿童的痛苦,以及注意儿童受虐的情况。若有任何受虐儿童能因本书得救，脱离痛苦童年，卡伦认为她的分享就值得了。

撰写《17个分身》的6年岁月中，卡伦是我最重要、最珍贵的助手。她事无巨细逐一检查我描述事件的精确度，并且提供超过80页的勘误、批注或详细资料，尽可能真实还原她曾与我分享的故事。为了保护卡伦及书中所有人物的隐私，我全部使用假名，相关人物的特征性格及部分地名也一并改写。至于少数几个卡伦并未涉及或出现的场景，则是根据卡伦经年累月的印象写成的。举例来说，卡伦父亲在工厂威胁哈里就范的场景经常反复出现在卡伦的记忆中，显然是他想强调自己拥有驾驭他人、胁迫他人顺应其意的能力。为了控制篇幅，卡伦的手稿已酌量删节，多年诊疗过程亦浓缩摘要，但无论是卡伦的个人经历或精神治疗记录皆无加油添醋或窜改之情节。

由于各方的协助与指导，我们才能将这几年来的艰苦历程化为您手中的这本书。我的出版经纪人卡罗勒·比德尼克独具慧眼，她一看就知道卡伦的故事绝非泛泛之作，这是她的天赋；她更进一步发挥专业能力，安排本书出版与销售。詹尼·迈耶与惠特尼·李则是卡罗勒团队的重要成员，他们携手将《17个分身》成功介绍给更多读者大众。

里克·霍根是一流的专业编辑，他细心整理我的文稿，引领众人走过如迷宫般繁复的出版程序。而通过朱利安·帕维亚的协助，我知道如何在不影响主题完整的前提下，将故事叙述得更加动人心弦。此外，李民律师及出版社公关彭尼·西蒙也对本书的出版贡献良多。

我要谢谢洛里·安德鲁，他让我明白何谓作家的自觉。我也要向马克·罗辛及卡洛琳·平卡斯致意，感谢他们在我写作初期给予我编辑方面的协助。

我在西北大学参加非虚构小说进修硕士课程期间，感谢布里安·布尔德瑞与苏珊·哈里斯给予我最杰出的专业协助，并持续鼓励我。

最后，我一定要谢谢卡伦。没有她的勇气与协助，我绝不可能完成这本书。我们的旅程仍在进行中，过去因治疗建立的关系已转为更亲密、互敬互重的友谊。卡伦和我共度的时光已彻底改变我俩的人生。这份荣耀——治疗的成果和本书的诞生——是我俩共同的成就。

理查德·贝尔医生

译文心理学经典

《焦虑的现代人》
［美］卡伦·霍妮　著

《自我的追寻》
［美］艾·弗洛姆　著

《寻求灵魂的现代人》
［瑞士］卡尔·古斯塔夫·荣格　著

《自我的挣扎》
［美］卡伦·霍妮　著

《爱情心理学》
［奥］西格蒙德·弗洛伊德　著

《日常生活的心理分析》
［奥］西格蒙德·弗洛伊德　著

译文心理小说

《24 重人格》
［美］卡梅伦·韦斯特　著

《心理住着狮子的女孩》
［美］迈克尔·格林伯格　著

《陪你走进你的心》
［美］迈克尔·斯科菲尔德　著

《17 个分身》
［美］理查德·贝尔　著

图书在版编目(CIP)数据

17个分身/(美)贝尔(Baer, R.)著;栖子译. —
上海:上海译文出版社,2016. 1(2017. 1重印)
(译文心理)
书名原文:Switching Time
ISBN 978-7-5327-7106-6

Ⅰ. ①1… Ⅱ. ①贝…②栖… Ⅲ. ①人格心理学-研
究 Ⅳ. ①B848

中国版本图书馆CIP数据核字(2015)第285992号

Richard Baer
Switching Time

图字:09-2009-005号

17个分身
[美]理查德·贝尔 著 栖子 译
责任编辑/衷雅琴 装帧设计/张志全工作室

上海世纪出版股份有限公司
译文出版社出版
网址:www. yiwen. com. cn
上海世纪出版股份有限公司发行中心发行
200001 上海福建中路193号 www. ewen. co
上海颛辉印刷厂印刷

开本 890×1240 1/32 印张 12.25 插页 2 字数 208,000
2016年1月第1版 2017年1月第2次印刷
印数:8,001-10,000册

ISBN 978-7-5327-7106-6 / I·4302
定价:38.00元